人力资源和社会保障部职业能力建设司推荐
冶金行业职业教育培训规划教材

中厚板生产

主　编　张景进
副主编　李　阳　杨振东　付俊薇

北　京
冶金工业出版社
2025

内 容 提 要

本书为冶金行业职业技能培训教材，是参照冶金行业职业技能标准和职业技能鉴定规范，根据冶金企业的生产实际和岗位群的技能要求编写的，并经人力资源和社会保障部职业培训教材工作委员会办公室组织专家评审通过。

全书共分9章，内容包括：中厚板生产概述，中厚板轧制设备及工艺，厚度控制，板形控制，控制轧制、控制冷却技术，轧钢机操作，中厚板精整理论及操作，车间经济技术指标，轧制过程的计算机控制。

本书也可作为职业技术院校相关专业的教材，或工程技术人员的参考用书。

图书在版编目(CIP)数据

中厚板生产/张景进主编．—北京：冶金工业出版社，2005.3(2025.5重印)
冶金行业职业教育培训规划教材
ISBN 978-7-5024-3637-7

Ⅰ．中… Ⅱ．张… Ⅲ．中板轧制 Ⅳ．TG335.5

中国版本图书馆CIP数据核字(2004)第104233号

中厚板生产

出版发行	冶金工业出版社	**电　　话**	(010)64027926
地　　址	北京市东城区嵩祝院北巷39号	**邮　　编**	100009
网　　址	www.mip1953.com	**电子信箱**	service@mip1953.com

责任编辑　俞跃春　美术编辑　彭子赫　版式设计　张　青
责任校对　侯　瑂　责任印制　禹　蕊
北京建宏印刷有限公司印刷
2005年3月第1版，2025年5月第4次印刷
787mm×1092mm　1/16；12印张；316千字；173页
定价29.00元

投稿电话　(010)64027932　投稿信箱　tougao@cnmip.com.cn
营销中心电话　(010)64044283
冶金工业出版社天猫旗舰店　yjgycbs.tmall.com
(本书如有印装质量问题，本社营销中心负责退换)

冶金行业职业教育培训规划教材
编辑委员会

序

吴溪淳

改革开放以来，我国经济和社会发展取得了辉煌成就，冶金工业实现了持续、快速、健康发展，钢产量已连续数年位居世界首位。这其间凝结着冶金行业广大职工的智慧和心血，包含着千千万万产业工人的汗水和辛劳。实践证明，人才是兴国之本、富民之基和发展之源，是科技创新、经济发展和社会进步的探索者、实践者和推动者。冶金行业中的高技能人才是推动技术创新、实现科技成果转化不可缺少的重要力量，其数量能否迅速增长、素质能否不断提高，关系到冶金行业核心竞争力的强弱。同时，冶金行业作为国家基础产业，拥有数百万从业人员，其综合素质关系到我国产业工人队伍整体素质，关系到工人阶级自身先进性在新的历史条件下的巩固和发展，直接关系到我国综合国力能否不断增强。

强化职业技能培训工作，提高企业核心竞争力，是国民经济可持续发展的重要保障，党中央和国务院给予了高度重视，明确提出人才立国的发展战略。结合《职业教育法》的颁布实施，职业教育工作已出现长期稳定发展的新局面。作为行业职业教育的基础，教材建设工作也应认真贯彻落实科学发展观，坚持职业教育面向人人、面向社会的发展方向和以服务为宗旨、以就业为导向的发展方针，适时扩大编者队伍，优化配置教材选题，不断提高编写质量，为冶金行业的现代化建设打下坚实的基础。

为了搞好冶金行业的职业技能培训工作，冶金工业出版社在人力资源和社会保障部职业能力建设司和中国钢铁工业协会组织人事部的指导下，同河北工业职业技术学院、昆明冶金高等专科学校、吉林电子信息职业技术学院、山西工程职业技术学院、山东工业职业学院、安徽工业职业技术学院、武汉钢铁集团公司、山钢集团济钢公司、云南文山铝业有限公司、中国职工教育和职业培训协会冶金分会、中国钢协职业培训中心、中国钢协人力资源与劳动保障工作委员会教育培训研究会等单位密切协作，联合有关冶金企业、高职院校和本科院校，编写了这套冶金行业职业教育培训规划教材，并经人力资源和社会保障部职业培训教材工作委员会组织专家评审通过，由人力资源和社会保障部职业能力建设司给予推荐，有关学校、企业的编写人员在时间紧、任务重的情况下，克服困难，辛勤工作，在相关科研院所的工程技术人员的积极参与和大力支持下，出色地完成了前期工作，为冶金行业的职业技能培训工作的顺利进行，打下了坚实的基础。相信这套教材的出版，将为冶金企业生产一线人员理论水平、操作水平和管理水平的进一步提高，企业核心竞争力的不断增强，起到积极的推进作用。

随着近年来冶金行业的高速发展，职业技能培训工作也取得了令人瞩目的成绩，绝大多数企业建立了完善的职工教育培训体系，职工素质不断提高，为我国冶金行业的发展提供了强大的人力资源支持。今后培训工作的重点，应继续注重职业技能培训工作者队伍的建设，丰富教材品种，加强对高技能人才的培养，进一步强化岗前培训，深化企业间、国际间的合作，开辟冶金行业职业培训工作的新局面。

展望未来，任重而道远。希望各冶金企业与相关院校、出版部门进一步开拓思路，加强合作，全面提升从业人员的素质，要在冶金企业的职工队伍中培养一批刻苦学习、岗位成才的带头人，培养一批推动技术创新、实现科技成果转化的带头人，培养一批提高生产效率、提升产品质量的带头人；不断创新，不断发展，力争使我国冶金行业职业技能培训工作跨上一个新台阶，为冶金行业持续、稳定、健康发展，做出新的贡献！

编委会的话

党的十九大报告中提出，建设教育强国是中华民族伟大复兴的基础工程，必须把教育事业放在优先位置，深化教育改革加快教育现代化，办好人民满意的教育。同时提出，完善职业教育和培训体系，深化产教融合、校企合作。这些都对职业教育的发展提出了新要求，指明了发展方向。

在当前冶金行业转型升级、节能减排、环境保护以及清洁生产和社会可持续发展的新形势下，企业对高技能人才培养和院校复合型人才的培育提出了更高的要求。从冶金工业出版社举办首次“冶金行业职业教育培训规划教材选题编写规划会议”至今已有10多年的时间，在各企业和院校的大力支持下，到2014年12月共出版发行培训教材60多种，为企业高技能人才和院校学生的培养提供了培训和教学教材。为适应冶金行业新形势下的发展，需要更新修订和补充新的教材，以满足有关院校和企业的需要。为此，2014年12月，冶金工业出版社与中国钢协职业培训中心在成都组织召开了第二次“冶金行业职业教育培训规划教材选题编写规划会议”。会上，有关院校和企业代表认为，培训教材是职业教育的基础，培训教材建设工作要认真贯彻落实科学发展观，坚持职业教育面向人人、面向社会的发展方向和以服务为宗旨、以就业为导向的发展方针，适时扩大编者队伍，优化配置教材选题。培训教材要具有实用、应用为主的原则，将必要的专业理论知识与相应的实践教学相结合，通过实践教学巩固理论知识，强化操作规范和实践教学技能训练，适应当前新技术和新设备的更新换代，以满足当前企业现场的实际应用，补充新的内容，提高学员分析问题和解决生产实际问题的能力的特点，加强实训，突出职业技能。不断提高编写质量，为冶金行业现代化打下坚实的基础。会后，中国钢协职业培训中心与冶金工业出版社开始组织有关院校和企业编写修订教材工作。

近年来，随着冶金行业的高速发展，职业技能培训工作也取得了令人瞩目的成绩，绝大多数企业建立了完善的职工教育培训体系，职工素质不断提高。各企业大力开展就业技能培训、岗位技能提升培训和创业培训，贯通技能劳动者从初级工、中级工、高级工到技师、高级技师的成长通道。适应企业产业升级和技术进步的要求，使高技能人才培训满足产业结构优化升级和企业发展需求。进一步健全企业职工培训制度，充分发挥企业在职业培训工作中的重要作用。对职业院校学生要强化职业技能和从业素质培养，使他们掌握中级以上职业技能，为我国冶金行业的发展提供了强大的人力资源支持。相信这些修订后的教材，会进一步丰富品种，适应对高技能人才的培养。今后我们应继续注重职业技能培训工作者队伍的建设，进一步强化岗前培训，深化职业院校企业间的合作及开展技能大赛，开辟冶金行业职业技能培训工作的新局面。

展望未来，要大力弘扬劳模精神和工匠精神，让冶金行业更绿色、更智能。期待本套培训教材的出版，能为继续做好加强冶金行业职业技能教育，培养更多大国工匠，为我国冶金行业职业技能培训工作跨上新台阶做出新的贡献！

前　言

本书是根据人力资源和社会保障部的规划，受中国钢铁工业协会和冶金工业出版社的委托，在编委会的组织安排下，参照冶金行业职业技能标准和职业技能鉴定规范，按冶金企业的生产实际和岗位群的技能要求编写的。书稿经人力资源和社会保障部职业培训教材工作委员会办公室组织专家评审通过，由人力资源和社会保障部培训就业司推荐作为冶金行业职业技能培训教材。

目前，我国已拥有数十套中厚板轧机，生产的主力轧机是2000～3000 mm四辊轧机，主辅设备水平、规模与国外先进的现代化轧机相比，有较大差距。经过多年的技术改造和新建工作，采用许多先进技术，轧制技术水平大大提高。正在建设的有2套现代化5m级宽厚板轧机。

由于市场的竞争和高新技术的引进，企业职工的知识结构已不能满足企业发展的要求，企业希望在引进高技术应用性专门人才的同时，对现有职工进行理论及技能培训，以适应企业的发展。

作为培训用书，本书主要面对的是中厚板生产厂粗轧、精轧、精整操作岗位上的操作工人。也可作为职业院校教学用书，对专业技术人员也有一定的参考价值。有关原料及加热方面的知识，请参阅《加热炉基本知识及操作》一书。

本书由河北工业职业技术学院张景进任主编，邯郸钢铁集团有限责任公司李阳、杨振东和河北工业职业技术学院付俊薇任副主编，参加编写的还有河北科技大学的陈玉萍，河北工业职业技术学院的戚翠芬、袁建路、袁志学、孟延军，邯郸钢铁集团有限责任公司的孙桂芬、路胜海，全书由邯郸钢铁集团有限责任公司的秦秀英审核。

本书在具体内容的组织安排上，力求简明，通俗易懂，理论联系实际，注重应用。

在编写过程中参考了多种相关书籍、资料，在此，对相关作者一并表示由衷的感谢。

由于水平所限，书中不妥之处，敬请广大读者批评指正。

编　者

目　　录

1　中厚板生产概述

1.1　中厚板的用途及分类

中厚钢板大约有200年的生产历史，它是国家现代化不可缺少的一项钢材品种，被广泛用于大直径输送管、压力容器、锅炉、桥梁、海洋平台、各类舰艇、坦克装甲、车辆、建筑构件、机器结构等领域。其品种繁多，使用温度要求较广（－200～600℃），使用环境要求复杂（耐候性、耐蚀性等），使用强度要求高（强韧性、焊接性能好等）。

一个国家的中厚板轧机水平也是一个国家钢铁工业装备水平的标志之一，进而在一定程度上也是一个国家工业水平的反映。随着我国工业的发展，对中厚钢板产品，无论从数量上还是从品种质量上都已提出了更高的要求。

钢板是平板状、矩形的，可直接轧制或由宽钢带剪切而成，与钢带合称板带钢。

板带钢按产品厚度一般可分为厚板和薄板两类。我国GB/T 15574—1995规定：厚度不大于3mm的称为薄板，厚度大于3mm的称为厚板。

按照习惯，厚板按厚度还可以分为中板、厚板、特厚板。厚度为4～20mm的钢板称为中板，厚度大于20～60mm的钢板称为厚板，厚度大于60mm的钢板称为特厚板。有些地方习惯上把中板、厚板和特厚板统称为中厚钢板。

按现行国家标准GB 709—1988规定，热轧钢板和钢带规格范围为：

厚度0.35～200mm；

宽度600～3800mm；

长度2000～12000mm（厚度小于或等于4mm的最小长度不得小于1.2m）；

厚度为4～5mm的，以0.5mm进级；

厚度为6～22mm的，以1mm进级（25mm一级）；

厚度为26～42mm，48～52mm的，以2mm进级（45mm一级）；

厚度为55～125mm的，以5mm进级；

钢板宽度以50mm或50mm的倍数进级；

长度以100mm或100mm的倍数进级。

目前，我国中厚板轧机生产的钢板规格，大部分是厚度为4～250mm，宽度为1200～3900mm，长度一般不超过12m。

世界上中厚板轧机生产的钢板规格通常是厚度由3mm到300mm，宽度由1000mm到5200mm，长度一般不超过18m。但特殊情况时厚度可达380mm，宽度可达5350mm，长度可达36m，甚至60m。

1.2　板带钢技术要求

根据板带钢用途的不同，对其提出的技术要求也各不一样，但基于其相似的外形特点和使用条件，其技术要求仍有共同的方面，归纳起来就是“尺寸精确、板形好，表面光洁、性能高”。这句话指出了板带钢主要技术要求的4个方面。

1.2.1 尺寸精度

板带钢尺寸精度包括厚度、宽度、长度精度。一般规定宽度、长度只有正公差。

对板带钢尺寸精度影响最大的尺寸精度主要是厚度精度，因为它不仅影响到使用性能及后步工序，而且在生产中难度最大。此外厚度偏差对节约金属影响很大；板带钢由于 B/H 很大，厚度一般相对较小，厚度的微小变化势必引起其使用性能和金属消耗的巨大波动。故在板带钢生产中一般都应该保证轧制精度，力争按负偏差轧制。

厚度、长度和宽度精度，除有通用尺寸精度标准外，对一些特殊钢板还有专用标准。如船板的尺寸精度，因为要求耐海水腐蚀，厚度负偏差比通用标准偏差范围要小。

钢板的厚度，在距离钢板边部不小于 40mm 处测量。

1.2.2 板形

板带四边平直，无浪形瓢曲，才好使用。例如，对厚度 $h>4\sim10$mm 的钢板，其每米长度上的不平度不得大于 10mm，厚度 $h>10\sim25$mm 的钢板，其每米长度上的不平度不得大于 8mm，厚度 $h>25$mm 的钢板，其每米长度上的不平度不得大于 7mm，钢板的镰刀弯每米不得大于 3mm。因此对板带钢的板形要求是比较严的。但是由于板带钢既宽且薄，对不均匀变形的敏感性又特别大，所以要保持良好的板形就很不容易。板带愈薄，其不均匀变形的敏感性越大，保持良好板形的困难也就愈大。显然，板形的不良来源于变形的不均，而变形的不均又往往导致厚度的不均，因此板形的好坏往往与厚度精确度也有着直接的关系。

1.2.3 表面质量

钢板的表面质量主要是指表面缺陷的类型与数量，表面平整和光洁程度。板带钢是单位体积的表面积最大的一种钢材，又多用作外围构件，钢板的表面质量直接影响到钢板的使用、性能和寿命，故必须保证表面的质量。

钢板表面缺陷的类型很多，其中常见的有表面裂纹、结疤、拉裂、裂缝、折叠、重皮和氧化铁皮等。对于这些缺陷，国家标准 GB/T 14977—1994 明确规定了热轧钢板表面缺陷的深度，影响面积、限度、修整的要求及钢板厚度的限度。对于某些特殊用途的钢板，另有专用标准加以规定。

1.2.4 性能

板带钢的性能要求主要包括机械性能、工艺性能和某些钢板的特殊物理或化学性能。一般结构钢板只要求具备较好的工艺性能，例如，冷弯和焊接性能等，而对机械性能的要求不很严格。对于重要用途的结构钢板，则要求有较好的综合性能，既要有良好的工艺性能、强度和塑性以外，还要求保证一定的化学成分，保证良好的焊接性能、常温或低温的冲击韧性，或一定的冲压性能、一定的晶粒组织及各向组织的均匀性等等。

除了上述各种结构钢板以外，还有各种特殊用途的钢板，如高温合金板、不锈钢板、复合板等，它们要求特殊的高温性能、低温性能、耐酸耐碱耐腐蚀性能，或要求一定的物理性能等。

1.3 中厚钢板生产的发展概况

1.3.1 世界中厚钢板生产技术的发展

18 世纪初，西欧国家在二辊周期式薄板轧机上生产小块中板。

美国在1850年左右，用二辊可逆式轧机生产中板。轧机前后设置传动辊道，用机械化操作实现来回轧制，而且轧辊辊身长度已增至2m以上，不过，轧辊是靠蒸汽机传动的。

1864年美国创建了世界上第一套三辊劳特式中板轧机，它不需要轧辊正反转而利用升降台进行来回轧制，当初盛行一时，推广于世界。

到1891年，美国钢铁公司霍姆斯特德厂，为了提高钢板厚度的精度，投产了世界上第一套四辊可逆式厚板轧机。

1918年卢肯斯钢铁公司科茨维尔厂为了满足军舰用板的需要，建成了一套5230mm四辊式轧机，这是世界上第一套5m以上的特宽的厚板轧机。

1907年美国钢铁公司南厂为了轧边，首次创建了万能式厚板轧机，这套轧机立辊能力很小，板边压下量很有限，虽然效果不明显，但在当时还是十分新奇的。

南厂在1931年还建成了世界上第一套连续式中厚板轧机，在精轧机组后设精整作业线，用于大量生产厚度为10mm左右的中板，满足了市场上对这类尺寸钢板的需要。

欧洲国家中厚钢板生产也是比较早的。1910年，捷克斯洛伐克投产了一套4500mm二辊式厚板轧机。1940年，德国建成了一套5000mm四辊式厚板轧机，1937年，英国投产了一套3810mm中厚板轧机。1939年，法国建成了一套4700mm四辊式厚板轧机。1940年，意大利投产了一套4600mm二辊式厚板轧机。1913年，西班牙建成了一套二辊式厚板轧机。这些轧机都是用于生产机器和兵器用的钢板，多数是为了二次世界大战备战的需要。

1941年日本制钢公司室兰厂投产了一套5280mm四辊式厚板轧机，采用蒸汽机传动，主要是满足海军用钢板的需要。

二次世界大战期间，美、苏、英、法、德、意、日、加等八国为了制造军舰和坦克等武器，先后都投产了一批厚板轧机。

二次世界大战后，机器制造、造船，建筑、桥梁、压力容器罐及大直径输送管线等部门的发展，特别是海上运输，能源开发与焊接技术的进步，对中厚钢板的需要量和品种质量方面提出了更高的要求。

20世纪50年代工业发达国家除完成大量技术改造工作之外，还新建成一批4064mm(160in)以下的低刚度轧机，20世纪60年代发展以4700mm为主大刚度的双机架轧机，实现了控制轧制操作的要求，使中厚板的质量有了大幅度的提高，并且掌握了中厚板生产的计算机控制。20世纪70年代轧机又升了一级，发展以5500mm为主的特宽型的单机架轧机，以满足天然气和石油等长距离输送所需要大直径管线用板。20世纪80年代，由于中厚板使用部门的萧条，许多主要产钢国家的中厚板产量都有所下降，西欧国家、日本和美国关闭了一批中厚板轧机(宽度一般在3、4m以下)。

德国蒂森公司拥有4套中厚板轧机，现只剩杜依斯堡3700mm最好的1套，其他3套都以二手设备出售了。

日本原有15套宽厚板轧机，现在只留有8套比较好的，其余7套都淘汰了。美国原有18套宽厚板轧机，现在还有一半在生产，其他都被迫停产。世界上曾有中厚板轧机200多套，其中宽厚板轧机约120套，目前只剩下中厚板轧机约150套，其中宽厚板轧机约70套。

20世纪80年代开始，国外除了大的厚板轧机以外，其他大型的轧机已很少再建。1984年底，法国东北方钢铁联营公司敦刻尔克厂在4300mm轧机后面增加一架5000mm、宽厚板轧机，增加了产量，且扩大了品种。1984年底，苏联伊尔诺斯克厂新建一套5000mm宽厚板轧机，年产量达100万t，以满足大直径焊管和舰艇用的宽幅厚板的需求。1985年初，德国迪林根冶金公司迪林根厂将4320mm轧机换成4800mm轧机，并在前面增加一架特宽的5500mm轧机，以满足

1625mm(64in)大直径 UOE 焊管用板的需求。1985 年 12 月日本钢管公司福山厂新制造了一套 4700mmHCW 型轧机，替换下原有的轧机，更有效地控制板形，以提高钢板的质量。

中厚板轧机是轧钢设备中的主力轧机之一，代表一个国家钢铁工业发展的水平，世界上每个工业先进的国家都拥有若干套。各国的中厚板轧机和生产技术都各有其特色，钢板质量和各项经济指标也达到了较高的水平。总的说，目前日本的厚板轧机性能和生产技术在世界上居于领先地位。

当代新型中厚板车间的特点是：轧钢机的大型化、强固化，轧机的产量高、质量好、消耗低，向连续化、自动化方向发展，不断取得技术进步。

（1）除特厚或特殊要求小批量的产品，仍采用大扁钢锭、锻压坯或压铸坯外，一般均用连铸坯做原料。

（2）采用计算机控制装出炉的多段步进式、推钢式加热炉进行坯料加热，通过延长炉体，改进砌筑结构，强化绝热及利用废气余热措施（特别是采用蓄热式加热炉），不仅提高了炉子的寿命，而且降低了能耗。

（3）采用 15～20MPa 高压水除鳞箱、高压水喷头和轧机前后除鳞装置，能有效地清除炉生和次生氧化铁皮，提高钢板表面质量。先进的高压水除鳞设备还可以自动控制水量。

（4）采用高强度机架，以满足控制轧制和板形控制的要求。增强刚度、强固化轧机的措施；增大牌坊立柱断面，加大支撑辊直径，加大牌坊重量。为实现控制轧制要求，轧制力已由过去的 30～40MN 增至 80～105MN；新型宽厚板轧机支撑辊直径，由过去的 1800～2000mm 加大到 2100～2400mm；牌坊立柱断面，由 6000～8000cm^2 增加到 10000cm^2；每扇牌坊单重，由 3.6MN 增加到 4.5MN；轧机刚度由 5～8MN/mm 增加到 10MN/mm；主电机功率最大为 2×10000kW；在品种上可以生产宽 5350mm，长 60m 的钢板。

（5）为了提高钢板的精度和成材率，板形控制已成为中厚板轧机一项不可缺少的新技术。广泛采用液压 AGC、弯辊装置，采用特殊轧机（如 VC 轧辊、HC 轧机、PC 轧机等）、特殊轧制方法及计算机控制，实现了自动化板形动态控制。

（6）提高轧制速度（最快可达 7.5m/s），以适应坯料增大后轧件加长，缩短轧制周期。宽厚板轧机的工作辊最大直径达到 1200mm，双机架的轧机，精轧机工作辊较粗轧机工作辊直径小些，有利于轧制薄规格。工作辊一般采用四列滚柱轴承，支撑辊则采用油膜轴承。

（7）快速自动换辊以缩短换辊时间，提高轧机作业率。更换工作辊采用侧移式双小车和管子自动拆卸机构，每次只要 6～10min。更换支撑辊采用小车式，并直接拖入轧辊间，减少了轧机跨吊车的操作，有利于轧机的正常工作。

（8）交流化的主传动系统。随着电力电子技术、微电子技术的发展，现代控制理论特别是矢量控制技术以及近年来交流调速系统的数字化技术的应用，促进了交流调速系统的发展，目前交流调速的调速性能达到甚至优于直流调速。国外宽厚板轧机主传动电动机有一些由直流电动机改为交流同步电动机供电，新建的厚板轧机更是优先选用交流化的主传动系统。

（9）控制轧制与快速冷却相配合，已能生产出调质热处理所要求的钢板。

（10）采用步进式或圆盘式冷床，以减少钢板划伤，提高钢板表面质量。

（11）切边以滚切式双边剪为主，头尾及分段横切采用滚切剪。双边剪每分钟剪切次数可达 32 次。定尺每分钟可达 24 次，以满足高产的要求。

（12）在线超声波无损自动探伤，除了具有连续、轻便、成本低，穿透力强和对人体无害等优点外，还有以下优点：

1）再现钢板内部缺陷，能确定其准确位置；

2）可以发现其他方法不能探出的细小缺陷；

3）检验效率比X射线等方法高5～7倍；

4）磁力探伤只能检验磁化材料却不能探奥氏体不锈钢，而超声波则不受此限制。

（13）计算机应用在宽厚板轧机上，既提高了产量又提高了质量。目前，测温、测压、测厚、测长、测板形、超声波探伤等自动化手段齐全，从板坯仓库开始，加热炉、轧机、矫直机、冷床、剪切线、辊道输送、吊车输送、打印和喷字标志检查以及收集堆垛，已全面实现了自动化，将整个车间操作情报系统、过程计算机、管理计算机以及所有的自动化设备，有机地结合起来，使车间消耗和定员大大减少。

1.3.2 我国中厚钢板生产的发展

我国第一套中板轧机是1936年在鞍山钢铁公司第一中板厂建成的2300mm三辊劳特式轧机。1958年鞍钢建成了2800/1700半连续钢板轧机，1966年武钢建成了2800中厚板轧机和1966年太钢建成了2300/1700炉卷轧机，这3套轧机生产中厚板的机座都是二辊加四辊双机架的形式，均从前苏联引进。

1958年开始，为发展地方钢铁企业，仿鞍钢中板厂，先后在全国大多数省市建造了13套2300mm级三辊劳特式轧机。

1978年舞钢建造了一套4200mm宽厚板轧机。

由于三辊劳特式轧机的固有缺点，自1970年开始，对三辊劳特式轧机进行改造，或者加一台四辊轧机，或者换成四辊轧机及其他形式。

目前，我国已拥有27套中厚板轧机。从轧机尺寸上分：2300～3000mm占极大多数，有20套，约占74%，3100～4000mm有4套，另外有4300mm级3套，即鞍钢4300mm，浦钢4200/3500mm及舞钢4200mm。从轧机形式上分：单机架有14套，其中四辊式有11套，三辊劳特式还有3套；双机架有13套，其中二辊加四辊式有7套，三辊加四辊式还有4套、四辊加四辊式有2套，即浦钢4200/3500mm，济钢厚板3200/3500mm。我国中厚板轧机主要设备状况如表1－1所示。

表1－1 我国中厚板轧机主要设备状况

序号	工厂名称	轧机规格（宽度×辊数）/mm	热矫直机型式	切边剪型式	定尺剪型式	年产量/万t	投产/改造年份	附注
1	宝钢厚板厂	5100×4（立辊四辊）	四重式9辊	滚切式	滚切式	140	2005	西门子电气，弯辊+CVC技术，二期180万t/a
2	鞍钢厚板厂	4300×4	四重式9辊	滚切式	滚切式	100	1993/2003	引进旧设备，在改造
3	舞钢厚板厂	4200×4	四重式11辊	滚切式	斜刃剪	60	1979	国产，1998年引进双边剪技术，待改造
4	浦钢厚板厂	4200×4+3500×4	四重式11辊	滚切式	摆动剪	75	1991	3500mm轧机、矫直机国产，2001年引进双边剪
5	秦皇岛中板厂	3500×4（立辊四辊炉卷）	二重式11辊	圆盘剪	斜刃剪	60	1993	主机为西班牙旧设备，剪切线国产，待改造
6	济钢厚板厂	3200×4+3500×4	四重式9辊	滚切式	摆动剪	80	1998/2001	引进荷兰旧设备，3500轧机和双边剪国产

续表 1-1

序号	工厂名称	轧机规格（宽度×辊数）/mm	热矫直机型式	切边剪型式	定尺剪型式	年产量/万 t	投产/改造年份	附　注
7	首钢中板厂	3500×4	四重式9辊	圆盘剪	斜刃剪	80	1989/2003	美国旧设备，3500mm轧机国产，剪切线待改造
8	邯钢中板厂	3000×4	四重式9辊	圆盘剪	滚切式	70	1974/1991	引进旧设备，待改造
9	柳钢中板厂	2800×4	四重式11辊	双边斜刃剪	摆动剪	70	1974/1998	轧机、矫直机国产，剪切线引进旧设备
10	武钢中板厂	2800×2+2800×4	四重式11辊	圆盘剪	斜刃剪	68	1966/1999	轧机、矫直机国产，剪切线待改造
11	酒钢中板厂	2800×4	四重式11辊	滚切式	滚切式	72	1998/	轧机、矫直机等国产，快速冷却装置（法国）等电气引进11个国家产品
12	济钢中板厂	2500×3+2500×4	二重式11辊	分开布置斜刃剪	斜刃剪	80	/1989	剪切线待改造
13	天钢中板厂	2300×3+2500×4	二重式11辊	双边斜刃剪	斜刃剪	60		剪切线待改造
14	韶钢中板厂	2500×4	四重式11辊	滚切式	滚切式	60		改造全部国产，设计产量25万 t/a
15	新余中板厂	2300×3+2500×4	四重式11辊	分开布置斜刃剪	斜刃剪	85	1978/1994	轧机、矫直机改造国产，剪切线待改造
16	重钢中板厂	2350×2+2450×4	四重式11辊	滚切式	斜刃剪	63	1965/2004	引进双边剪技术，2004年再次改造
17	营口中板厂	2800×2+2800×4	四重式11辊	分开布置斜刃剪	斜刃剪	80		全部国产
18	鞍钢中板厂	2700×2+2700×4	二重式11辊	圆盘剪	滚切式	60	1938/2003	全部国产，在改造
19	马钢中板厂	2300×2+2300×4	四重式11辊	分开布置斜刃剪	斜刃剪	70	/1997	全部国产，剪切线待改造
20	太钢中板厂	2300×2+2300×4+（1700炉卷）	四重式11辊	圆盘卷	斜刃剪	22	1966	钢卷产量27万 t/a，钢板产量22万 t/a
21	浦钢中板厂	2300×2+2300×4	二重式11辊	分开布置斜刃剪	斜刃剪	60		待改造
22	安阳中板厂	2800×4	四重式11辊	圆盘剪	斜刃剪	70	1975/1996	轧机、矫直机改造国产，1996年投产
23	南钢中板厂	2300×3+2500×4	二重式11辊	分开布置斜刃剪/圆盘剪	斜刃剪	80	1975/1986/1995	轧机、矫直机改造国产，2002年增加一条圆盘剪剪切线

续表 1-1

序号	工厂名称	轧机规格（宽度×辊数）/mm	热矫直机型式	切边剪型式	定尺剪型式	年产量/万t	投产/改造年份	附注
24	昆钢中板厂	2300×3	二重式11辊	分开布置斜刃剪	斜刃剪	15		待改造
25	临钢中板厂	2300×3	二重式11辊	分开布置斜刃剪	斜刃剪	26	1974	在改造
26	无锡中板厂	2300×3	二重式11辊	分开布置斜刃剪	斜刃剪	30		待改造
27	新余厚板厂	3800×4	四重式9辊	圆盘剪	滚切式	100	2005	轧机、矫直机引进SMS技术，定尺剪国产
28	安阳永兴厚板厂	3500×4	四重式10辊		滚切式	80	2005	全部国产
29	南钢炉卷轧机	3500×4（立辊+四辊）	四重式11辊	滚切式	滚切式	75	2004	引进奥钢联技术，钢卷产量25万t/a，钢板产量75万t/a
30	韶钢厚板厂	3500×4（立辊+四辊）	四重式12辊	圆盘剪	滚切式	80	2005	引进DANIELI技术，钢卷产量20万t/a，钢板产量80万t/a，炉卷设备预留
31	安阳炉卷轧机	3500×4（立辊+四辊）	四重式13辊	滚切式	滚切式	80	2005	引进DANIELI技术
32	江阴中板厂	2800×4						
33	临钢厚板厂	3000×4+（3000×4预留）	四重式11辊	滚切式	滚切式	70	2005	全部国产，二期120万t/a
34	沙钢厚板厂	5100×4（立辊四辊）				140	2005	建设中
35	湘潭钢铁公司	3800×4+3800×4					2005	建设中，引进西马克技术
36	本溪北台	3500×4						建设中
37	天钢厚板厂	3500×4						建设中

从轧机性能上看，经过多年的改造和新建工作，采用了许多新技术，轧机刚度大大提高。如新建2450～3000mm四辊式轧机刚度都达5000kN/mm以上，有16套轧机配备了液压AGC，有5套实现了区域计算机控制，有5条配备滚切式双边剪和滚切式定尺剪，有两座步进梁式加热炉，有两座无氧化热处理辊底式炉，有4台盘辊式冷床和一台步进式冷床，有一台先进的快冷装置，一套在线多通道超声波自动探伤装置。有一些厂已实现自动打印喷字操作。另外，测压、测厚、测宽、测长、测板形、表面质量检查及测平直度等仪表都在逐步完善中，但废边收集与取试样等操作仍处于人工繁重负担之中。

我国中厚板生产的主力轧机是2000～3000mm四辊轧机，从主辅设备水平规模与国外先进的现代化轧机相比，有较大差距。主要表现在：

（1）尚有3套单机架三辊劳特式轧机和4台三辊劳特式粗轧机；同时轧机套数多、尺寸偏小,4m 以上只有 3 套,在建的现代化 5m 级宽厚板轧机有 2 套。

(2) 在轧机设备参数、装备水平上与国际先进水平相比,差距是非常大的。表 1 - 2 所示为我国中厚板轧机水平与国际先进水平的对比。轧机水平不高,将直接制约了产品品种的开发和产品质量的提高。在一些轧制压力仅为 30 ~ 60MN 的轧机上,难以实施真正意义上的控制轧制工艺技术。这也是我国目前相当部分的高、精、尖产品不能生产而需依赖进口的一个重要原因所在。

(3) 精整线水平低。相对于轧钢设备,国内各中厚板厂家的精整设备更为陈旧,大部分为 20 世纪 50 ~ 60 年代水平。这种局面的形成,同多年来中厚板厂家重轧钢、轻精整的观念是分不开的。60% 仍沿用铡刀剪切边和切定尺使板边收集只有靠人工操作,并造成钢板端头剪弯的缺陷。另外,冷床面积小,宽度小,轧不了长板,采用拉钢移送,使检查与剪切温度偏高,下表面容易划伤,冷却也不均匀。

(4) 自动化程度低,在线检测与控制水平落后。大部分厂大多数设备均未采用计算机控制,只有部分轧机配备了 AGC 系统。钢板检验项目不齐全,特别是一些专用板的专门检验手段不全,缺乏有效的保证措施。如钢板探伤检查,其他如自动贴标签、自动火焰切割、板形控制、剖分剪以至于精整全过程计算机控制与管理系统在我国尚属空白。其他如钢板热处理设施等也有较大差距。

表 1 - 2 我国中厚板轧机水平与国际先进水平比较

项 目 \ 厂 家	国内先进水平	国内一般水平	国际先进水平	
	上海浦钢厚板	重钢中板厂	日本大分厚板	德国迪林根厚板
最大轧制力/MN	60	30	98	89
主电机容量/kW	5750 × 2	4250	8000 × 2	8700 × 2
除鳞水压力/MPa	15	15	19.6	16.7
自动厚度控制	有	无	有	有
弯辊装置	无	无	有	有
工作辊尺寸/mm	ϕ960 × 4200	ϕ750 × 2450	ϕ1020 × 5500	ϕ1120 × 4800
支撑辊尺寸/mm	ϕ1800 × 4000	ϕ1500 × 2400	ϕ2400 × 5400	ϕ2150 × 4800
生产能力/万 $t \cdot a^{-1}$	100	55	240	200

1.4 建设中的宝钢 5m 宽厚板轧机

1.4.1 概述

宝钢 5m 宽厚板轧机作为我国第 1 套现代化特宽厚板轧机,它将满足国内对管线板、高强度船板、高强度结构钢板、压力容器板等高档次产品的需求,同时有利于带动我国厚板生产技术的发展。

宝钢宽厚板轧机主作业线设备由德国西马克 - 德马克(SMS - Demag)及西门子(Siemens)公司提供,热处理线由德国洛伊(LOI)公司提供,板坯库及加热炉区设备主要由国内设计、供货。一期建设一架精轧机,设计年产量为 140 万 t;预留的粗轧机及配套精整设施建成后,最终规模为 180 万 t。一期工程 2005 年建成投产。

1.4.2　产品及原料

1.4.2.1　产品

A　产品品种

包括管线钢板、造船钢板、结构钢板、锅炉容器钢板、耐大气腐蚀钢板及模具钢板等。

B　产品规格

厚度5～150mm，最大将扩至400mm；宽度900～4800mm；最大长度25m（轧制状态最大52m），最大单重24t，将来扩至45t。

C　交货状态

产品按常规轧制、控制轧制和控轧控冷（TMCP）、热处理状态交货。普通轧制产品占总产量的52%；控轧控冷产品占40%；热处理产品占8%。每年有16.8万t（占总量的12%）的产品经涂漆后交货。

1.4.2.2　原料

一期工程年产140万t成品钢板，需坯料约150.54万t，其中连铸坯140万t，初轧坯10.54万t。连铸坯由配套厚板连铸机提供。连铸板坯尺寸：厚220～300mm，宽1300～2300mm，长1500～4800mm，单重3.3～25.8t。初轧板坯尺寸：厚120～160mm、340～500mm，宽1300～1550mm，长1500～4800mm，单重1.84～24.3t。待粗轧机投产后将增加大钢锭或锻坯，使用少量自开坯以替代初轧坯。

1.4.3　工艺布置

宝钢宽厚板轧机一期工程主厂房由板坯接收跨、板坯跨、加热炉区、主轧跨、主电室、磨辊间、冷床跨、剪切跨、中转跨、热处理跨、涂漆跨以及成品库等部分组成，设备构成如图1－1所示。

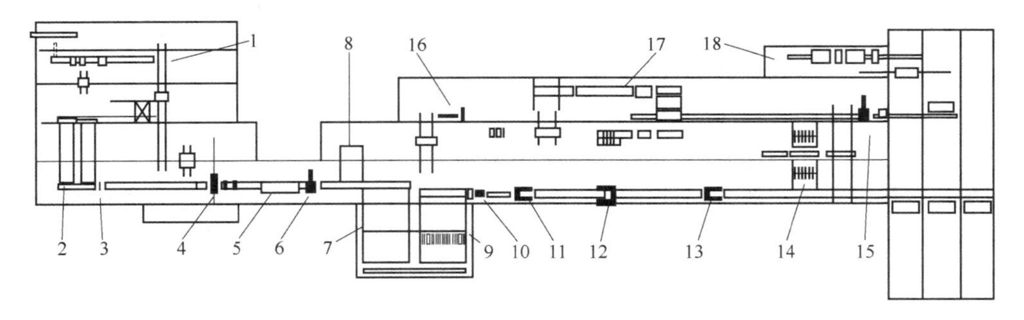

图1－1　平面布置简图

1—板坯二次切割线；2—连续式加热炉；3—高压水除鳞箱；4—精轧机；5—加速冷却装置；6—热矫直机；7—宽冷床；8—特厚板冷床；9—检查修磨台架；10—超声波探伤装置；11—切头剪；12—双边剪和剖分剪；13—定尺剪；14—横移修磨台架；15—冷矫直机；16—压力矫直机；17—热处理线；18—涂漆线

1.4.4　工艺技术及装备

1.4.4.1　板坯库及加热炉

连铸板坯直接送至宽厚板轧机的板坯接收跨。暂无合同的板坯在此跨临时堆放。有合同的倍尺连铸坯经横移装置从入库辊道过跨到二次切割线，在线切割成定尺坯。二次切割线主要由对中装置、测长仪、喷印机、火焰切割机、去毛刺机等设备组成。

为实施连铸板坯热送热装工艺，厚板连铸机与宽厚板轧机毗邻布置。一期工程设置一座保温坑，预留一座，生产管理级计算机 L4 计划系统具有热装计划编制及组织实施功能。由于厚板产品批量小，所用板坯规格多，投产初期目标热装率为 20%，热装温度大于 400℃，以后逐步提高。

生产线共设两座步进式加热炉，采用双排装料；同时设置一座车底式加热炉，用于特殊规格、特殊钢种等坯料加热。

连续式炉采用多区供热的箱型结构，便于分区控制各段温度，以提高温控的灵活性和精度；采用无水冷耐热垫块，以减少板坯黑印；整个加热炉系统采用高精度燃烧控制系统，热工控制和装、出炉设备控制实现全自动化。

1.4.4.2 轧制线

在加热炉输出辊道与预留粗轧机之间，设置高压水除鳞装置，由上下两对喷水集管组成，上喷水梁高度可根据板坯厚度进行调整，调节行程 400mm。为便于合金钢等难除鳞钢种生产，高压水压力为 21.5MPa。

轧制线采用双 5m 机架布置，精轧机架采用大力矩、高刚性、高轧制速度，以满足低温控轧要求；同时为投产后拓宽产品尺寸创造条件。立辊机架与水平机架呈近接布置。

宝钢宽厚板轧机投产后将采用高水平的控轧控冷工艺。在工艺选择、平面布置及过程控制系统等方面进行了充分考虑。为了减少控轧工艺对产量的影响，拟采用多块钢交叉轧制工艺及中间喷水冷却。加速冷却装置采用喷射冷却和层流冷却组合形式，在该装置上可实现直接淬火（DQ），具有高冷却速率及冷却速率调节范围广等特点，为投产后拓宽品种创造了条件。

宝钢宽厚板轧机采用了当前最新的高精度轧制技术，除保证产品尺寸精度及外形质量满足用户要求外，还设计目标成材率为 93%，为世界一流水平。采用的高精度轧制技术包括：厚度控制技术、平面形状控制技术、板形控制技术。

A 多功能厚度控制技术

采用高精度多点式设定模型，高响应液压 AGC 技术，具有监控 AGC、绝对 AGC 等功能；并在水平机架出口侧近距离布置 γ 射线测厚仪，减小监控 AGC 控制盲区，改善钢板头尾厚度精度。同时利用绝对 AGC 及模型多点设定功能，轧制变厚度（LP）钢板，以满足桥梁及造船界的特殊要求。

B 平面形状控制技术

采用日本川崎公司水岛厂开发的 MAS 轧制法，以控制钢板的平面形状。同时配置与水平机架成近距离布置的立辊机架，采用立辊机架的宽度自动控制（AWC）短行程（SSC）功能，进一步改善钢板平面形状，提高宽度绝对精度。

C 板形控制技术

采用了 CVC^{PLUS} 和工作辊弯辊板形控制技术。工作辊窜动在道次间歇时间内完成，由于采用高次 CVC 曲线方程，因此凸度调节能力能满足生产要求。常规轧制时可减少轧制道次，提高产量；采用控轧工艺时，最终数道次上可实施累积大压下，以进一步改善钢板性能；利用 CVC 轧机大板凸度调节能力，可采用低平凸度生产控制方式，有利于提高成材率及提高厚度均匀性。为使钢板具有较好的平坦度、极小的内应力，宝钢宽厚板轧机热矫直机采用强力机型，采用预应力立柱及高刚性框架，矫直辊上辊系采用高响应伺服阀液压压下装置，具有动态控制功能，同时能矫直连续变厚度钢板；上辊系能整体前后倾动、左右倾动，预设定正、负弯辊，以尽可能改善平直度；出入口辊可单独调整，保证矫直后钢板平直地离开热矫直机。

轧制线主要设备及技术参数如表1－3所示。

表1－3 轧制线主要设备参数

设备	项　目	技术参数	设备	项　目	技术参数
精轧机	轧机型式	CVC^PLUS四辊可逆式	加速冷却装置	型式	喷射冷却和层流冷却组合式
	最大轧制力/MN	108			
	轧制速度/m · s^{-1}	0～±3.16/7.30		冷却厚度/mm	10～100
	工作辊尺寸/mm×mm	ϕ1210/ϕ1110×5300		冷却段长度/m	30.4
	支撑辊尺寸/mm×mm	ϕ2300/ϕ2100×4950		钢板通过速度/m · s^{-1}	0.5～2.5
	工作辊窜动行程/mm	±150		最大冷却速度（板后20mm）	35
	每侧最大弯辊力/MN	4		喷射段最大水量/m^3 · h^{-1}	7000
	轧机开口度/mm	550		层冷段最大水量/m^3 · h^{-1}	13000
	主电机功率/kW	2×10000 AC		喷射段水压/MPa	约0.5
	主电机转速/r · min^{-1}	0～±50/120		层冷段水压/MPa	约0.11
	主电机额定力矩/kN · m	2×1.91	热矫直机	型式	九辊全液压可逆式
	牌坊重量/t	约390			
立辊机架	最大轧制力/MN	5		矫直钢板厚度/mm	10～100
	最大侧压量/mm	50		最大矫直力/MN	44
	辊身直径/mm	ϕ1000/ϕ900		矫直辊直径/mm	360
	辊身长度/mm	800		矫直速度/m · min^{-1}	0～±60/150

1.4.4.3 剪切线

宝钢宽厚板轧机采用步进式冷床，使钢板在冷却过程中表面无滑伤。厚度小于50mm钢板进入宽冷床冷却；厚度大于50mm钢板进入特厚板冷床冷却。

冷却后的钢板送入检查台。借助翻板机由人工对其上下表面进行检查，对表面缺陷部位进行修磨。

宝钢厚板厂备有先进的自动超声波探伤装置。该装置采用多通道宽束脉冲反射式探头，可对厚度$h \leqslant 60$mm的钢板进行全板面自动连续探伤。可根据相关标准或用户要求进行自动评判，所有探测缺陷均自动记录在C型扫描图上。装置采用在线布置方式，从而大幅度提高了生产率。

剪切线采用SMS－Demag公司开发的多轴多偏心滚切式剪切机，该剪切机剪切时上弧形刀刃在下直型刀刃上滚动剪切，剪切变形区小，剪切钢板不易弯曲变形，毛刺少，剪切质量高。由于采用多轴传动，可剪切高强度的钢板，剪切速度快。剪切线采用自动剪切技术，根据钢板形状检测装置（PSG）的测量数据及上位机下达的剪切指令，对钢板进行优化剪切。剪切线设备技术参数如表1－4所示。

1.4.4.4 精整区

精整区设备及工艺包括：火焰切割、质量检查修磨、冷矫直、热处理、涂漆等。

表1－4　剪切线设备技术参数

设备	项　目	主要参数	设备	项　目	主要参数
冷床、检查台架	型式	步进式	剪切机	型式	滚切式
	冷床尺寸/m×m	52.5×77(2号)		剪切钢板厚度/mm	5～50
		28.5×38(3号)		剪切钢板最大强度/MPa	1200①、750②
	检查台架尺寸/m×m	26×71.5		剪切钢板宽度/mm	1300～4900
在线超声波探伤装置	探头型式	双晶脉冲反射式直探头		最高剪切温度/℃	150
	探伤钢板厚度/mm	5～60		切头剪最大剪切速度/次·min^{-1}	13
	探伤温度/℃	<100		双边剪最大剪切速度/次·min^{-1}	30
	探伤精度/min	3mmFBH		定尺剪最大剪切速度/次·min^{-1}	18
	探伤速度/m·s^{-1}	0～1.0			

①钢板厚40mm时；②钢板厚50mm时。

在剪切线跨内设置了1号火焰切割机，用于切割剪切线离线钢板及要求剪切复杂组合钢板；中转跨内设置2号火焰切割机，用于特厚板的切割和取样。

为了确保成品钢板的外观质量，对剪切线输出的钢板进行表面、尺寸、外形检查。钢板在检查站由人工对其表面、边部、平直度等进行目测检查，对质量不合格钢板，送至中转跨，根据缺陷类别，分别对钢板进行修磨处理、矫直或其他处理。需修磨的钢板，可在剪后的横移修磨台架上进行修磨。

平直度不合要求的钢板，需进行冷矫直。冷矫直机采用九/五辊变辊数矫直机，最大矫直力为35MN。对于薄规格产品，采用小辊距九辊矫直机，对厚规格产品采用大辊径五辊矫直机，钢板有效矫直厚度范围比常规矫直机扩大50%，采用小变形量最大矫直厚度可达50mm，能满足部分热处理后钢板冷矫直的需求。

该台冷矫直机矫直辊位置均可单独调整，从而可采用灵活的矫直工艺，能显著降低钢板的残余应力且分布均匀；同时可矫直更高强度的薄规格产品，最高屈服强度可达1200MPa；上下辊系单独进行弯辊辊缝补偿，可显著改善钢板头尾的平直度。矫直辊单独传动，根据各矫直辊处的钢板弯曲半径给矫直辊以精确的转速控制。避免矫直辊附加力矩的产生，防止钢板表面损伤，减少矫直辊磨损。

对于厚规格钢板，当平直度不合要求时，可用压力矫直机进行压平处理。

宝钢宽厚板轧机一期工程设置一条热处理线，采用辐射管加热无氧化辊底式炉及辊压式淬火机。钢板在该热处理线上可进行正火、淬火、回火等热处理工艺。钢板入炉前，先经抛丸处理，除去表面的氧化铁皮。钢板加热可采用连续式、摆动式及两者组合式，以满足不同工艺的要求。热处理钢板通过上下对称布置的辐射管来加热，炉内为全密封式，中间通高纯度氮气作为保护气，以防止加热过程中钢板氧化和炉辊结瘤。其处理的钢板表面质量好，温度均匀。

淬火机采用辊压式，淬火后钢板温度均匀，装置长度方向按水压不同常分为：高压区、低压区，为了保证钢板宽度方向上冷却均匀，流量分3个区域控制。淬火操作模式分：连续、连续加摆动、摆动3种，以满足不同厚度及工艺要求。

热处理线配置过程控制系统。由数学模型计算炉内各点的温度设定，周期性地传送给基础自动化，用于动态控制。对淬火钢板，由数学模型计算需要的冷却水流量、钢板运行速度等参数，由基础自动化进行动态控制。

钢板涂漆线设在涂漆跨内。需涂漆的钢板由成品库上料，经抛丸、表面检查和修磨，再经预热、涂漆、烘干、检查和标记处理，送入成品库。

思 考 题

1－1　板带钢与中厚板按尺寸如何分类?

1－2　板带钢技术要求有哪些方面?

1－3　中厚板主要用途是什么?

1－4　钢板尺寸精度有哪些要求?

1－5　钢板板形要求有哪些内容?

1－6　钢板表面质量有哪些具体要求?

2　中厚板轧制设备及工艺

2.1　轧制区设备

2.1.1　中厚板轧机型式

用于中厚板生产的轧机有以下四种:二辊可逆式轧机、三辊劳特式轧机、四辊可逆式轧机和万能式轧机。

2.1.1.1　二辊可逆式轧机

二辊可逆式轧机(见图2-1)于1850年前后用于生产中厚板,现在多用直流电机驱动,采用可逆、调速轧制,利用上辊进行压下量调整,得到每道的压下量。因此可以低速咬钢高速轧钢,具有咬入角大、压下量大、产量高的优点。此外上辊抬起高度大,轧件重量不受限制,所以对原料的适应性强,既可以轧制大钢锭也可以轧制板坯。但是二辊轧机的辊系刚度较差,钢板厚度公差大。因此一般只适于生产厚规格的钢板,而更多的是用作双机布置中的粗轧机座。

Δh

(a)　(b)

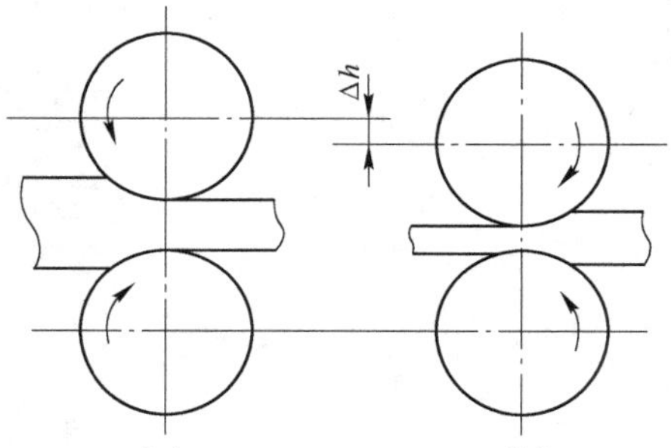

图2-1　二辊可逆式轧机轧制过程示意图

(a)第一道轧制;(b)第二道轧制

钢板轧机按轧辊辊身的长度来标称。“2300钢板轧机”即指轧辊辊身长度L为2300mm的钢板轧机。

二辊可逆轧机还常用$D \times L$表示。D为轧辊直径(mm),L为轧辊辊身长度(mm)。二辊轧机的尺寸范围:$D = 800 \sim 1300$mm,$L = 3000 \sim 5000$mm。轧辊转速30~60(100)r/min。我国的二辊轧机$D = 1100 \sim 1150$mm,$L = 2300 \sim 2800$mm,都用作双机布置中的粗轧机座。

2.1.1.2　三辊劳特式轧机

1864年美国创建了世界上第一台三辊劳特式轧机(见图2-2),专门用于中厚板生产。这类轧机是由上下两个大直径辊和中间一个小直径辊所组成,上下辊由交流电机经减速机、齿轮座带动,为主动辊;而中辊可升降,为从动辊,靠上下辊摩擦带动。轧制过程由轧机的两个动作完成的,利用中辊升降和升降台实现轧件的往返轧制,无需轧辊正反转;利用上辊进行压下量调整,得到每道次的压下量。

三辊劳特式轧机设备投资少、建厂快、轧机辊系刚度比二辊可逆式轧机大,因而生产的钢板精度也高些。但这类轧机由于中辊直径小、从动,因而咬入能力较弱,采用角轧法轧制,成材率低,轧机辊系的刚度还不够大,因此产品的产量和质量都不能满足工业发展的需要。现已大部分被淘汰。

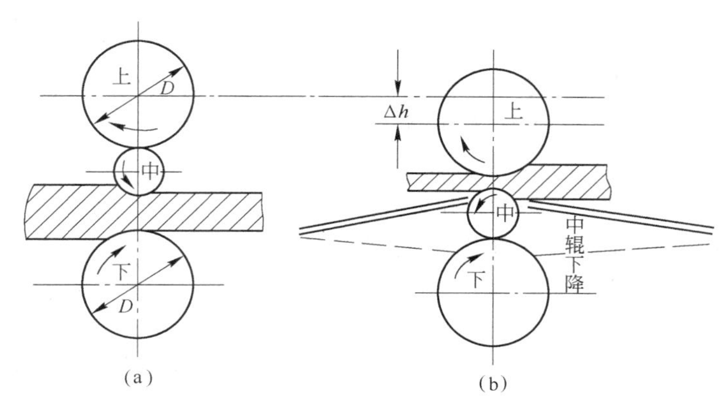

图 2-2　三辊劳特式轧机轧制过程示意图
(a)第一道中下辊过钢;(b)第二道中、上辊返回

三辊劳特式轧机还常用 $D/d/D \times L$ 表示。D 为上下辊直径(mm),d 为中辊直径(mm),L 为轧辊辊身长度(mm)。三辊劳特轧机的尺寸范围:$D = 700 \sim 850$mm,$d = 500 \sim 550$mm,$L = 1800 \sim 2300$mm。通常 $L/D = 2.5 \sim 3$。轧辊转速为 60 ~ 90r/min(轧制速度为 2.5 ~ 3m/s)。我国三辊劳特轧机多为 750 ~ 850/500 ~ 550/(750 ~ 850) × (2300 ~ 2350)mm,用于生产 4.5 ~ 20mm 中板,或者作为双机布置中的粗轧机使用。

2.1.1.3　四辊可逆式轧机

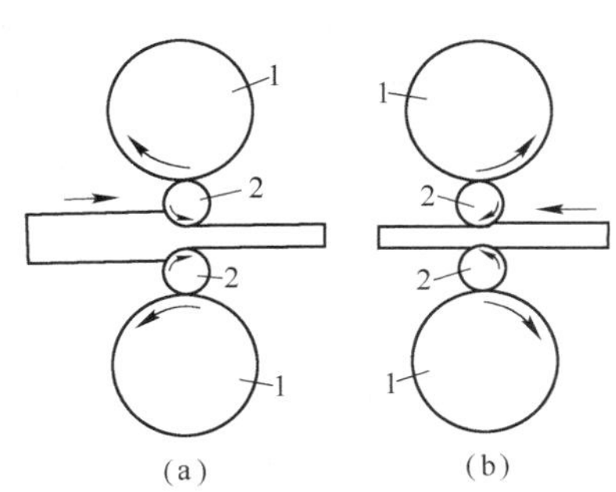

图 2-3　四辊可逆式轧机轧制过程示意图
(a)第一道轧制;(b)第二道轧制
1—支撑辊;2—工作辊

1870 年美国投产了世界上第一台四辊可逆式轧机(见图 2-3)。它是由一对小直径工作辊和一对大直径支撑辊组成,由直流电机驱动工作辊。轧制过程与二辊可逆式轧机相同。它具有二辊可逆轧机生产灵活的优点,又由于有支撑辊使轧机辊系的刚度增大,产品精度提高。而且因为工作辊直径小,使得在相同轧制压力下能有更大的压下量,提高了产量。这种轧机的缺点是采用大功率直流电机,轧机设备复杂,和二辊可逆轧机相比如果轧机开口度相同,四辊可逆轧机将要求有更高的厂房,这些都增大了投资。

四辊可逆轧机用 $d/D \times L$ 表示,或简单用 L 表示。D 为支撑辊直径(mm),d 为工作辊直径(mm),L 为轧辊辊身长度(mm)。四辊可逆轧机的尺寸范围:$D = 1300 \sim 2400$mm,$d = 800 \sim 1200$mm,$L = 2800 \sim 5500$mm。四辊轧机是轧机中最大的,由于这类轧机生产出的钢板好,已成为生产中厚板的主流轧机。

2.1.1.4　万能式轧机

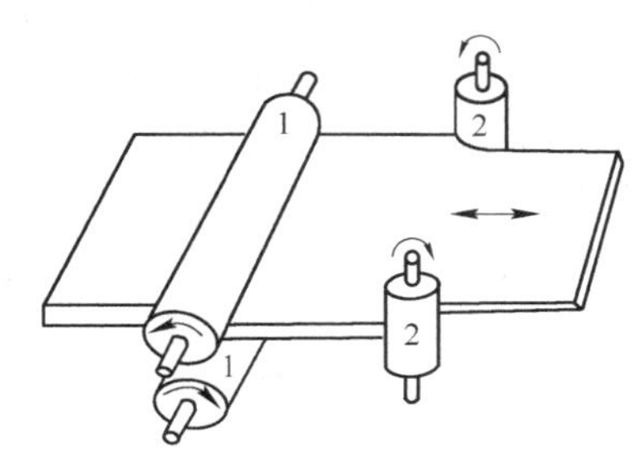

图 2-4　万能式轧机轧制过程示意图
1—水平辊;2—立辊

万能式轧机(见图 2-4)是一种在四辊(或二辊)可逆轧机的一侧或两侧带有立辊的轧机。万能式轧机始于 1907 年,是用来生产齐边钢板,以提高成材率的。但实践证明立辊轧边只在宽厚比(B/H)小于 60 ~ 70 时才能起作用,而当

B/H大于70时用立辊轧边很容易产生纵向弯曲，不仅起不到齐边作用反而使操作复杂，容易造成事故。并且立辊与水平辊要实现同步运行还会增加电器设备和操作的复杂性。中厚板尤其是宽厚板由于B/H大，所以自20世纪70年代后新建轧机一般已不再使用立辊轧机。

近年来为了进一步提高成材率，对于厚板的V－H轧制（立辊加水平辊轧制）又在进行积极开发研究，其目的是为了能够生产不用切边的齐边钢板和更有效的控制钢板宽度以减少切边量。它是在轧机上安装防弯辊和狗骨辊以达到防弯控宽的目的（见图2－5）。

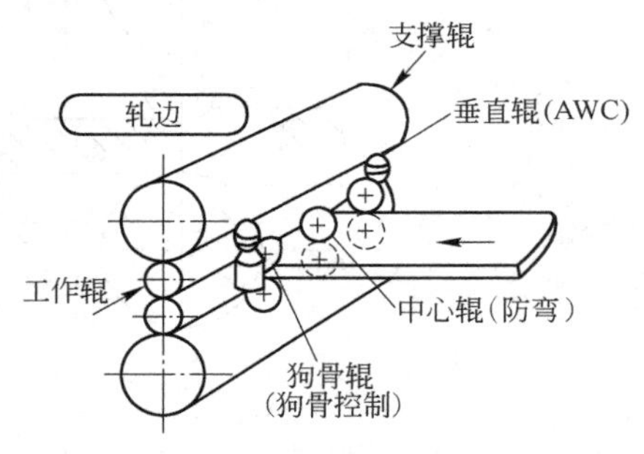

图2－5　V－H轧制的精轧机

2.1.2　中厚板轧机的布置

中厚板车间的布置形式有三种，即单机座布置、双机座布置和半连续或连续式布置。

2.1.2.1　单机座布置的中厚板车间

单机座布置生产就是在一架轧机上由原料一直轧到成品。单机座布置的轧机可选用前述四种中的任何一种中厚板轧机。但由于在该轧机上要直接生产出成品，因此用二辊可逆轧机显然是不宜的，所以现在在实际生产中已被淘汰。三辊劳特式轧机亦已逐渐被四辊可逆式轧机所取代。

单机座布置中，由于粗轧与精轧都在一架轧机上完成，所以产品质量比较差（包括表面质量和尺寸精确度），轧辊寿命短，产品规格范围受到限制，产量也比较低。但单机座布置投资低、适用于对产量要求不高，对产品尺寸精度要求相对比较宽，而增加轧机后投资相差又比较大的宽厚钢板生产。目前世界上共有72台3000mm以上的宽厚板轧机中，单机布置的轧机就有41台。此外不少车间为了减少初期投资，在第一期建设中只建一台四辊可逆轧机，预留另一台轧机的位置，这是一种比较合理的建设投资方案。

2.1.2.2　双机座布置的中厚板车间

双机布置的中厚板车间是把粗轧和精轧分到两个机架上去完成，它不仅产量高（一台四辊轧机可达100×10^4t/a，一台二辊和一台四辊轧机可达150×10^4t/a，二台四辊轧机约为200×10^4t/a），而且产品表面质量、尺寸精度和板形都比较好，还延长了轧辊使用寿命。双机布置中精轧机一律采用四辊轧机以保证产品质量，而粗轧机可分别采用二辊可逆轧机或四辊可逆轧机。二辊轧机具有投资少、辊径大、利于咬入的优点，虽然它刚性差，但作为粗轧机影响还不大，尤其在用钢锭直接轧制时。因为钢锭厚度大，压下量的增加往往受咬入角限制，而轧制力又不高，适合用二辊可逆轧机。采用四辊可逆轧机作粗轧机不仅产量更高，而且粗、精轧道次分配合理，送入精轧机的轧件断面尺寸比较均匀，为在精轧机上生产高精度钢板提供了好条件。在需要时粗轧机还可以独立生产，较灵活。但采用四辊可逆轧机作粗轧机为保证咬入和传递力矩，需加大工作辊直径，因而轧机比较笨重，厂房高度相应地要增加，投资增大。美国、加拿大多采用二辊加四辊型式，欧洲和日本多采用四辊加四辊型式。目前由于对厚板尺寸精度和质量要求越来越高；因而两架四辊轧机的型式日益受到重视。此外我国还有部分双机座布置的中厚板车间仍采用三辊劳特式轧机作为粗轧机，这是对原有单机座三辊劳特式轧机车间改造后的结果，进一步的改造将用二辊轧机或四辊轧机取代三辊劳特式轧机。

通常双机布置的两架轧机的辊身长度是相同的，但有的双机架布置的粗轧机轧辊辊身长度大于精轧机的轧辊辊身长度，这样可用粗轧机轧制压下量比较少的宽钢板，再经旁边的作业线作轧后处理，使设备费减少，而且重点可作为长板坯的宽展轧制用。

2.1.2.3　连续式、半连续式、3/4 连续式布置

连续式、半连续式、3/4 连续式布置是一种多机架布置的生产宽带钢的高效率轧机，也看作是一种中厚板轧机。因为目前成卷生产的带钢厚度已达 25mm 或以上，这就几乎有 2/3 的中厚钢板可在连轧机上生产，但其宽度一般不大，而且用生产薄规格的昂贵的连轧机来生产中厚板在经济上也是不合理的。对于半连续轧机，其粗轧部分由于轧机布置灵活，可以满足生产多品种钢板的需要，但精轧机部分的作业率就低了。

目前全世界的宽厚板生产（由辊身宽 3m 以上轧机生产），单机布置仍占有很大比重，但总产量却不及双机布置轧机的总产量。在宽厚板轧机上很少使用连续或半连续的布置方式，在全世界 72 条宽厚板轧制线上只有一条。

2.1.3　轧机主机列

2.1.3.1　主传动

轧钢机主传动装置根据轧机类型的不同，而有不同的部件组成。它一般包括下列几个部件：连接轴及平衡装置、齿轮座、主联轴节、减速机、电动机联轴节和电动机。

三辊劳特式轧机用一台交流电动机，经减速机，人字齿轮座来驱动上、下两个大辊，如图2－6所示。三辊劳特式轧机的人字齿轮座由 3 个齿轮构成，它是一种将电机输出功率分配给上、下两个大辊的装置，其齿轮的节圆直径大致与轧辊直径相等。轧辊的转速比由齿轮的齿数决定，因此，为了使上、下轧辊的圆周速度保持相同，上、下轧辊直径要保持一致。

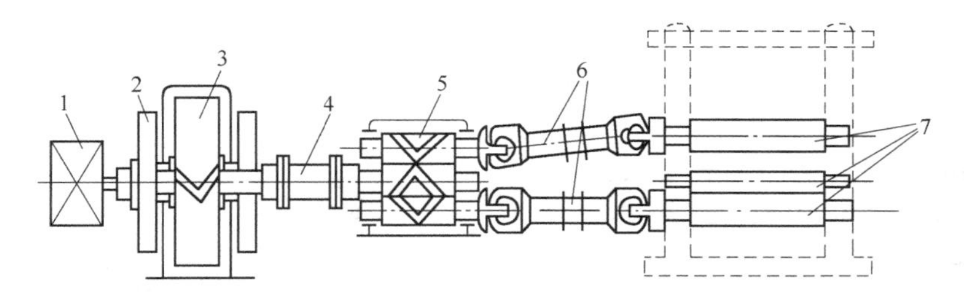

图 2－6　三辊劳特式轧机主传动示意图

1—主电动机；2—飞轮；3—减速机；4—齿式联轴节；5—人字齿轮座；6—万向接轴；7—轧辊

四辊轧机也有采用人字齿轮座转动方式的，由于工作辊直径受到齿轮直径的限制，难以传递大的功率，所以近年来新建的四辊轧机上、下工作辊分别采用各自的直流电动机来驱动，图 2－7为四辊轧机电动机直接传动轧辊的主传动示意图。两个工作轧辊由直流电动机通过接轴单独驱动，轧辊的速度同步由电气设备来保证。这种主机列没有减速器和齿轮机座，减少了传动系统的飞轮力矩和损耗，缩短了启动和制动时间，因此能提高可逆式轧机的生产率。

立辊轧机位于水平轧机的前面，立辊机架与水平机架呈近接布置。立辊轧机主要分为两大类，即一般立辊轧机和有 AWC 功能的重型立辊轧机。

一般立辊轧机是传统的立辊轧机，主要用于板坯宽度齐边、改善边部质量。这类立辊轧机结构简单，主传动电机功率小、侧压能力普遍较小，而且控制水平低，辊缝设定为摆死辊缝，不能在

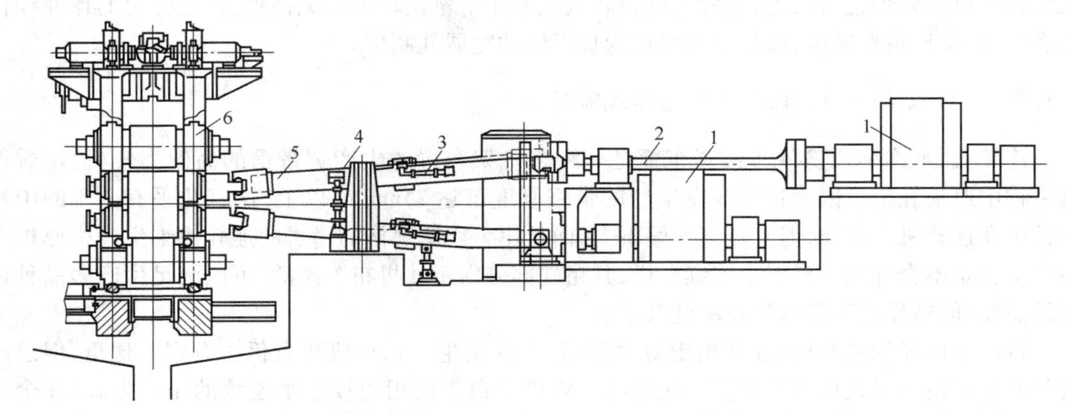

图 2-7　四辊轧机电动机直接传动轧辊的主传动示意图

1—电动机;2—传动轴;3—接轴移出缸;4—接轴平衡装置;5—万向接轴;6—工作机座

轧制过程中进行调节,宽度控制精度不高。

有 AWC 功能的重型立辊轧机结构先进,主传动电机功率大,侧压能力大,具有 AWC 功能,在轧制过程中对带坯进行调宽、控宽及头尾形状控制,提高宽度精度和减少切损。

有 AWC 功能的重型立辊轧机的结构如图 2-8 所示。

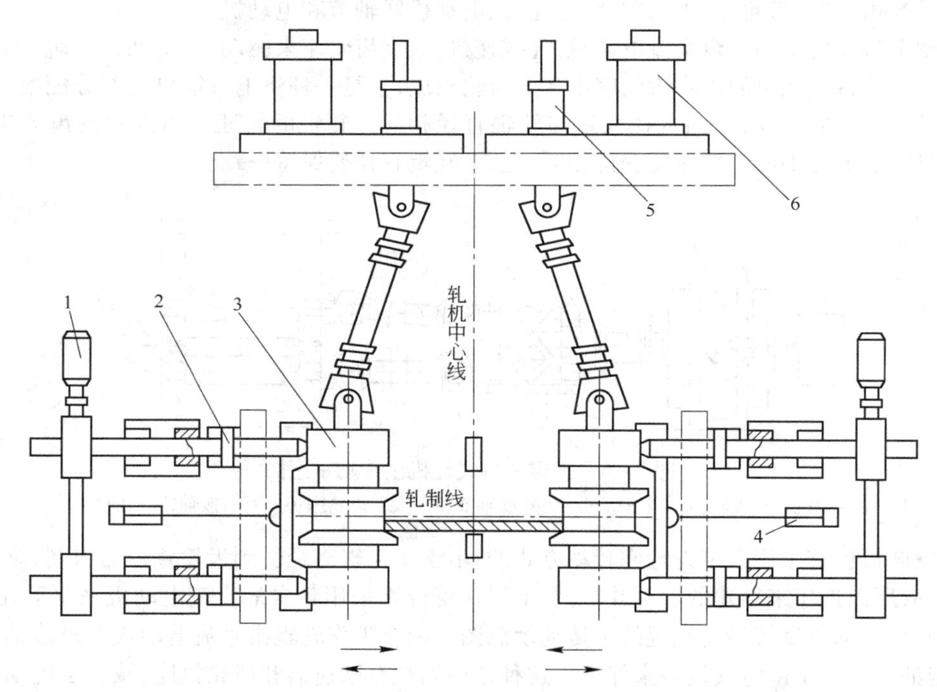

图 2-8　有 AWC 功能的重型立辊轧机

1—电动侧压系统;2—AWC 液压缸;3—立辊轧机;4—回拉缸;5—接轴提升装置;6—主传动电机

2.1.3.2　万向接轴及平衡装置

从电机或人字齿轮座将力矩传递给轧辊的部件称为接轴,也叫做接手。目前几乎都采用万向接轴。这种接轴通过安装在接轴两端的联轴节可以在任意方向上允许被连接的电机轴与轧辊轴线成一定角度来传递动力，允许的最大倾斜角度可达8°~10°，万向接轴自重很大，为了减少联轴节的磨损和减轻轧辊轴承所受的附加负荷，以及上、下摆动时灵活稳定，万向接轴备有平衡装置。三辊劳特式轧机的上接轴通过杠杆用配重进行平衡，下接轴采用弹簧平衡。四辊轧机多采用液压缸式平衡装置，也有采用弹簧式平衡装置的。

2.1.3.3 万向接轴的结构

万向接轴是按虎克关节（十字关节）的原理制成的，其结构如图2-9所示。两块带有定位凸肩的月牙滑块3用滑动配合装在叉头2的径向镗孔中，并由上、下具有轴颈的方形小轴4固定位置。带切口的扁头1则插入滑块3与方轴4之间，方轴（矩形断面部分）以其表面镶的铜滑板5与扁头开口滑动配合。关节两端是游动的，即可在接轴中心线方向沿扁头的切口移动。叉头径向镗孔的中心线为回转轴 $x-x$，小方轴的中心线为回转轴 $y-y$，两回转轴互相垂直。这样，两轴即可按虎克关节的原理运动，使互相倾斜的两轴传递运动。

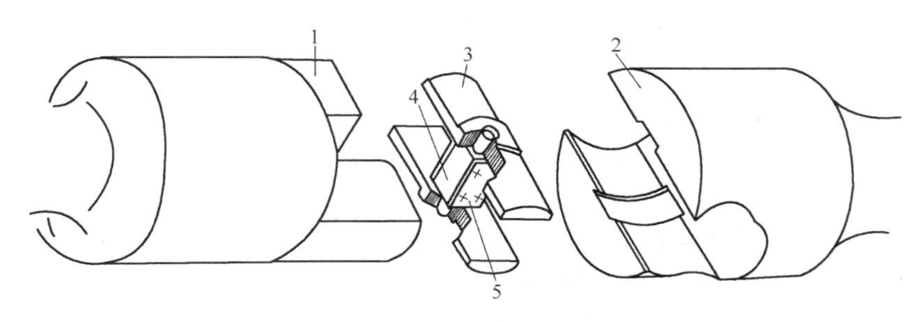

图2-9 万向接轴的立体简图

1—开口扁头；2—叉头；3—月牙滑块；4—小方轴；5—滑板

万向接轴轴体的材质一般应为50号以上的锻钢，强度极限不小于650~750MPa。应力较大时，可用合金锻钢。接轴中的滑块材料一般用耐磨青铜，也可用布胶、尼龙等制作。

2.1.3.4 联轴节的工作特点和类型

联轴节的用途是将主机列中的传动轴连接起来。在主机列中，一般把用于连接减速机低速轴与齿轮座主动轴的联轴节称为主联轴节；而把电动机出轴的联轴节称为电动机联轴节。根据使用要求，联轴节除应具有必要的刚度外，在结构上还必须具有能补偿两轴的中心线相互位移的能力，以防止轧钢机的冲击负荷。目前应用于轧钢机主机列中的联轴节，主要是补偿联轴节。

补偿联轴节允许两轴之间有不大的位移和倾斜，其结构类型有十字滑块（施列曼式）、凸块式（奥特曼式）和齿式三种形式。前两种目前在某些旧式轧钢机上尚可见到，在新型轧钢机上，几乎全部使用了齿式联轴节。

2.1.3.5 齿式联轴节

齿式联轴节具有结构紧凑、补偿性能好、摩擦损失小、传递扭矩大（3MN · m）和一定程度的弹性等优点，所以广泛用于轧钢机的主传动轴上。

齿式联轴节的结构如图2-10所示，主要由两个带有外齿的外齿轴套1和两个带有内齿的

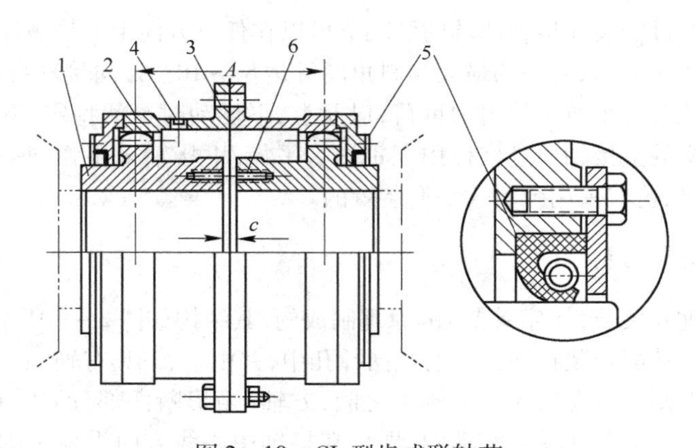

图 2－10　CL 型齿式联轴节

1—轴套；2—套筒；3—纸垫；4—油塞孔；5—密封圈；6—拆卸轴套用的螺孔

套筒 2 所组成。两个套筒用螺栓固定，其内装有高黏度的润滑油，两端用密封圈 5 进行良好的密封。轴套端面上有螺孔 6，可以装上螺栓以便于将轴套从轴上卸下。润滑油经油塞孔 4 注入。轴与轴套间一般采用过渡配合，并带有平键连接，有时也采用花键连接。当工作条件繁重时，所用的巨型联轴节就要采用没有键的热压过盈配合。

为了避免外齿与内齿挤住，通常将轴套的外齿齿顶做成球面的。安装时，外齿与内齿之间保持一定的间隙，以便补偿被连接的两根轴之间小量的偏移和倾斜（见图 2－11）。其倾斜角度 ω 和偏移量 a 应保持最小值。特别是接轴处于高速运转的情况时，根据标准规定，$\omega \leqslant 0°30'$。

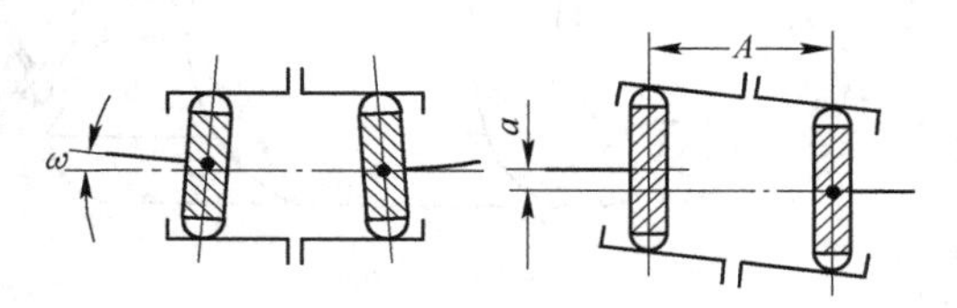

图 2－11　齿式联轴节的倾斜角和径向位移示意图

2.1.4　四辊中厚板轧机工作机座的结构

四辊中厚钢板轧机由于其刚度高、可采用较大直径的支撑辊，减轻了轧钢时工作辊的变形，所以道次压下量大、轧制效率高。近年来，在四辊轧机上又增加了厚度自动控制和弯辊装置，进一步提高了钢板的厚度精度和板形精度。四辊轧机还适于各种类型的控制轧制工艺，生产高质量中厚钢板。目前，无论在国外还是国内，四辊轧机已经成为生产中厚钢板的主要机型。

四辊板带轧机的工作机座一般包括下列几个组成部分：

（1）轧辊组件（也称辊系）：由轧辊、轴承、轴承座等零部件组成；

（2）机架部件：由左右机架、上下连接横梁、轨座等构件组成；

（3）压下平衡装置；

（4）轧辊的轴向调整或固定装置。四辊轧机的结构如图 2－12 所示。

无论哪一种轧钢机，为了进行轧制，轧辊是必不可少的零件。既有轧辊，就必须具有轴承、轴承座、机架等起支持作用的零件。为了保证轧辊的开口度必须有压下调整装置。

压下装置有手动的、电动的、液压传动的及电动－液动的，根据轧机的类型不同而采用不同的形式。平辊的钢板轧机一般具有轴向固定装置，在特殊形式的轧机上为了得到正确的辊缝形状，必须有轧辊的轴向调整装置。

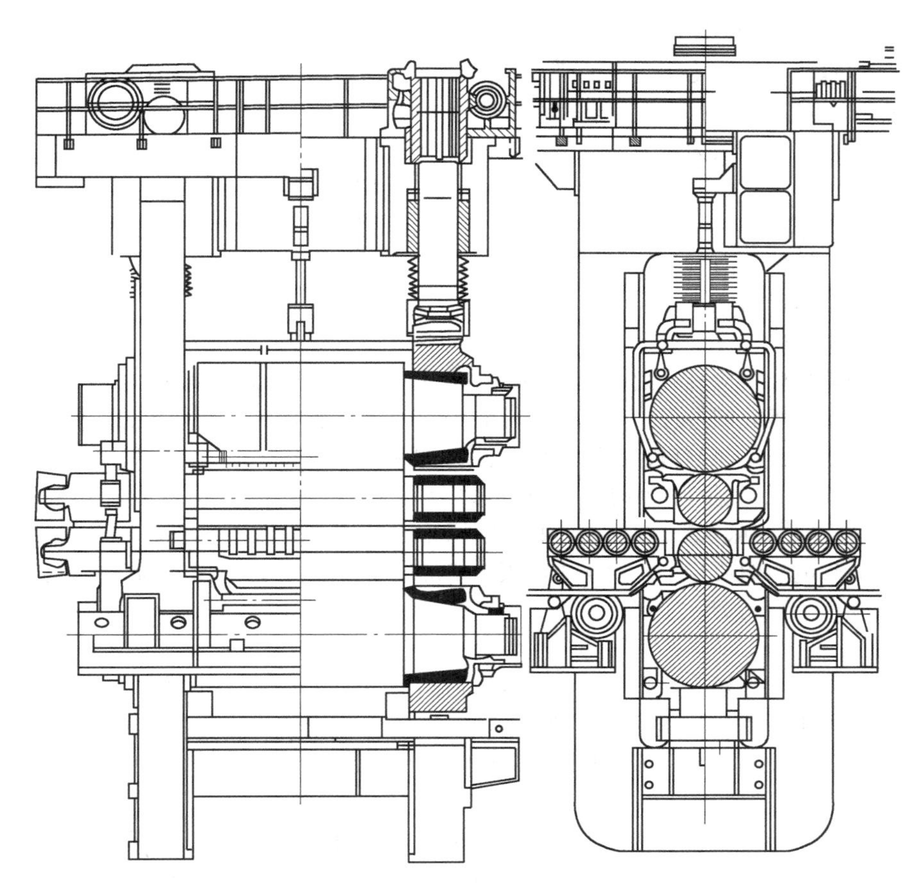

图 2 – 12 四辊轧机的结构

2.1.4.1 轧辊

A 轧辊尺寸

四辊式轧钢机的轧辊分为工作辊与支撑辊，工作辊是用来直接完成轧制过程的，其直径较小；大直径的为支撑辊，其作用是改善工作辊的强度及刚度条件。每个轧辊都由辊身、辊颈及轧辊轴头三部分组成。

钢板轧机的轧辊辊身长度 L 与被轧钢板的最大宽度之间的关系：

$$L = b + a$$

式中 b——钢板的最大宽度，mm；

a——辊身长度的裕量系数，它决定于钢板的最大宽度。

当 $b = 400 \sim 1000$mm 时，$a = 100$mm；

当 $b = 1000 \sim 2500$mm 时，$a = 100 \sim 200$mm；

当 $b > 2500$mm 时，$a = 200 \sim 400$mm。

三辊劳特轧机由于采用角轧操作，$a = 500$mm。

工作辊径较小时，轧辊的扭转角度会影响钢板的质量。为了保证轧辊的扭转刚度，在选择轧辊直径时应该同时考虑辊身长度的影响。轧辊辊身长度与轧辊直径之比通常取为：工作辊$L/D_W =$

2.5 ~4.0；支撑辊 $L/D_B = 1.3 \sim 2.5$。

支撑辊辊径主要决定于辊系的刚度。刚度过小，上下工作辊将产生啃边现象而破坏轧制过程，常用支撑辊辊径值为 $D_B/D_W = 1.6 \sim 2.5$。

轧辊辊颈尺寸一般为：

滚动轴承　　$d = (0.5 \sim 0.6)D$

滑动轴承　　$d = (0.67 \sim 0.75)D$

式中　d——辊颈直径；

D——轧辊直径。

B　轧辊材质

中厚板轧机轧辊应具有耐磨，抵抗冲击、承受高温、耐热龟裂以及足够的强度和刚度几个基本条件。由于钢板轧制过程中轧辊与被轧制钢板间存在有相对滑动现象，造成了轧辊的磨损与板形不良，因此要求轧辊有较高的硬度。轧制过程中的轧辊是在高压、高温和冷却水的交变负荷下工作，轧辊表面反复呈现的压应力和拉应力会诱发生成热裂纹。为此要求轧辊具有较高的热传导率、较小的热膨胀系数和弹性系数。此外，由于轧辊在高温下承受着较大的疲劳强度，所以在高温下轧辊的组织要稳定。由于中厚板轧机的轧制力较大，因此，轧辊需选用具有较大抗拉强度和疲劳强度的材料。

a　工作辊

中厚板轧机工作辊主要采用离心复合铸造的合金铸铁轧辊，有高 NiCr 或高 Cr 铁或高 Cr 钢三大类。为了满足耐热性和耐磨性的要求，高 NiCr 工作辊硬度应控制在 68 ~ 75HS 之间，高 Cr 铁工作辊硬度应控制在 65 ~ 73HS 之间。由于采用离心铸造生产，组织更为致密和纯净，抗热裂性和抗剥落性较好。

随着普遍采用控制轧制工艺生产中厚钢板，一种在轧辊芯部和轴颈部位具有球墨铸铁组织的控制轧制用工作辊得到开发，其突出的特点是辊颈部位具有较高的强度。

最近在国外四辊 - 四辊式中厚板轧机的粗轧机与精轧机开始采用同一种材质的工作辊，目的是精轧机更换下来的工作辊还可以在粗轧机上使用，降低了吨钢轧辊消耗。

b　支撑辊

支撑辊应具备下述 3 个条件：

(1) 具有高的强度，低的弹性压扁和不易产生挠曲。

(2) 辊身表面具有高的耐疲劳性能，即耐剥落掉皮性能好。

(3) 耐磨性能好。

支撑辊多采用合金铸钢轧辊和锻钢轧辊。合金铸钢轧辊中添加有镍、铬、钼等合金元素。我国目前多采用锻钢轧辊，西欧国家多采用铸钢轧辊，日本过去采用铸钢轧辊较多，近来开始转向采用锻钢轧辊。

C　轧辊的强度计算

钢板轧辊的强度计算。二辊轧机的轧辊强度计算，如图 2 - 13 所示。假设轧辊承受的负荷，在轧件宽度 b 范围内是均布的，且左、右对称，即钢板位于轧辊辊身中间。轧辊两端辊颈上的反作用力是在压下螺丝的中心线上。

辊身中间断面的弯曲力矩为：

$$M_{max} = P\left(\frac{a}{4} - \frac{b}{8}\right)$$

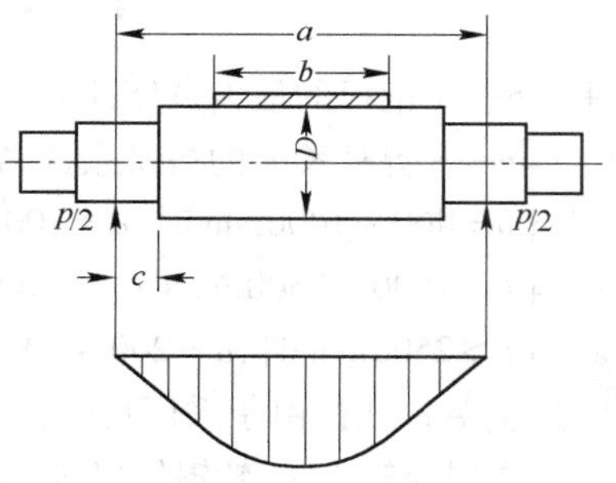

图 2 - 13　钢板轧辊强度计算

弯曲应力为：

$$\sigma = \frac{P}{0.1D^3}\left(\frac{a}{4} - \frac{b}{8}\right)$$

危险断面上的辊颈弯矩及弯曲应力为：

$$M_n = \frac{P}{2} \times c \qquad \sigma_n = \frac{M_n}{0.1d^3}$$

式中 P——轧件作用在轧辊上的压力，N；

a——两个压下螺丝之间的距离，m；

b——钢板的宽度，m；

c——压下螺丝中心线到辊身边缘的距离，m。

轧制时轧辊除受弯曲应力外，也有扭转应力。但对辊身中间断面其扭转应力较弯曲力小得多，故一般辊身强度只按弯曲应力计算。

对辊颈危险断面应按弯扭合成计算。其扭转应力为：

$$\tau_n = \frac{M_T}{0.2d^3}$$

式中 M_T——作用在轧辊上的扭转力矩，N·m。

对钢轧辊，用第四强度理论计算：

$$\sigma_c = \sqrt{\sigma_n^2 + 3\tau_n^2}$$

对铸铁轧辊，用摩尔理论计算：

$$\sigma_c = 0.375\sigma_n + 0.625\sqrt{\sigma_n^2 + 4\tau_n^2}$$

轧辊的安全系数一般取为5，故许用应力[σ]为：

$$[\sigma] = \frac{\sigma_b}{n} = \frac{\sigma_b}{5}$$

式中 σ_b——轧辊材料的抗拉强度极限。

表2-1列有各种轧辊材料许用应力值。

表2-1 各种轧辊材料许用应力值

材料名称	极限强度 σ_b/MPa	许用应力[σ]/MPa	材料名称	极限强度 σ_b/MPa	许用应力[σ]/MPa
合金锻钢	690~1180	137~235	球墨铸铁	490~588	98~118
碳素锻钢	588~690	118~137	合金铸铁	392~441	78~88
碳素铸钢	490~588	98~118	铸　铁	343~392	69~78

对于四辊轧机，由于采用了支撑辊，给轧辊计算带来了新的特点。首先是工作辊和支撑辊之间有互相加强抗弯能力的作用，也就是说，它们之间有弯曲载荷的分配问题；另一个特点是，工作辊与支撑辊之间存在着相当大的接触应力。

经过分析计算，可以得出这样的结论：当支撑辊与工作辊辊径比大于1.5时，弯矩几乎全部传给支撑辊。所以支撑辊应该按全部轧制力来计算其弯曲强度；工作辊只须计算扭转强度。但当轧辊具有弯辊装置时，还应计算弯辊力引起的弯曲应力。

四辊轧机轧辊的接触强度计算。在半径方向产生的接触正应力在接触表面的中间最大，其值可按赫茨方程式求得：

$$\sigma_{max} = \sqrt{\frac{q(r_1 + r_2)}{\pi^2(K_1 + K_2)r_1 r_2}}$$

式中　q——加在接触表面单位长度上的负荷，N/m；

r_1、r_2——相互接触的两个圆柱形的半径，相当于两轧辊的半径，m；

K_1、K_2——与轧辊材料有关的系数：

$$K_1 = \frac{1-\mu_1^2}{\pi E_1} \qquad K_2 = \frac{1-\mu_2^2}{\pi E_2}$$

式中　μ_1、μ_2——轧辊材料的波桑系数；

E_1、E_2——轧辊材料的弹性模量，N/m^2。

当轧辊材料相同，$\mu = 0.3$ 时，方程式将为：

$$\sigma_{max} = 0.418\sqrt{\frac{qE(r_1+r_2)}{r_1 \times r_2}}$$

接触切应力为：

$$\tau_{max} = 0.304\sigma_{max}$$

由于接触变形处于三向压缩状态，虽然应力值很高，但对轧辊没有很大危险，其许用应力可以取得稍高些，当其表面硬度大于布氏硬度 350 时，为：

$$[\sigma] = 150 \sim 200\text{MN/m}^2$$

$$[\tau] = \frac{[\sigma]}{2.9} = 52 \sim 70\text{MN/m}^2$$

2.1.4.2　轧辊的轴承及轴承座

一般四辊轧机的工作辊都用滚动轴承，在支撑辊负荷不太大、速度不太高的情况下，也可用滚动轴承。在轧制速度较高时，一般趋向于采用液体摩擦轴承。滚动轴承要在径向尺寸受限制的情况下承受很大的轧制力，因此轧辊用的滚动轴承都是多列的，主要有圆锥滚子轴承、圆柱滚子轴承和球面滚子轴承。

A　四列圆锥滚子轴承

a　四列圆锥滚子轴承的特点

(1) 能承受轴向力又能承受径向力。

(2) 工作时会产生较高的摩擦热，因此对高速轧机不太适用，高速轧制时寿命急剧下降。

(3) 调整间隙困难。

b　四列圆锥滚子轴承的结构

四列圆锥滚子轴承的结构如图 2－14 所示，它由两个内圈、3 个外圈、滚动体和保持架四部分组成。它有两个外调整环和一个内调整环，使四列锥柱与外套间隙相等，以保持工作时受力均匀。轴承的各个零件没有互换性，在装配时必须按一定标记进行，否则各列滚子之间会产生不同的轴向间隙，以致四列滚子之间载荷分布不均，使轴承过早地损坏。为了便于换辊，轴承内圈与轧辊辊颈采用动配合。由于配合较松，内圈会出现微量移动。为了防止由此造成的辊颈磨损，采用提高辊颈硬度的办法，其硬度为 35～45HS，同时应保证配合表面经常有润滑油。

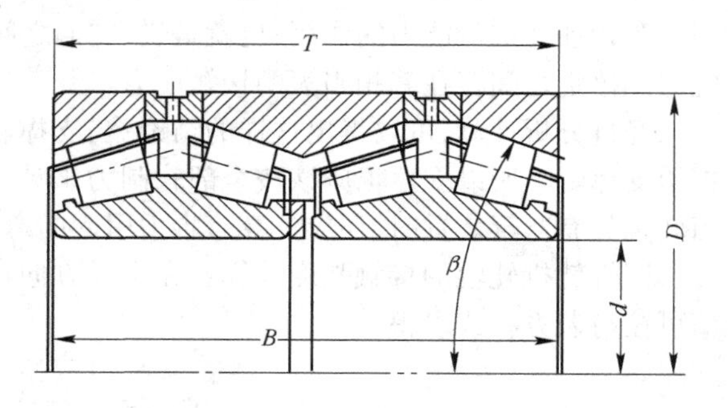

图 2－14　四列圆锥滚柱轴承的结构

B 四列圆柱滚子轴承的特点

（1）这类轴承摩擦消耗少，轴承径向尺寸较其他滚动轴承小，在相同的条件下，允许轧辊辊颈直径比圆锥滚子轴承等都大。

（2）承装有多列大体积的滚子，承载能力较大，工作速度也远比圆锥轴承高。

（3）此类轴承只承受径向载荷，轴向载荷需要用独立的止推轴承来承受，这样使轴承的结构复杂了，但可以使轴承的负荷能力充分用于径向负荷，并且轧辊轴向位置的控制较精确。随着四辊轧机轧制力和轧制速度的不断提高，支撑辊采用圆柱滚子轴承的日益增多，并且有代替液体摩擦轴承的趋势。

在轧辊上的安装如图 2 – 15 所示。

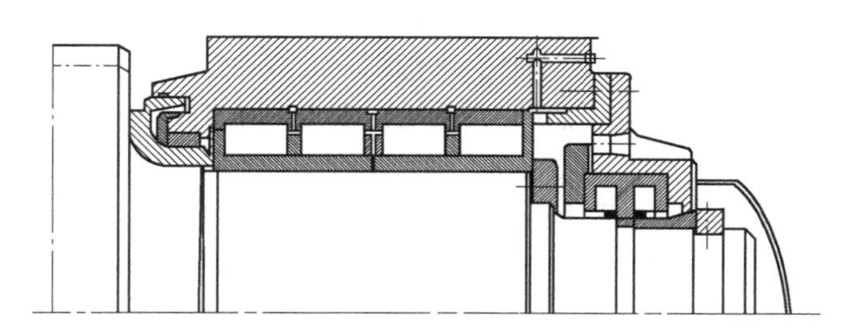

图 2 – 15 四列短圆柱滚子轴承结构

C 液体摩擦轴承（油膜轴承）

a 液体摩擦轴承的特点及分类

液体摩擦轴承是一种流体动力润滑的闭式滑动轴承，1934 年始用于轧钢机。其基本特点如下：

（1）摩擦系数低，可减少能耗。轴承中的能量消耗只是用来克服润滑油层间很小的内摩擦，所以摩擦系数很小（0.001 ~ 0.008）。

（2）适合于高速重载的工作条件。液体摩擦轴承的允许速度实际上只受散热条件的限制，在具有很好的冷却条件下，随着速度的增加，其承载能力不但不减少，反而可以增加。同时，油膜轴承对冲击载荷不敏感。因此，高速重载的轧机采用液体摩擦轴承较合适。

（3）使用寿命长，因摩擦系数低，所以轴承工作面几乎没有磨损。如果使用维护适当，寿命可达 10 年以上。

（4）刚性大而弹性变形极小，因此轧制精度较高。

（5）结构紧凑，在承受相同载荷情况下，液体摩擦轴承的径向轮廓尺寸相对较小，有利于采用较粗的轧辊辊颈。

但是，液体摩擦轴承的制造精度和成本较高，安装精度要求较严，使用维护也复杂。

根据油膜形成方法的不同，液体摩擦轴承可分为动压轴承、静压轴承和动 – 静压轴承三种类型。

b 动压轴承的工作原理

动压轴承的工作原理图如图 2 – 16 所示。由于润滑油有黏性，能粘附在轴颈和轴承衬的表面上，当轴转动时，润滑油就进入轴颈和轴承的楔形间隙中，楔形间隙逐渐变窄（进口大，出口小），使间隙中的润滑油难以顺着轴的旋转方向流动，同时又由

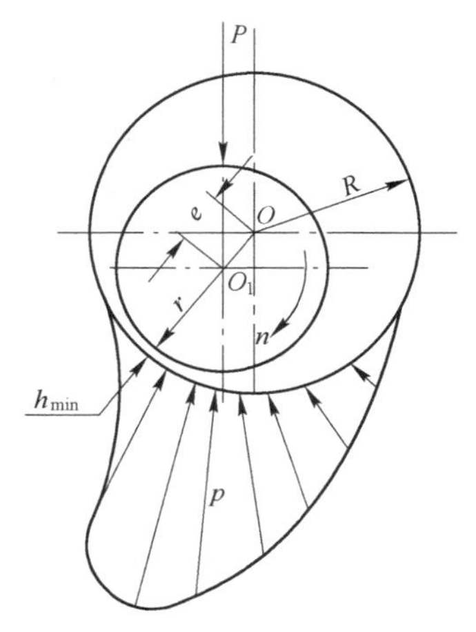

图 2 – 16 液体摩擦轴承原理图

于润滑油的黏性，也阻碍润滑油沿轴向流出，这样在间隙中的润滑油产生很大的流体动压力，与外载荷相平衡；润滑油层中径向压力分布的情况如图 2 – 16 所示。

由上可知，楔形间隙是形成油膜的必要条件之一。此外还必须具备：

（1）足够的油量，足以连续不断供油，充满间隙。

（2）足够的旋转速度，随着速度的增加，待排油量就增多，这样油压也随之增大。

（3）有一定黏度的油，高黏度的油容易形成油膜。

（4）轴承摩擦面需要高精度加工。尺寸精度为一级，表面粗糙度 0.1 ~ 0.05μm，微观不平度 0.5 ~ 1μm。

（5）轴承应具有良好的密封。

这层动压油膜，将随着轴承转数和润滑油黏度的增加而加厚，随外载荷的增加而变薄。

动压轴承所选用的润滑油，有低黏度的透平油（22 ~ 57 号）和高黏度的轧钢机油（HJ3 – 28）。为了减少摩擦系数，对于轻载、高速的轴承，宜采用低黏度润滑油；而重载、低速时，宜用高黏度的润滑油。

由于动压轴承的液体摩擦条件只在轧辊具有一定转速的情况下才能形成，因此，当轧辊经常启动、制动和反转时，就不能保持液体摩擦状态。而且，动压轴承在开动之前，不允许承受很大载荷，因此其使用范围受到限制。

c　静压轴承

基于动压轴承存在的不足，近年来出现了静压轴承。静压轴承的高压油膜是靠一个专门的液压系统供给的高压油产生的，靠油的静压力使辊颈悬浮在轴承中。因此，这种高压油膜的形成与轧辊辊颈的运动状态无关，无论是启动、制动或反转，甚至静止状态，都能保持液体摩擦条件。

静压轴承具有较高的承载能力；寿命比动压轴承长（主要取决于供油系统的寿命），应用范围广，轴承规格多，能满足任何载荷条件和速度条件的要求，轴承刚度高。静压轴承可使轧辊辊颈在受载后稳定地保持很小的位移，甚至没有位移。这一特性对提高轧制精度非常有利。此外，轴承套筒材料可降低要求，只要比辊颈材料软就行了。但是，由于静压轴承必须有一套可靠的高压液压系统及保护装置，所以其应用不如动压轴承普遍。

d　静 – 动压轴承

静压轴承虽然克服了动压轴承的某些缺点，但它本身也存在着新的问题，主要是轧钢机重载静压轴承需要一套连续运转的高压液压设备来建立静压油膜，这就要求液压系统有较高的可靠性。液压系统的任何故障都可能破坏轴承的正常工作。

静 – 动压轴承就是把动压轴承和静压轴承的各自优点结合起来，克服了动压轴承和静压轴承两者的不足。静 – 动压轴承是共用一个润滑油系统，同一种润滑油，只是在原有润滑系统中再增添一套静压润滑系统装置。在动压轴承的承压面上增设一个供油孔和静压油腔，其他的结构没什么改变。

静 – 动压轴承的特点是：仅在低速、可逆运转、启动或制动的情况下，采用静压系统供给高压润滑油；而在高速稳定运转时，自动关闭静压系统，使轴承按动压制度工作。因此高压系统不必长期连续地工作，只在很短的时间内起作用，因而大大减轻了高压系统的负担，并提高了轴承工作的可靠性。动压和静压制度的转换，可以根据轧辊转速自动切换。

D　轴承座

四辊轧机支撑辊轴承座为一门型架（见图 2 – 17），考虑到调整轧件厚度的需要，轴承座在机架窗口内应能上、下移动；工作辊轴承座装置在门型架中。为保证轧辊磨损后，工作辊仍能与支撑辊相压紧，工作辊轴承座在门型架中应能上下移动。

轴承座材料的选择，支撑辊轴承座常用ZG35，工作辊轴承座为ZG40Mn或ZG45。上、下支撑辊轴承座都应有自动调位的性能，以免轴承倾斜地工作。对于上支撑辊轴承座，通过压下螺丝的球面垫保证其自动调位，下支撑辊轴承座为了自动调位应该支撑在修圆了的或较短的支座上。

2.1.4.3　压下与平衡装置

A　平衡装置

平衡装置的用途是：

（1）保证上轧辊轴承座紧贴着压下螺丝，即当压下螺丝向下移动时，轴承座也向下移动，当压下螺丝回升时，轴承座也随着向上移动，即消除压下螺丝与轴承座间的间隙，以避免轧制时产生冲击载荷；

（2）保证消除压下螺丝与螺母间的有害间隙，也即将因螺丝自重产生的上间隙转化为托起螺丝时产生的下间隙；

（3）对四辊轧机来讲还应考虑消除上支撑辊轴承与轴承座间的有害间隙，即将轴承付中的上间隙转为下间隙。

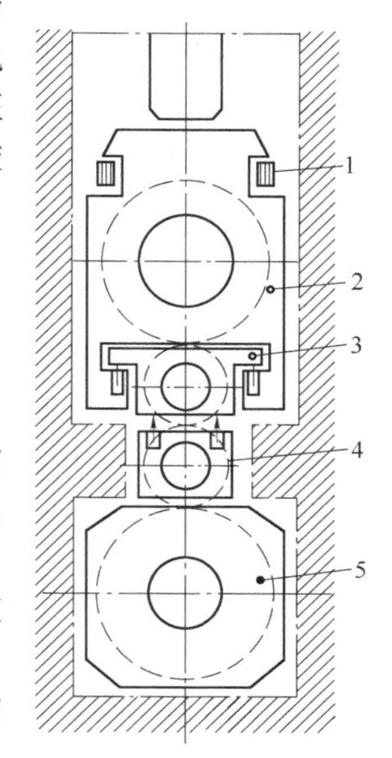

图2－17　轧辊轴承座在机架窗口中的位置

1—轧辊平衡横梁；2—上支撑辊轴承座；3—上工作辊轴承座；4—下工作辊轴承座；5—下支撑辊轴承座

图2－17的上支撑辊轴承座顶端有两个耳朵，其作用是将轴承座挂在平衡杠杆上。整个上支撑辊轴承座、压下螺丝及平衡杠杆的重量通过平衡杠杆系统由位于机架顶端的一个大液压缸来平衡。

在上（下）工作辊轴承座内，有平衡上工作辊、轴承、轴承座和上支撑辊用的液压缸。

上支撑辊轴承座、压下螺丝及平衡杠杆的重量用一个大液压缸平衡，上工作辊系和上支撑辊本身的重量用4个小液压缸平衡，这种形式称为五缸液压平衡。如果上支撑辊系也采用与工作辊相似的、由4个在下支撑辊轴承座内的小液压缸来平衡，则称为八缸液压平衡。

B　压下装置

轧机的压下装置，也称上辊调整机构。它用以调整上轧辊的位置，保证给定每道的压下量。多数轧机是固定下辊，使上辊逐渐下降来调整辊缝，所以称为压下装置。通过抬起下辊来调整辊缝的装置称为压上装置，原理与压下装置相同，压上装置主要用于当辊径发生变化时进行轧制线的调整。有些轧机不设压上装置，而用平板垫片来调整轧制线。

压下装置一般使用电动螺丝－螺母型式，这种方式只有在轧辊没有咬入钢板时才能调整辊缝。为了在轧钢状态下也能根据钢板厚度要求进行辊缝调整，近年来开始采用了板厚自动控制压下装置（AGC装置）。我国新建中厚钢板轧机已开始配有板厚自动控制装置，同时在现有中厚板轧机上装备液压板厚自动控制装置的改造工作也已全面展开。

a　电动螺丝－螺母方式

近年来制造的中厚板轧机具有两套压下装置，即压下粗调和压下精调装置。压下粗调装置的压下速度为压下精调装置的压下速度的10～17倍，如图2－18所示。压下传动是由压下电机经蜗杆蜗轮带动压下螺丝旋转，再通过组装并固定在机架上的螺母转变成上、下运动而完成的。压下粗调不经过减速机直接带动蜗杆旋转，压下精调经过减速机减速后带动蜗杆旋转，压下电机为直流电机。正常情况下，轧机两侧的两个压下螺丝是要求一起上升或下降的。但为调整换辊后或在轧制过程中出现的左右两侧辊缝的不一致，左右压下系统采用离合器连接，可以脱开离合器接手，使左、右压下装置单独进行调整。

b　液压压下方式

这种压下方式是以高压油为动力源实现压下动作的，其特点是压下速度和响应速度快、压下位置精度高，并且还可以在轧制过程中根据板厚变化的反馈信号，进行压下以调整辊缝，达到修正板厚的目的。液压压下广泛用于自动位置控制（APC）和自动厚度控制。

c　电动压下与液压压下共存

油缸被安装在上支撑辊轴承座和压下螺丝之间的窗口处。压下螺丝用来设定初始辊缝。在每个道次开始前，压下螺丝和油缸同时运动到目标位置。当压下螺丝到位后，油缸对螺丝实际位置和 HAGC 设定位置间的差异进行微调。更换支撑辊时，HAGC 油缸将用悬挂装置悬挂。

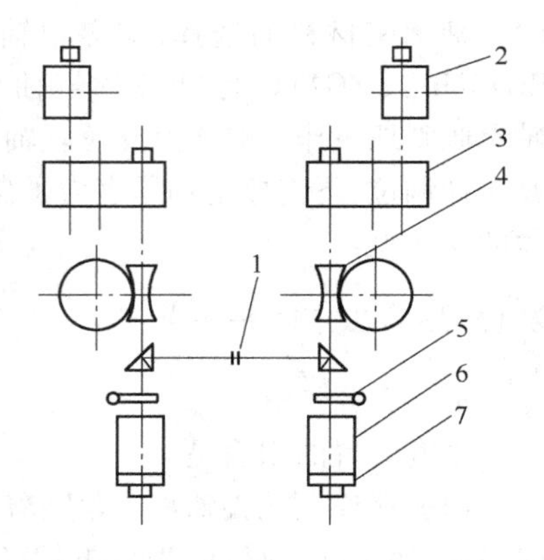

图 2-18　轧机电动压下机构示意图
1—离合器；2—压下精调电机；3—减速机；4—压下蜗轮蜗杆；5—轧辊回松装置；6—压下粗调电机；7—气闸

d　轧辊回松装置

采用电动螺丝-螺母方式的压下机构可能会遇到轧件卡钢、过量误压下的情况，这使轧辊间处于极大的轧制负荷状态，此时无法启动压下螺丝反转（螺纹面压力增高而被锁紧）抬起轧辊，因此需要通过液压或气压缸使压下蜗杆轴上的棘轮反转来抬起轧辊，这种装置就是轧辊回松装置（见图 2-18）。近年来采用的液压板厚自动压下控制装置由于可以在轧制状态下调整压下量，所以即使在轧辊间存在很大压力时也能抬起轧辊。

2.1.4.4　机架部件

轧制时，轧辊所承受的轧制压力通过轴承座及压下调整装置传送到机架上，因此机架是轧钢机的重要零部件，无论在强度上和刚度上都有严格的要求。

机架分为闭口式和开口式两种，中厚板轧机多为铸钢整体闭口式机架。闭口式机架包括左、右立柱及上、下横梁的一整体铸件，其优点是具有较好强度与刚度。常用于轧制压力较大或对轧件尺寸要求较严格的轧机上，由于这种机架在高度和重量上都比较大，所以 20 世纪 70 年代以来首先在日本出现了预应力开口式机架，减轻了牌坊的高度和重量。由于牌坊高度的减小和压下螺丝部分的变形很小，所以这种机架提高了轧机的刚度，图 2-19 是预应力机架结构示意图。

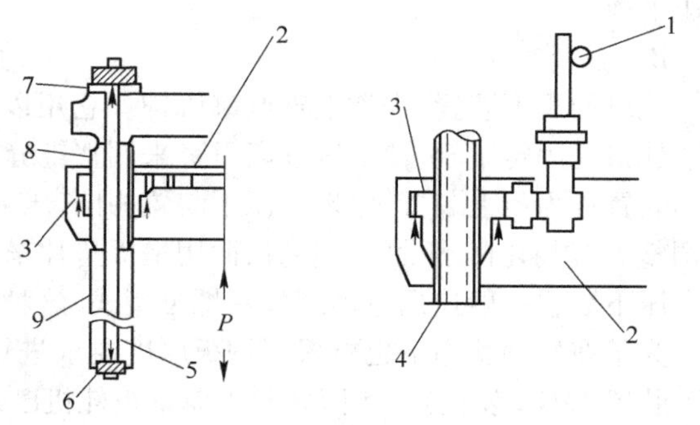

图 2-19　预应力机架结构示意图
1—压下电机；2—上横梁；3—止推垫环；4—压下螺丝；5—拉杆；6—固定环；7—预应力垫圈；8—螺栓；9—机架；P—轧制力

机架的材料通常采用 ZG35。浇铸后必须进行时效处理，消除铸造内应力，同时还必须进行探伤，保证没有缩孔、裂纹等缺陷。

机架的主要参数是窗口尺寸及立柱断面面积。窗口尺寸取决于生产工艺要求，立柱断面则反映出对机架的强度及刚度的要求。闭式机架窗口宽度应取得稍大于轧辊辊身的最大直径，以便换辊时可以把轧辊及轴承座部件从换辊侧机架的窗口抽出。在四辊钢板轧机上,一般窗口宽度 $B=1.1\sim1.2D_{B\max}$,$D_{B\max}$为支撑辊辊身最大直径。为了换辊方便,换辊侧机架窗口宽度比传动侧的大 10 ~ 15mm;此差值可用不同的衬板厚度来得到。

窗口高度应满足放置轧辊轴承座与测压装置以及上辊的最大调整量。四辊钢板轧机机架窗口高度一般取为 $H=(3.35\sim3.75)B$。

2.1.5 换辊装置

2.1.5.1 概述

为了提高轧机的作业率,缩短停轧时间是十分必要的。在停轧时间当中,换辊时间所占的比例最大,因此,缩短换辊时间对提高轧机作业率具有十分重要的意义。尤其是工作辊的换辊更为频繁,所以必须设法缩短工作辊的换辊时间。机架结构不同,换辊时间方式不同,开口式机架采用吊车将其上横梁卸去后,用吊车吊起轧辊来进行换辊。闭口式机架要从其窗口沿水平方向抽出轧辊来进行换辊。

我国四辊中厚板轧机以前的换辊方法是:使用吊车吊起套筒和配重辊轴,移动钢丝绳位置和支架,先后抽出上工作辊和下工作辊。更换支撑辊是采用 4 个耳朵销子先将上、下轴承座连接好,然后用液压缸将支撑辊抬起,将换辊小车开入牌坊窗口内,缓慢落下支撑辊后,开动小车退出牌坊。安装新辊时与上述过程相反,这种换辊方式比较费时。

先进的换工作辊方式多采用横移小车式、横移平台式、转盘式、三辊式。换支撑辊时,将横移小车或转盘吊走,再用换辊装置换支撑辊。

由于换辊后的新辊直径有别于旧辊直径,所以会引起轧制线的变化。调整的方法有加减垫片调整和压上装置调整两种。

2.1.5.2 快速换辊装置

(1) 快速换辊装置具有如下优点:

1) 可以将换辊时间由 45 ~ 70min(套筒换辊)减少至 5 ~ 15min,从而提高了作业率,增加了产量;

2) 因快速换辊保证了工作辊的几何尺寸和表面质量,因而提高了成品的质量;

3) 实现了换辊过程的机械化和自动化操作,改善了劳动条件,提高了劳动生产率。

(2) 换辊操作是一个复杂的操作过程。不仅需要许多设备配合动作,而且涉及轧机内部结构。快速换辊装置应包括以下主要组成部分:

1) 为加速新辊的准备和新旧辊的置换,需设专用的横移机构。用它使旧辊偏离轧机牌坊窗口中心线,同时将新辊对准牌坊窗口;

2) 为了推出旧辊和拉入新辊,需设专门的推拉机构。用它将旧辊从机座中拉出到横移机构上,并将新辊送到机座中;

3) 为了使工作辊组能迅速推出和拉入机座,并保证辊面不被划伤,需设有轧辊提升机构。同时还应有换辊导轨的升降机构;

4) 当进行换辊操作时,如上所述,需要使辊面分离,也就是要有一定的换辊空间。为了弥补压下螺丝升降速度太慢,占去过多换辊时间,并使液压压下油缸行程不致太大,需设置专门的快速推入和拉出压力垫块或测压仪与压下油缸的机构;

5) 为适应快速换辊的需要,对主接轴应有准确定位机构,轧辊轴向快速锁定机构等。

2.1.5.3　快速换辊装置的结构

快速换辊装置的结构型式是多种多样的，不同的轧机有不同的结构。现将其各部分结构分述如下。

A　轧辊横移机构

在快速换辊装置中，轧辊横移机构只简单介绍平台式横移机构和小车式横移机构。

a　平台式横移机构

横移平台式换辊装置如图 2－20 所示。它由换辊小车、横移平台和摆动轨道三部分组成。电动换辊小车的作用是经平台拉出旧辊，推入新辊。液压横移平台的作用是当旧辊拉出后使它横移，将旧辊移出轧机中心线，新辊对准轧机中心线，以便将新辊推入机座中；当换支撑辊时，可将横移平台移至两侧。摆动轨道的作用是摆开轨道，为更换支撑辊让出位置。工作辊的换辊操作顺序如图 2－21 所示。

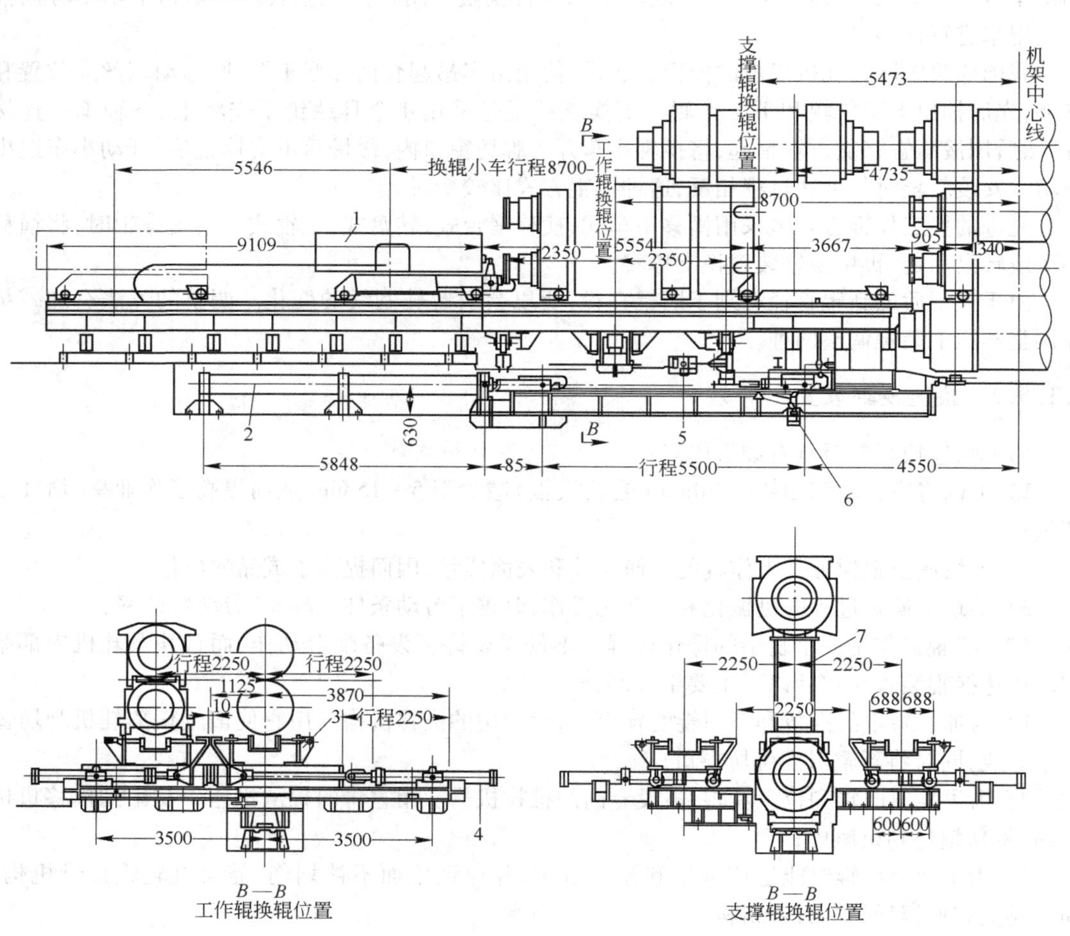

图 2－20　横移平台式换辊装置

1—换辊小车；2—换支撑辊用液压缸；3—横移平台；4—横移液压缸；5—摆动轨道液压缸；6—锁钩升降液压缸；7—换支撑辊用托架

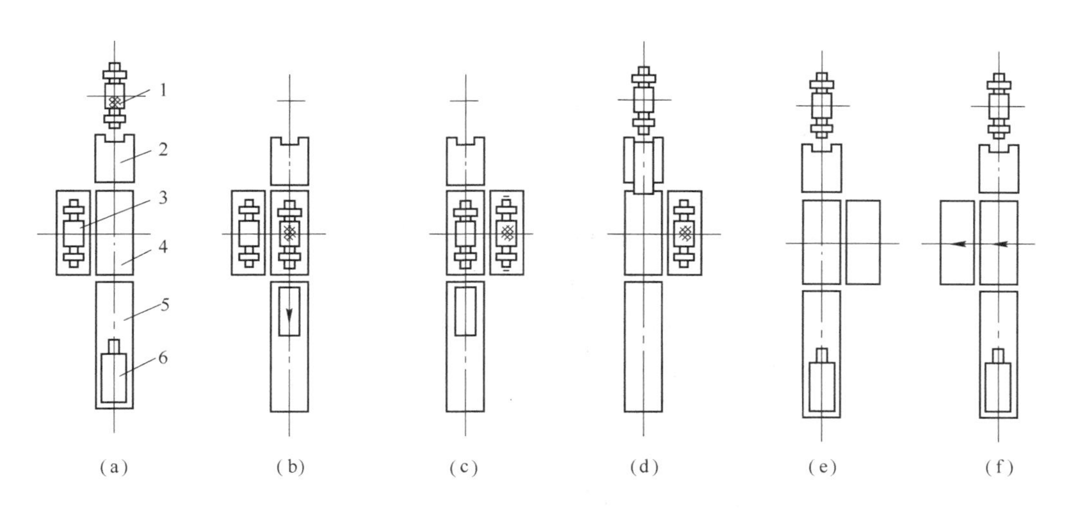

图 2-21 横移平台式换辊装置操作顺序

(a)旧辊在机座中;(b)旧辊拉出;(c)横移平台横移;(d)新辊推入机座;(e)旧辊吊走;(f)横移平台回原位

1—旧辊;2—过桥铺板;3—新辊;4—右横移平台;5—固定铺板;6—换辊小车

b 小车式横移机构

横移小车式换辊装置,主要由换辊车和推杆组成。小车式换辊车实际是一台横移小车。它装在可纵向移动的大车上,组成一台双层电动小车,即换辊车。横移小车平台上有二对轨道,分别接受新、旧工作辊组。小车由电动机驱动小车行走。大车的纵向移动也是由电动机经减速器和一对开式齿轮带动后面车轮。车体的头部外伸,上面装设轨道,可与机座中轨道相连。推杆通常为液压推杆或电动齿条机构,利用它将工作辊组推出或推入机座。

B 轧辊推出和拉进机构

为了把旧辊推出机座和把新辊拉入机座,换辊装置均设有专用的轧辊推拉机构。横移平台式换辊装置利用操作侧换辊车进行这一操作,省去了工作辊单独的推拉机构;横移小车式换辊装置用了一个长行程液压缸。此外,还有采用齿条推杆、电动丝杆或链条等多种结构。

C 轧机窗口的内部结构

为了适应快速换辊的要求,板带轧机窗口的内部结构作了不少的改进。

a 活动轨道提升机构

在换辊时,工作辊和支撑辊间辊面必须分离,以防移动时擦伤辊面,同时为把旧辊提升到换辊位置,在窗口内部设有一段活动轨道,当换辊时,活动轨道上升并与下工作辊轴承座上车轮接触,而在轧制时活动轨道下降,不与车轮接触。

图 2-22 为具有活动轨道提升机构的热连轧精轧机窗口结构图。藏在牌坊内的四根(每个立柱内一根)提升杆 4 的下部连接了一段活动轨道 9。在换辊时,先移出测压仪装置,然后使上支撑辊平衡缸上升,平衡缸的提升梁 3 带动上支撑辊轴承座 17 上升 161mm,提升梁的凸台 2 碰上提升杆 4 上端的钩头 1,此时上支撑辊与上工作辊分离。在平衡缸继续上升时,提升杆 4 和活动轨道 9 一起上升,在上升 60mm 后与下工作辊轴承座车轮 8 接触。当活动轨道 9 继续上升 120mm 时,车轮 8 上升,通过顶杆 7,消除顶杆与上工作辊轴承座间的 10mm 间隙,使这时上工作辊上升 110mm,使上、下工作辊之间保持 110mm 间隙。平衡缸继续上升 10mm,通过顶杆7的凸

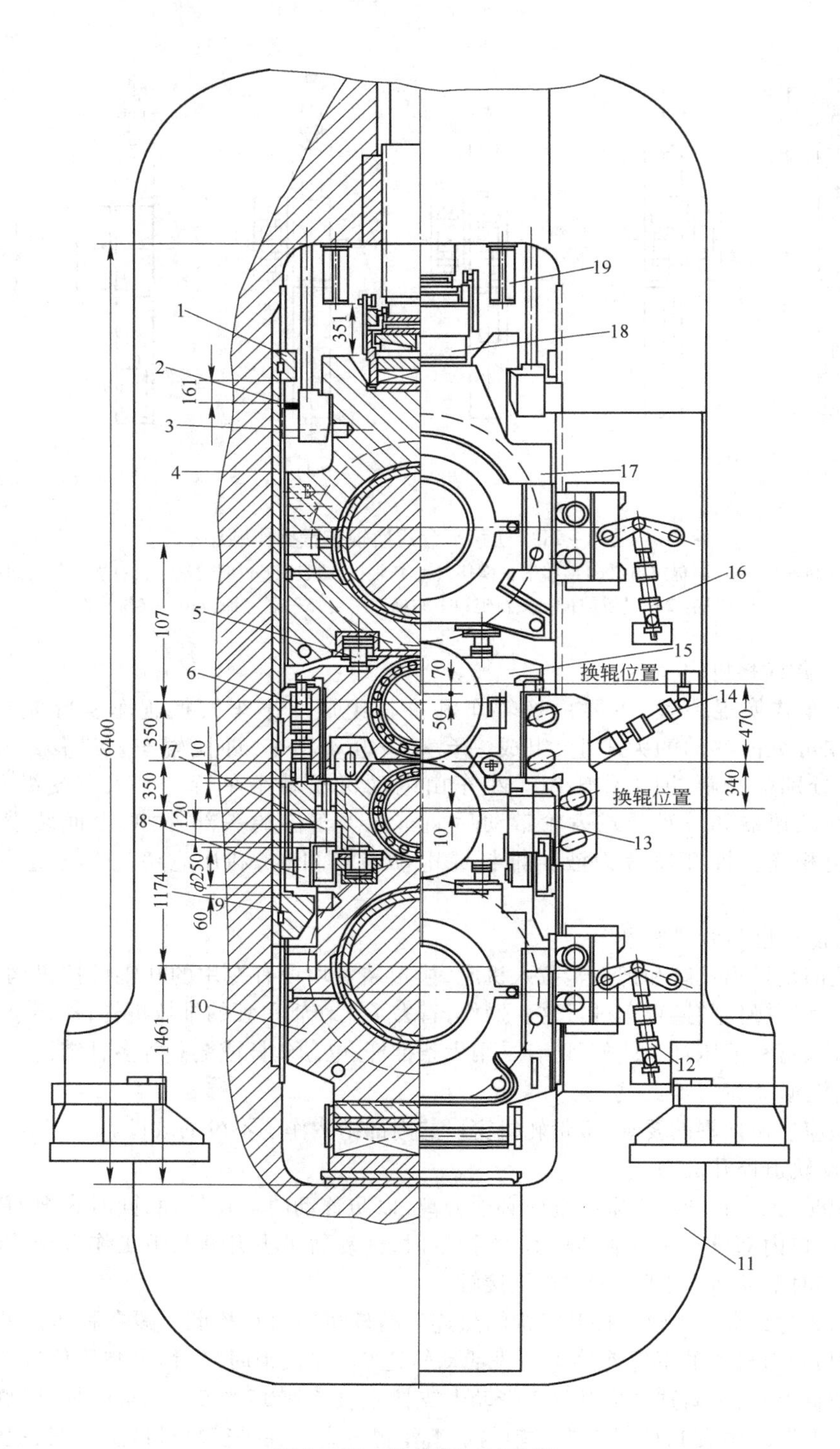

图 2－22　轧机窗口结构图

1—钩头；2—凸台；3—支撑辊平衡缸提升梁；4—提升杆；5—负弯辊缸；6—正弯或平衡缸；7—顶杆；8—车轮；9—活动轨道；10—下支撑辊轴承座；11—牌坊；12—下支撑辊轴承座固紧装置；13—下工作辊轴承座；14—工作辊轴承座固紧装置；15—上工作辊轴承座；16—上支撑辊轴承座固紧装置；17—上支撑辊轴承座；18—测压仪装置；19—挡柱

台抬起下工作辊轴承座,使下工作辊与下支撑辊保持10mm的间隙。上支撑辊轴承座顶面与轧机窗口顶部挡柱19相碰,上支撑辊总行程为351mm。至此,工作辊与工作辊和工作辊与支撑辊之间均保持有一定间隙,活动轨道与固定轨道对齐并与车轮接触,以便于推拉机构把工作辊组拉出轧机。这种结构新颖,稳妥可靠。

与之相类似的另一种结构如图2-23所示,其区别在于活动轨道的提升(用位于窗口镶块内的上支撑辊平衡缸)和工作辊间的辊面分离方式不同。活动轨道的动作过程见图2-23。图2-23(a)为换辊前的原始位置;换辊时,上支撑辊平衡缸活塞杆5上升,使上支撑辊轴承座的凸肩3与提升杆4上部凸台接触,上支撑辊与上工作辊分离[见图2-23(b)]。活塞杆继续上升,直到活动轨道8与车轮7接触[见图2-23(c)]。活塞杆再继续上升,活动轨道带着车轮把整个上、下工作辊组提升到换辊位置,此时,提升杆上端与机架上的止动块1接触,就停止上升,活动轨道便准确地停在与固定轨道同一标高的位置上[见图2-23(d)]。

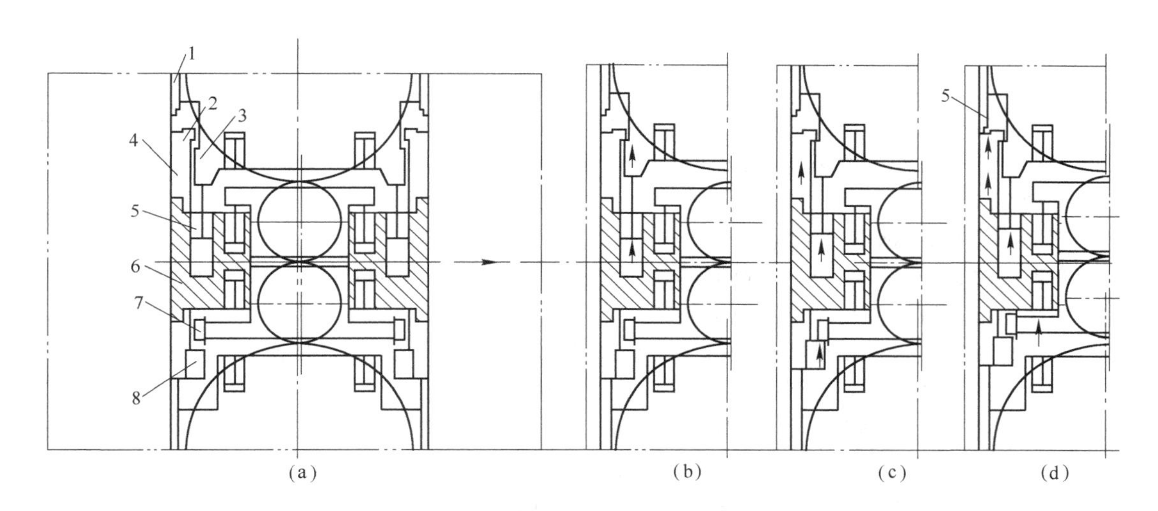

图2-23　活动轨道提升与辊面分离过程

1—止动块;2—提升杆上部凸台;3—轴承座凸肩;4—提升杆;5—上支撑辊平衡缸活塞杆;6—窗口镶块;7—车轮;8—活动轨道

活动轨道提升机构也有采用单独液压缸提升的结构,即在机架牌坊的4个角上设4个液压缸,活动轨道与液压缸用螺栓连接。

b　工作辊辊面分离机构

为使两工作辊中心距与换辊时主接轴中心距相同,以利于工作辊组的拉出和推入,防止擦伤辊面,应设置工作辊辊面分离机构。新的快速换辊所采用的工作辊辊面分离机构主要有如下几种:

(1) 辊面自动分离装置。在活动轨道提升的过程中,工作辊辊面自动分离。这种结构在前面已作叙述(详见图2-22及其动作说明)。

(2) 定距销装置。图2-24示出了上、下工作辊的辊面分离装置的另一种结构。在下工作辊轴承座上有一组柱销(共4个),在上工作辊轴承座下面有两组对应的销孔,一组孔深150mm,另一组深仅15mm。在轧制时,柱销插在深孔内,并使辊面接触、对齐[见图2-24(a)]。在换辊时,用平衡缸抬起上工作辊,并把下工作辊向操作侧推出100mm[见图2-24(b)],然后落下上工作辊，这时柱销正好插入上工作辊轴承座的一组浅销孔内，将上工作辊轴承座顶起，实现了上、下工作辊辊面分离，并定位锁住[见图 2－24(c)]。这种装置使用可靠，但结构比较复杂。

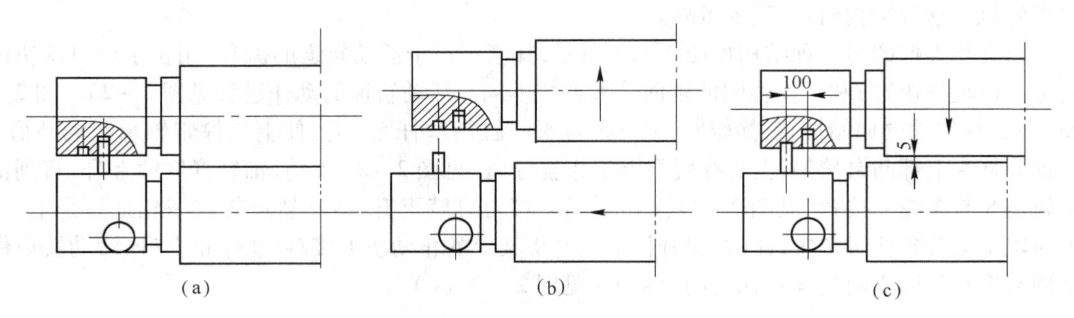

图 2－24　上、下工作辊间的辊面分离

(a)在轧制时；(b)上辊上升，下辊平移；(c)定距分离

(3) 放置垫块。在换辊时，利用上工作辊平衡缸抬起上工作辊，用人工在两个工作辊轴承座之间放置一个一定厚度的垫块，使上下工作辊辊面分离。在换辊结束后，取下垫块。这种虽结构简单，但操作不便。

c　轧辊轴承座轴向固紧装置

在换辊时，打开轧辊轴承座轴向固紧装置需要占用一定的辅助时间。为缩短换辊时间，新的轧机采用了液压缸自动启闭的固紧装置。

采用液压缸直接推动锁板的固紧装置如图 2－25 所示。有的固紧装置，为了满足轧辊辊面分离时的轴向移动的需要，锁板不只是全开或全闭两个位置，还需要一个半开半闭的位置。在图 2－25 中，锁板用 3 个螺钉固定在牌坊立柱和固定镶块上，并与三位液压缸相连，换辊前先把螺钉拧松。锁板上半部前端是平的，下半部有个缺口，缺口深度为 100mm，正好为下辊移出距离。当活塞杆全部推出时，它处于全闭位置[见图 2－25(a)]；当活塞杆部分推出时，处于半闭半开位置[见图 2－25(b)]；当活塞杆全部缩回时，处于全开位置[见图 2－25(c)]。

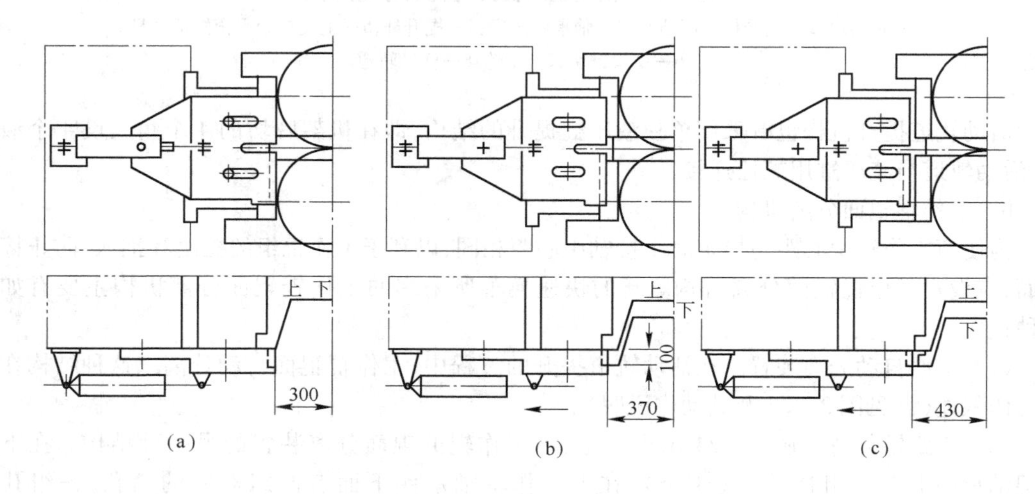

图 2－25　工作辊轴向锁板的 3 个位置

(a)全闭；(b)半开半闭；(c)全开

d 牌坊窗口的改进

现代化的板带轧机的牌坊窗口均采用带有镶块的结构(见图2-22)。一般采用横向键和埋头螺钉,将镶块固结在牌坊立柱上。也有采用在铸造牌坊时一起铸出。在此镶块内装有工作辊的平衡缸或正弯辊缸,有的还装有上支撑辊平衡缸,因而在换辊时不需要拆卸液压管路接头。工作辊轴承通常采用四列滚动轴承,用干油润滑。在更换工作辊时一次加足干油,所以在工作辊轴承座上不需拆卸任何管路和接头。对支撑辊轴承座上的负弯辊缸和动压轴承的管路,均采用快速接头。这些措施可大大减少换辊时拆装接头的辅助时间。

D 主接轴结构

现代板带轧机的主接轴多为滑块式万向接轴。为了适应快速换辊的要求,换辊时主接轴必须停在准确位置,并防止主轴轴套在轧辊抽出后不致下垂。对主接轴必须停在准确位置的要求,一是主接轴的中心距离不变,二是扁头插口位置固定,以便换辊时能顺利装入新辊,缩短换辊时间。

保持中心距离不变多采用抱闸装置,在轧机传动侧的牌坊立柱附近设置一个抱闸装置(见图2-26),当主接轴随同轧辊提升到换辊位置时,抱闸将主接轴与轧辊连接轴套抱住,在换辊装置将旧辊拉出后,主接轴与轴套位置固定,不会下垂,因此可以很顺利装入新辊。

保证扁头插口位置固定的方法,是采取准确停车的方法。即保持扁头插口始终停在垂直位置,而新辊装入前用人工将扁头拨正到垂直的位置。图2-27为主接轴准确停车定位装置的示意图。在主接轴靠近齿轮座端,装有两个支架4,支架上各装有两个无触点开关3,在主接轴1上套着用带钢做的箍2,当箍上的挡板对准无触点开关时,轧机主电机准确停车(误差为±3°)。准确停车可自动或点动进行。

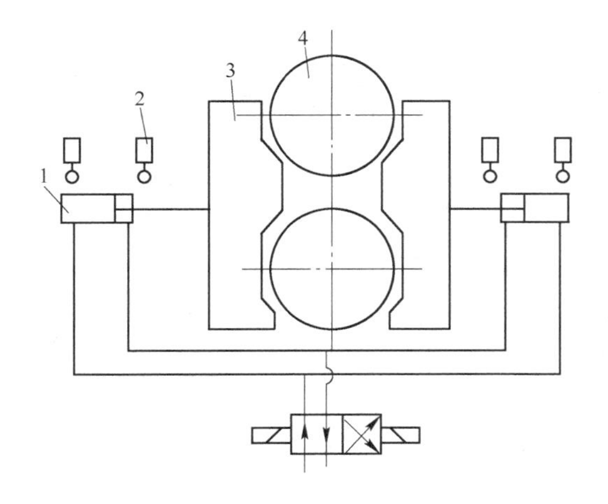

图2-26 主接轴抱闸定位装置示意图

1—液压缸;2—限位开关;3—抱闸装置;4—主接轴

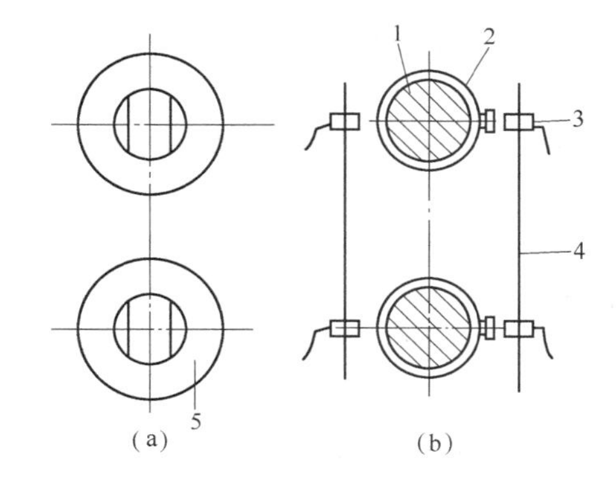

图2-27 主接轴定位装置示意图

(a)扁头插口位置;(b)定位装置

1—主接轴;2—箍;3—无触点开关;4—支架;5—主轴套筒

2.1.6 轧制区其他设备

2.1.6.1 除鳞设备

用于去除一次氧化铁皮的除鳞设备通常装在离加热炉出炉辊道较近的地方,其结构简图如图2-28所示。在辊道的上下各设有两排或三排喷射集管,喷嘴装在喷头端部,喷嘴轴线与铅垂

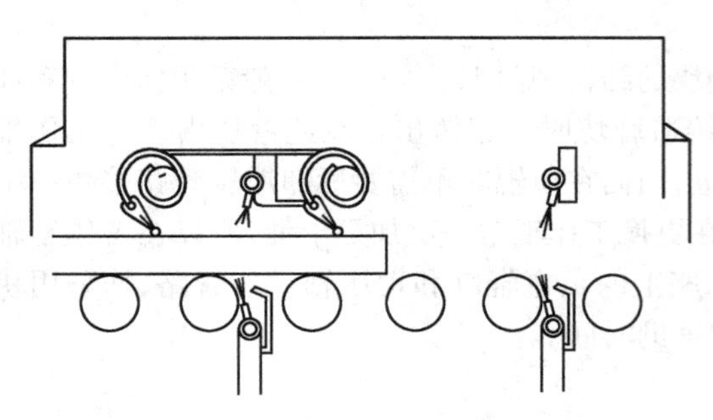

图 2－28　高压水除鳞装置示意图

线约成 5°～15°角迎着板坯前进方向布置，便于吹掉氧化铁皮。从喷嘴喷射出来的水流覆盖着板坯的整个宽度，并使各水流之间互不干扰。上集管根据板坯厚度的变化设计成可以升降的形式。为加强清除氧化铁皮的效果，采用的高压水压力不断提高，最近广泛采用的压力从过去的 10MPa 提高到 15～20MPa。

去除二次氧化铁皮的高压水集管设置在轧机前后。宽厚钢板轧机的高压水集管采用分段配置，以便轧制不同宽度钢板时灵活使用。去除一次氧化铁皮的除鳞箱与去除二次氧化铁皮的除鳞箱多数共用一个高压水水源。在系统中设有储压罐，用于在除鳞的间歇期间储存水泵送来的高压水，使除鳞时高压水具有较强的冲击力。这样不但可以增强除鳞效果，而且还可以减少水泵的容量。

2.1.6.2　轧辊冷却装置

为了减少轧辊的磨损、提高轧辊的使用寿命，必须对中厚板轧机轧辊进行冷却。如果能够对轧辊辊身中间部分和两个端部独立地变化冷却水量，将会对调整轧辊辊形起到一定的效果。用于冷却轧辊的水量，随着轧制钢板的厚薄而变化。轧制较薄钢板时，为了防止钢板降温过快通常采用较小的冷却水量。轧辊冷却水使用工业用水，其压力为 0.2～0.8MPa。

2.1.6.3　旋转辊道、侧导板

设在轧机前后的辊道辊除了可与轧机轧辊协调一致地转动之外，在展宽轧制时还可以起到使板坯转向的作用。其原理如图 2－29 所示。辊道辊为阶梯形或圆锥形形状，相邻两个辊交替布置且转动方向相反，这样使板坯产生旋转力矩而旋转。当不需旋转钢坯时，就使所有的辊道辊向同一方向转动，作为一般辊道辊使用。旋转辊道设置在轧机的前后，双机架布置时，通常在粗轧机上进行展宽轧制，所以只在粗轧机前后设置旋转辊道。

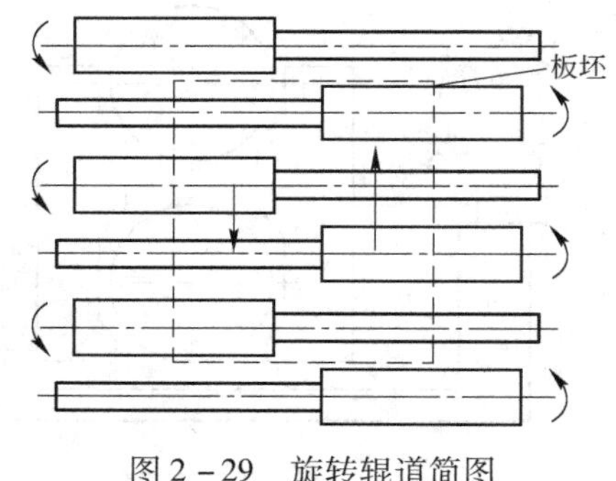

图 2－29　旋转辊道简图
（虚线表示板坯所处位置）

侧导板是用来将轧件准确地导向至轧机中心线上进行轧制而设置在轧机前后的一种装置。通常采用齿轮齿条装置，使左、右侧导板对称同步动作，在旋转钢坯时侧导板也起到重要的辅助作用。考虑到轧件的弯曲、滑动等因素，设定的侧导板宽度要稍宽于钢板宽度。为了避免板坯撞击侧导板损坏机械主体，侧导板通常设有安全装置。此外，由于可以利用侧导板夹住钢板读出钢板宽度，因此，也可以起到测宽仪的作用。

2.2　中厚板生产工艺流程

一般中厚板生产工艺流程如图 2－30 所示。

流程中生产的抛丸底层涂料钢板是未经热处理的，但船用和桥梁用钢板有的需要经正火热处理后进行抛丸底层涂料处理。在机械性能试验前，先施行热处理，然后再抛丸和油漆。

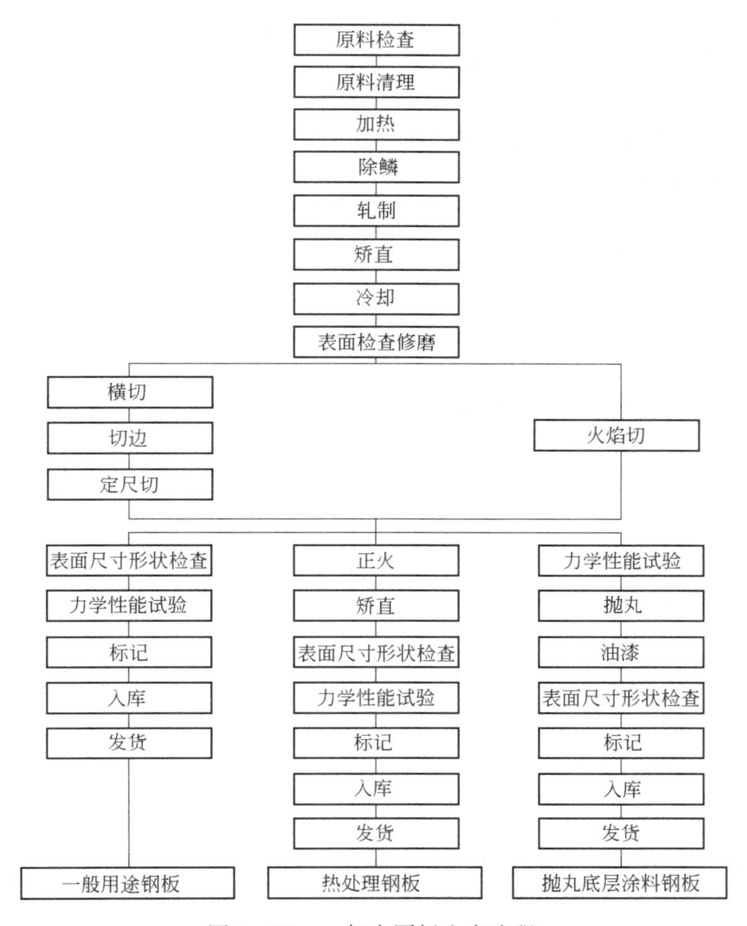

图 2－30 一般中厚板生产流程

2.3 原料选择与加热

2.3.1 原料选择

选择合理的原料种类、尺寸和保证其质量是钢板优质高产的基础。

2.3.1.1 原料的种类

用于生产中厚钢板的原料有扁钢锭、初轧板坯、锻压坯、压铸坯和连铸板坯几种。除特厚或特殊要求小批量的产品，仍采用扁钢锭、初轧板坯、锻压坯或压铸坯外，一般均用连铸坯做原料。

2.3.1.2 原料的尺寸

原料的尺寸即原料的厚度、宽度和长度。它直接影响着轧机的生产率、坯料的成材率以及钢板的力学性能。原料尺寸的选择原则是：原料的厚度尺寸在保证钢板压缩比的前提下应尽可能小。不同的原料压缩比的大小也不相同，一般认为连铸坯的压缩比为 3～5 左右（也有资料认为应大于 8），扁锭的压缩比为 6（也有资料认为应在 12～15 以上），而模铸的初轧坯由于已在初轧机上变形，在中厚板轧机上的压缩比可不受限制。随着炼钢技术的发展，钢质的提高，连铸坯质量也不断提高，压缩比在逐渐减小。目前可用300mm厚的连铸坯生产80mm以下的中厚板，其压缩比仅有3.7。

厚度大于150mm的厚钢板只能采用锻压坯作原料，但这种原料成本很高，而且要由有大型水压机的机械厂提供坯料，很不方便。目前日本正在研究采用单向凝固铸造钢锭的方法生产大型扁平钢锭。该法是将以往的二维凝固变为一维凝固，通过使钢锭的凝固界面由底部向上方生成，使凝固界面的进行方向与溶质富集的钢液的上浮方向保持一致，防止溶质富集的钢液凝固前面出现条纹，减少倒V形偏析、显微偏析及疏松，得到优质钢锭。日本神户制钢公司加古川厂采用1250mm×2700mm×800mm单向凝固的钢锭轧制成200mm厚板，压缩比只有4，力学性能、内部组织都达到了要求。

原料的宽度尺寸应尽量大，使横轧操作容易。原料的长度尺寸应尽可能接近原料的最大允许长度。原料尺寸的选择还需满足轧机设备和加热炉的各种限制条件，并且也要照顾到炼钢车间的生产。

2.3.1.3　原料的材质

原料的材质首先是要保证材料符合标准对该钢种提出的化学成分的要求。目前钢水净化技术已在国际上被普遍使用，使钢中的杂质含量大为减少，可达到P+S小于0.003%，H_2小于0.0001%，O_2小于0.002%，As、Sn小于0.004%，Sb小于0.0006%。其次要保证钢锭或连铸坯的浇铸质量。

2.3.1.4　原料表面缺陷的清理

原料在进行加热前要进行表面清理。清理方法分热状态下清理和冷状态下清理两种。热状态清理一般为火焰清理。火焰清理机安装在连铸机（或开坯机）和切割机（或大型剪断机）之间，对板坯进行全面的剥皮处理，清理深度一般为0.5～5mm。全面剥皮清理可以保证板坯的表面质量，但金属消耗较大。冷态清理方法有局部火焰清理，风铲铲削，砂轮研磨，机床加工，电弧清理等，对缺陷严重部分亦可用切割方法去除。由于板坯表面缺陷被隐藏在氧化铁皮之下或位于皮下区域，因此是比较难以发现的。解决这个问题的最合理办法是生产无缺陷连铸坯，即生产既无表面缺陷又无内部缺陷的高温连铸坯。

2.3.2　加热

原料加热的目的是使轧制原料在轧制时有好的塑性和低的变形抗力。对于某些高合金钢钢锭，加热还可以使钢中化学成分得到均匀扩散。

生产中厚板用的加热炉按其结构分为连续式加热炉、室式加热炉和均热炉三种。均热炉用于由钢锭轧制特厚钢板。室式炉适用于特重、特轻、特厚、特短的板坯，或多品种、少批量及合金钢的坯或锭，生产比较灵活。连续式加热炉适用于少品种、大批量生产，加热坯料的重量一般小于30t。

由于现代中厚板轧机已经很少使用钢锭作为原料，因此作为钢锭加热的主要设备——均热炉或车底式炉在中厚板车间中已很少见或不是主要的了。从发展的趋势来看，中厚板生产今后也会和其他产品一样走向连铸－连轧的技术道路，但目前来看还只能是达到连铸－热送轧制或连铸－热装轧制的水平，也就是说，加热炉即使在全部以连铸坯为原料的中厚板厂中也是不能取消的。

用于板坯加热的连续式加热炉主要是推钢式连续加热炉和步进梁式连续加热炉。20 世纪 60 年代以前主要采用上部、下部加热段,上部均热段的三段推钢式连续加热炉,20 世纪 70 年代后已采用预热、加热、均热各段上下都加热的五段推钢式或步进梁式连续加热炉、使炉子全部都成为燃烧区,加热能力从三段式的 80 ~ 100t/h · 座,大幅度提高到 150 ~ 300t/h · 座。

在加热炉的质量控制上为了减少黑印,在推钢式加热炉中都采用了热滑轨全架空加热炉,消除了冷却管与板坯的直接接触,提高了坯料加热的均匀性。但其主要缺点是板坯下表面容易在推钢前进时被擦伤和易于翻炉。板坯尺寸和炉子长度(亦即炉子产量),也受到限制,而且排空困难,劳动条件差。采用步进梁式加热炉可以避免以上缺点。特别是板坯受到四面加热,加热均匀,有利于消除下表面的划伤和适应板坯厚度尺寸的变化,即使加热薄板坯炉子长度仍然可以很大。但其投资较大,结构复杂,维修较难,热量单耗大,并且由于支持梁妨碍辐射,使板坯上下表面往往仍有一些温度差。因此目前厚板轧机的加热炉仍然是这两种形式并存。

为了减少在出炉时板坯表面的损伤,现代厚板轧机加热炉的出料都采用出钢机以代替斜坡滑架和缓冲器进行出料的方式。

连续式加热炉不能对少量板坯作特殊加热,故在有些厚板厂中为了需要加工一些批量不大的特厚钢板、复合钢板,还同时建有一、二座室式加热炉,由机械手完成出装炉作业。

提供优质的加热板坯除要选择合理的加热炉型外,还要靠合理的热工制度来保证,它包括确定加热温度、加热速度、加热时间、炉温制度及炉内气氛等。合理的热工制度就是要能提供满足轧机产量需要、温度均匀、不产生各种加热缺陷、表面氧化铁皮最少的钢坯,同时能使燃料比耗最低。

2.3.3 轧制

轧制是中厚板生产的钢板成形阶段。中厚板的轧制可分为除鳞、粗轧、精轧 3 个阶段。

2.3.3.1 除鳞

除鳞是将在加热时生成的氧化铁皮(初生氧化铁皮)去除干净,以免压入钢板表面形成表面缺陷。初生氧化铁皮要在轧制开始阶段去除,因为这时氧化铁皮尚未压入钢中,易于去除,同时清除面积少。

清除氧化铁皮的方法很多,在旧的中厚板轧机上曾经采用投入竹枝、荆条、食盐等方法去除初生氧化铁皮,但效果不好,以后也曾经采用专门的二辊轧机、立辊轧机给钢坯(或钢锭)以小的变形量使氧化铁皮与金属分离,然后用高压水或高压空气将氧化铁皮冲去。这种方法虽然可以获得较好的清除氧化铁皮效果,但是投资较大。现代化的中厚板轧机上已经普遍采用造价低廉的高压水除鳞箱,它能满足清除初生氧化铁皮的需要,这种情况已成定局。用高压水泵将高压水供给除鳞箱,水压过去一般在 10 ~ 12MPa 左右,这一压力偏低。现在要保证喷口压力在 15 ~ 20MPa 以上。对合金钢板因氧化铁皮与钢板间结合较牢,要求高压水压力取高值。喷水除鳞是在箱体内完成的,起到安全和防水溅的作用。除鳞装置的喷嘴可以根据板坯的厚度来调整喷水的距离,以获得更好的效果。

在以钢锭为原料的中厚板厂采用立辊轧机还是有必要的。一是立辊可以挤破钢锭外表面的初生氧化铁皮,然后再用高压水冲去,这比单用高压水去除氧化铁皮效果更好;二是立辊还起到去除钢锭锥度的作用。

为了去除轧制过程中生成的次生氧化铁皮,在轧机前后都需要安装高压水喷头。在粗轧、精轧过程中都要对轧件喷几次高压水。

2.3.3.2　粗轧

粗轧阶段的主要任务是将板坯或扁锭展宽到所需要的宽度并进行大压缩延伸。根据原料条件和产品要求,可以有多种轧制方法供选择。这些方法是全纵轧法、综合轧制法、全横轧制法、角轧－纵轧法。

A　全纵轧法

所谓纵轧就是钢板的延伸方向与原料(钢锭或钢坯)纵轴方向相一致的轧制方法。当原料的宽度稍大于或等于成品钢板的宽度时就可不用展宽轧制,而直接纵轧轧成成品,所以称全纵轧法。全纵轧法由于操作简单所以产量高,轧制钢锭时钢锭头部的缺陷不致扩展到钢板的全长上去。但全纵轧法由于在轧制中(包括在初轧开坯时)轧件始终沿着一个方面延伸,使钢中偏析和夹杂等呈明显的带状分布,带来钢板组织和性能的各向异性,使横向性能(尤其是冲击性能)降低。全纵轧法由于无法用轧制方法调整原料的宽度和钢板组织性能的各向异性,因此在实际生产中用得并不多。

B　综合轧制法

综合轧制法即横轧－纵轧法。所谓横轧即是钢板的延伸方向与原料的纵轴方向相垂直的轧制(见图 2－31)。综合轧制法,一般分为三步;首先纵轧 1～2 道次平整板坯,称为成形轧制;然后转 90°进行横轧展宽,使板坯的宽度延伸到所需的板宽,称为展宽轧制;最后再转 90°进行纵轧成材,称为延伸轧制。综合轧制法是生产中厚板中最常用的方法。其优点是:板坯宽度不受钢板宽度的限制,可以根据原料情况任意选择,比较灵活,由于轧件在横向有一定的延伸,改善了钢板的横向性能。通常连铸坯的规格尺寸比较少,因此更适合采用综合轧制法。但此法在操作中从原料到横轧、从横轧到纵轧,轧件共有两次 90°旋转,因此使产量有所降低,并易使钢板成桶形,增加切边损失,降低成材率。此外由于板坯横向延伸率还不大,使钢板组织性能各向异性改善还不够明显,横向性能仍然容易偏低。

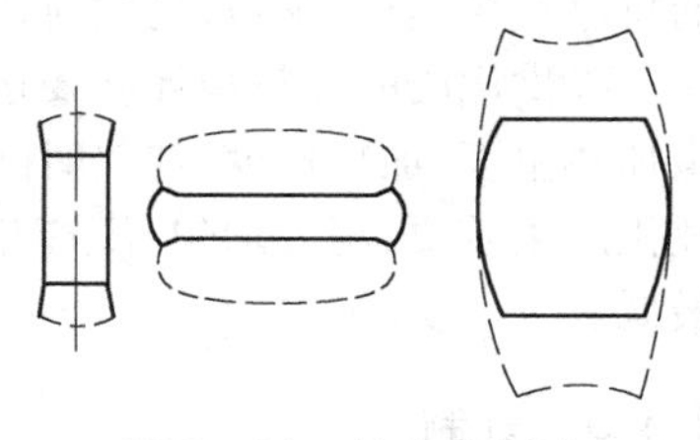

图 2－31　综合轧制法

C　全横轧法

全横轧法即将板坯进行横轧直至轧成成品。此法只能用于板坯长度大于或等于钢板宽度时。当用连铸板坯作原料时,采用全横轧法与采用全纵轧法一样会造成钢板组织性能明显的各向异性。但如果用初轧板坯作原料,那么由于初轧时轧件的延伸方向与厚板轧制时的延伸方向相垂直,因而大大地改善钢板的各向异性,显著改善钢板的横向性能。为使钢板性能较为均匀,应该在由钢锭算起的总变形中使其纵向和横向的压下率相等。根据这一原则就可以确定中厚板轧制所需的板坯厚度。即从 $H_0/h_1 = h_1/h_2$ 的原则出发选择板坯厚度,得 $h_1 = (H_0h_2)^{1/2}$(式中 H_0 为钢锭平均厚度;h_1 为板坯厚度;h_2 为钢板厚度)。此外全横轧法比综合轧制法可以得到更整齐的边部,钢板不易成桶形(见图 2－32),因而减少了切损。还由于全横轧法比综合轧制法减少一次转钢时间,使产量有所提高。因此全横轧法经常用于以初轧坯为原料的中厚板生产。但由于受到钢坯长度规格数量的限制,调整钢板宽度的灵活性小。

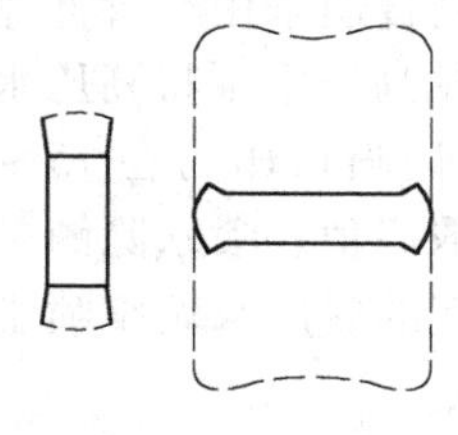

图 2－32　全横轧法

D　角轧－纵轧法

所谓角轧就是将轧件纵轴与轧辊轴线成一定角度送入轧辊进行轧制的方法(见图2－33)。其送入角在15°～45°范围内变化,每一对角线轧制1～2道后即更换到另一对角线进行轧制。轧件在角轧时每轧一道都会使轧件在原宽度方向得到一定延伸而使宽度加大,同时轧件会变成平行四边形。当轧件转向另一对角线轧制时,轧件宽度继续加大,而轧件从平行四边形回到矩形。轧件每轧制一道其轧后宽度可按下式求出:

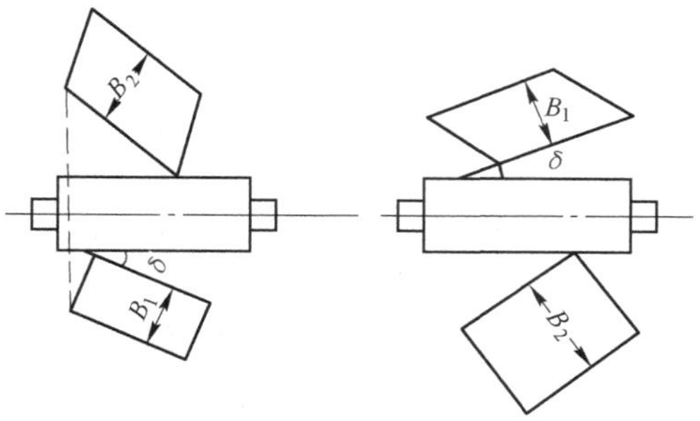

图2－33　角轧

$$B_2 = B_1\mu/[1+\sin^2\delta(\mu^2-1)]^{1/2}$$

式中　B_1、B_2——轧制前、后钢板的宽度;

δ——该道次的送入角;

μ——该道次的延伸系数。

角轧的优点是可以改善咬入条件、减少咬入时产生的巨大冲击力,而且角轧时轧件和轧辊的接触宽度小于横轧,因而也使轧制压力减少,从而改善了板形,提高了产量。对于过窄的板坯采用角轧法可以防止轧件在导板上“横搁”。角轧－纵轧法由于使轧件在纵、横两个方向上都得到变形,因而能改善轧件的各向异性。缺点是需要拨钢,因而使轧制周期延长,降低了产量,而且送入角及钢板形状难以控制,使切损增大,成材率降低,劳动强度大,操作复杂,难以实现自动化。因此角轧－纵轧法只用在用钢锭作原料的三辊劳特式轧机上。

2.3.3.3　精轧

精轧阶段的主要任务是质量控制,包括厚度、板形、表面质量、性能控制。轧制的第二阶段粗轧与第三阶段精轧间并无明显的界限。通常把双机座布置的第一台轧机称为粗轧机,第二台轧机称为精轧机。对两架轧机压下量分配上的要求是希望在两架轧机上的轧制节奏尽量相等,这样才能提高轧机的生产能力。一般的经验是在粗轧机上的压下约占80%,在精轧机上约占20%。

2.3.4　平面形状控制

20世纪70年代后,世界上中厚板生产已从单纯追求产量到更重视产品质量,降低成本、能耗和原材料上来,提高收得率就是达到这一目的的有效手段。对于中厚钢板生产影响收得率的因素中平面形状不良(影响切头、切尾和切边)造成的收得率损失约占收得率损失的49%,占总收得率损失的5%～6%。因此中厚板生产轧制阶段的任务就从过去对产品尺寸的一般要求发展到要使钢板轧后平面形状接近矩形。据统计日本中厚板收得率从1970年的80.4%提高到1979年的90.5%,其中60%是靠提高连铸比,40%是靠许多新的轧制方法,其中包括平面形状控制法所取得的。目前国外先进水平切头、切尾仅为200mm,成材率可达>96%。而我国的实际切头、切尾为500～2500mm,成材率为75%～90%。

2.3.4.1　厚板轧制的特征与平面形状

厚板用途较广,需要的产品尺寸也是多种多样的。因此,用厚度和宽度比较固定的原料进行长度和宽度两个方向的轧制，从而得到各种不同尺寸的产品，这是厚板轧制的特征。见图 2－34，中厚板轧制过程可分成下述 3 个阶段：

（1）第 1 阶段（成形轧制）。为了除去板坯表面清理等凸凹不平的影响，得到正确的板坯厚度，提高后面展宽轧制的精度，首先将板坯在长度方向上轧制 1～4 道次。

（2）第 2 阶段（展宽轧制）。为了得到既定的轧制宽度，将板坯转动 90°，沿成形轧制时的宽度方向进行轧制。

（3）第 3 阶段（精轧）。再一次转动 90°，回到板坯的长度方向，轧制到要求的厚度。

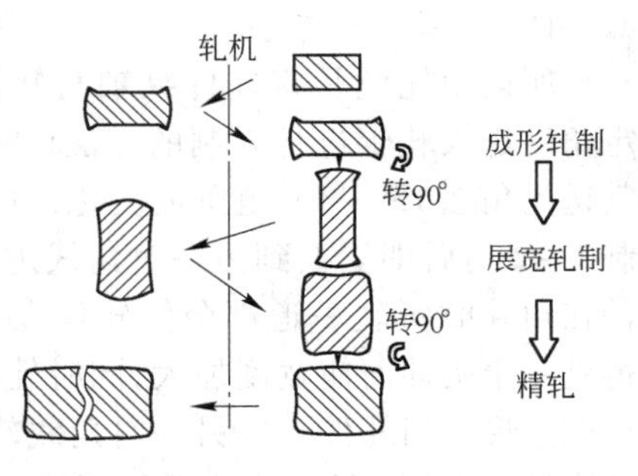

图 2－34　中厚板轧制过程

传统的平板轧制理论基本上是以平面应变条件为基础进行的，宽厚比较大时认为横向不发生变形。但是，在前述的成形轧制和展宽轧制那种轧件厚度较厚的阶段，不能认为是平面应变条件，轧制中在横向也发生变形。这在轧件头尾端更为显著，发生所谓不均匀塑性变形。结果，在成形和展宽阶段产生的不均匀变形合成起来，则轧后钢板的平面形状不再是矩形。成形轧制和展宽轧制过程中发生的平面形状变化如图 2－35 所示。可以认为这些变化基本上是基于同一原理发生的。图 2－35 中 c_1 和 c_3 那样的凹形是由于头尾端局部展宽造成的；而 c_2 和 c_4 部分那样的凸形是因为宽度方向上两边部分比中间部分展宽大，因而在长度方向上发生延伸差，再加上 c_1 和 c_3 部分局部展宽的影响而产生的。作为前述平面形状变化的影响因素，除了横向轧制比（轧制宽/板坯宽，以后称展宽比）和长度方向轧制比（轧制长/板坯长）之外，还要依据以压下率、投影接触弧长等为参数的实验式定量地掌握平面形状，并与控制相结合。定性地说，在展宽比小而长度方向轧制比大的情况下，变形结果如图 2－36（a）所示；反之，在展宽比大而长度方向轧制比小时，如图 2－36（b）所示。

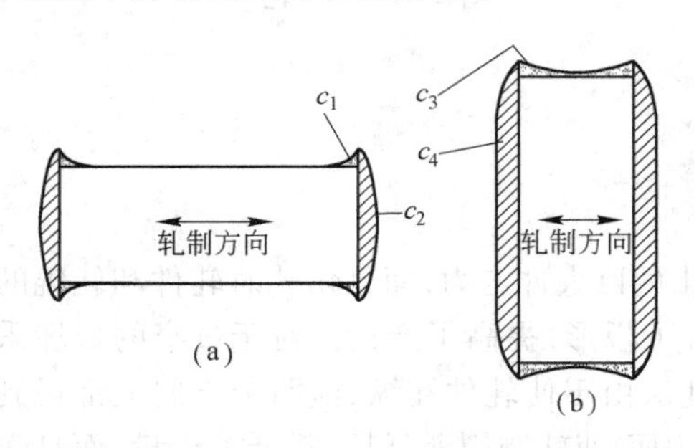

图 2－35　轧制过程中的平面形状改变
（a）成形轧制后；（b）展宽轧制后

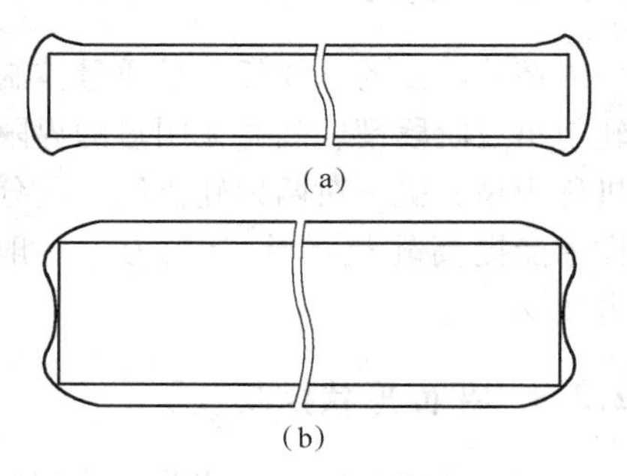

图 2－36　轧制结束时的钢板平面形状
（a）展宽比小，长度方向轧制比大；
（b）展宽比大，长度方向轧制比小

展宽轧制时钢板展宽量的变化受板坯形状、展宽量、展宽比和成形轧制后板坯侧边折叠量的影响，宽展变化量（$A-B$）与展宽比之间的关系如图 2－37 所示。从图中可

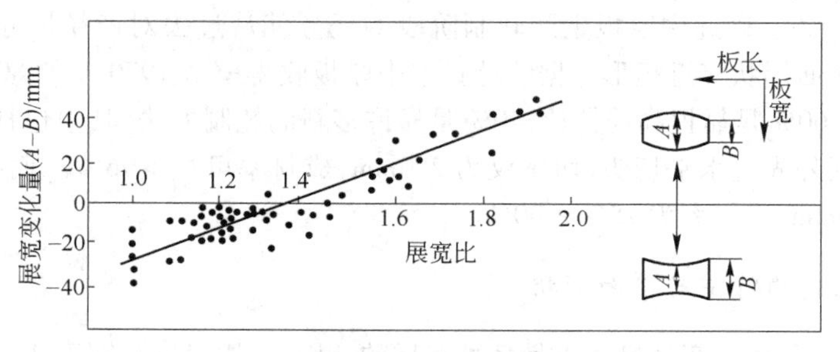

图 2－37　展宽比与宽展变化量间的关系

以看出：展宽比在1.4左右时展宽变化量最小，小于1.4时成品钢板呈凹形，大于1.4时呈桶形，因此，随着展宽比远离1.4，钢板切边损失增大。此外，展宽轧制时板坯厚度越厚，道次压下量越小，展宽轧制后板坯的侧边折叠量越大，其关系如图2－38所示。试验表明：当展宽轧制开始坯厚小于300mm、道次压下量为20～30mm时，板坯侧边折叠量较小。

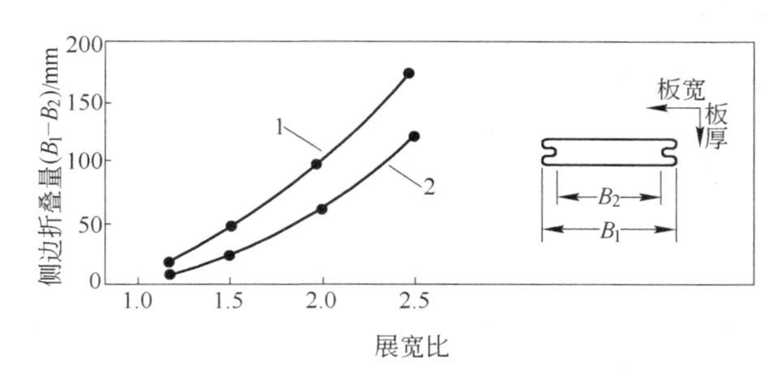

图2－38 展宽比、展宽轧制开始坯厚和侧边折叠量的关系

1—展宽轧制开始坯厚为500mm；2—展宽轧制开始坯厚为350mm

为了使轧制后钢板平面形状接近矩形，过去曾经采用过改进板坯形状和调整展宽比、长度方向轧制比等办法，效果都不明显。20世纪70年代以后，由于高精度、快速响应性的液压AGC装置及高精度光学仪器用于中厚板厂，因此使多种平面形状控制办法得以使用。

2.3.4.2 MAS轧制法（水岛平面形状控制系统 Miznshims Automotic Plan View Patten Control System）

调节轧件端面形状的原理图如图2－39所示。为了控制轧件侧面形状，在最后一道延伸时用水平辊对展宽面施以可变压缩。如果侧面形状凸出则轧件中间部位的压缩大于两端，如图中形状；如果轧件侧面形状凹入，两端的压缩就应大于中间部分。将这种不等厚的轧件旋转90°后再轧制，就可以得到侧面平整的轧件，称整形MAS法。同理，如果在横轧后一道次上对延伸面施以可变压缩，旋转90°后再轧制就可以控制前端和后端切头，称展宽MAS。

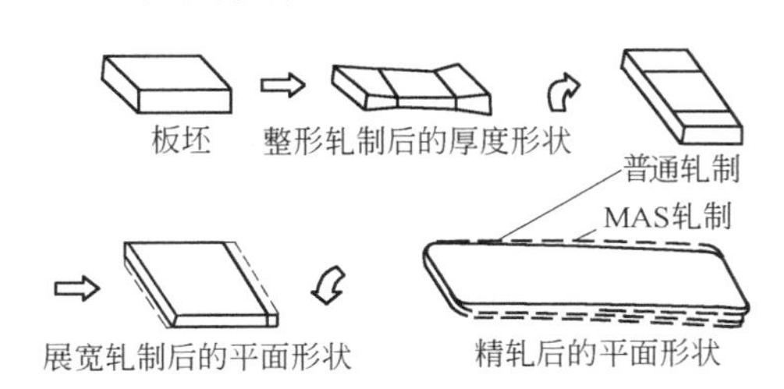

图2－39 整形MAS轧制

具体地说它是由平面形状预测模型求出侧边、端部切头形状变化量，并把这个变化量换算成成形轧制最后一道次或横轧最后一道次时的轧制方向上的厚度变化量，按设定的厚度变化量在轧制方向上相应位置进行轧制。

此法应用于有计算机控制的四辊厚板轧机上（有液压AGC装置），可使中厚板的收得率提高4.4%。1978年1月在川崎水岛厂2号厚板轧机上（5490mm轧机）采用MAS轧制法创造了收得率94.2%的高纪录。

2.3.4.3 狗骨轧制法（DBR法 Dog Bone Rolling）

它与MAS轧制法基本原理相同，即是在宽度方向变化延伸率改变断面形状，从而达到平面形状矩形化的目的，如图2－40所示。所不同的是在考虑DB量（即轧

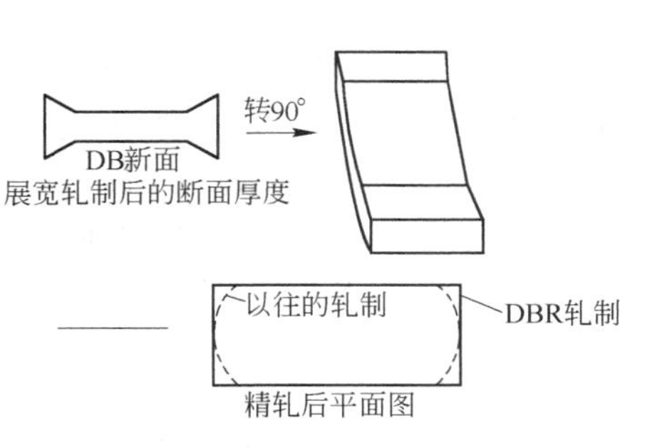

图2－40 狗骨轧制法过程及原理示意图

件前后端加厚部分的长度和少压下的量)时,考虑了 DB 部分在压下时的宽展。日本钢管福山厂已把在该厂 4725mm 厚板轧机上轧制各种规格成品时必要的 DB 量制成了表格。现场实验表明,采用 DBR 法可以使切头损失减少 65%,收得率提高 2% 左右。

2.3.4.4 差厚展宽轧制法

其过程和原理如图 2-41 所示。在展宽轧制中平面形状出现桶形端部宽度比中部要窄 ΔB[见图 2-41(a)],令窄端部的长度为 αL(α 为系数,取 0.1~0.12,L 为板坯长度),若把此部分展宽到与中部同宽,则可得到矩形,纵轧后边部将基本平直。为此进行如图 2-41(b)中那样的轧制,即将轧辊倾斜一个角度(θ),在端部多压下 Δh 的量,让它多展宽一点,使成矩形。这个方法可使收得率提高 1%~1.5%。此法已用到日本川崎公司千叶厂 3400mm 的厚板轧机上,在宽展的最后两道使上辊倾斜,倾斜度为 0.2°~2°,左侧与右侧压下螺丝分开控制。这些操作都是由电子计算机完成的。

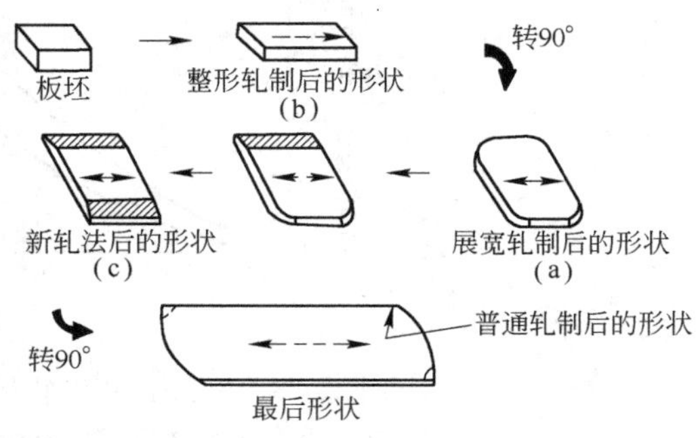

图 2-41 差厚展宽轧制法过程及原理示意图

2.3.4.5 立辊法

用立辊改善平面形状的模式图如图 2-42 所示,但出于宽厚比等方面的原因,立辊的使用范围也受到限制。

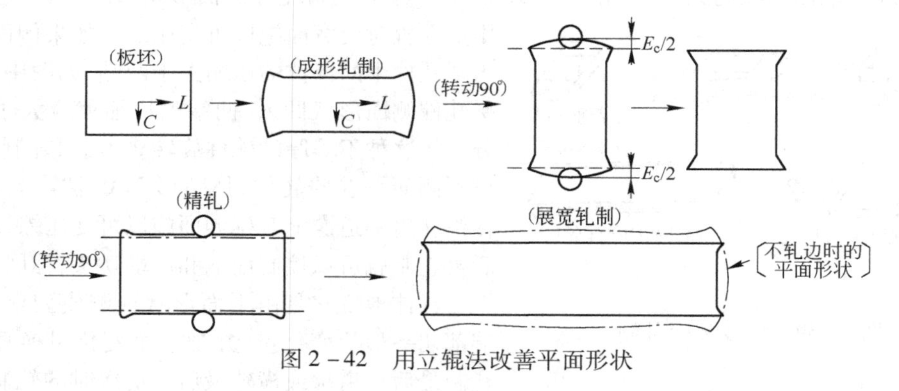

图 2-42 用立辊法改善平面形状

2.3.4.6 咬边返回轧制法

采用钢锭作为坯料时,在展宽轧制完成后,根据设定的咬边压下量确定辊缝值,将轧件一个侧边送入轧辊并咬入一定长度,停机轧辊反转退出轧件,然后轧件转过 180°将另一侧边送入轧辊并咬入相同长度,再停机轧机反转退出轧件,最后轧件转过 90°纵轧两道消除轧件边部凹边,得到头尾两端都是平齐的端部。其原理如图 2-43 所示。我国舞钢厚板厂采用此法使成品钢板的平面形状、矩形度以及板厚精度都得到了明显的改善。

2.3.4.7 留尾轧制法

这种方法也是我国舞钢厚板厂采用的一种方法。由于坯料为钢锭,锭身有锥度,尾部有圆

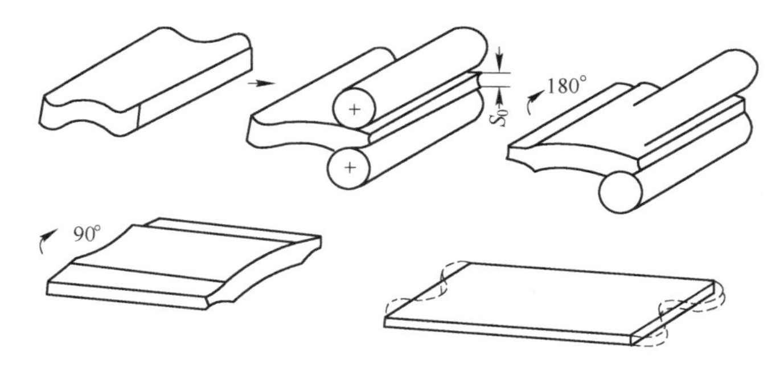

图 2-43　咬边返回轧制法示意图

虚线为未实施咬边返回轧制法轧制的成品钢板平面形状

角，所以成品钢板尾部较窄，增大了切边量。留尾轧制法示意图如图 2-44 所示。钢锭纵轧到一定厚度以后，留一段尾巴不轧，停机轧辊反转退出轧件，轧件转过 90°后进行展宽轧制，增大了尾部宽展量，使切边损失减小。舞钢厚板厂采用咬边返回轧制法和留尾轧制法使厚板成材率提高 4%。

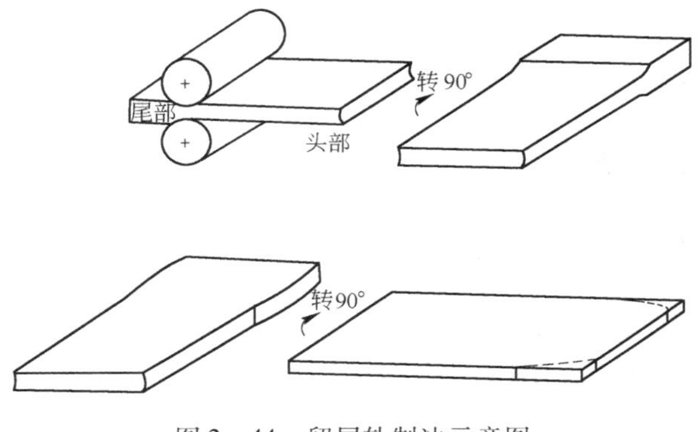

图 2-44　留尾轧制法示意图

虚线为未实施留尾轧制法的成品钢板平面形状

2.3.5　平面形状控制的发展与今后的课题

以上所述是平面形状控制的基础技术，即矩形化技术。以这种技术为基础，以非矩形化为目的，考虑了各种异形形状控制，如图 2-45 所示，其中一部分业已成功地应用于实际生产中。

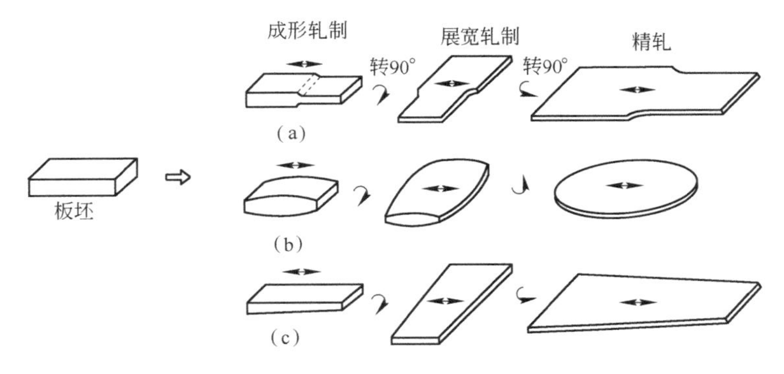

图 2-45　异形形状控制轧制

(a)不同宽度轧制法；(b)圆形轧制法；(c)锥形宽度轧制法

思考题

2－1　中厚板轧机型式有哪些？
2－2　四辊可逆式轧机为什么具有广阔发展前途？
2－3　为什么单机座中厚板轧机将逐步改造为双机座，你对这种改造有什么设想？
2－4　双四辊可逆式布置方式有什么优点？
2－5　我国目前中厚钢板生产能力如何？
2－6　我国目前有多少套中厚板轧机，我国中厚板生产与国外先进生产水平有哪些主要差距？
2－7　钢板轧机按什么来标称？
2－8　什么样的轧机叫万能式轧机？
2－9　中厚板车间的布置形式有几种？
2－10　轧钢机主传动装置一般包括几部分？
2－11　万向接轴备有平衡装置的目的是什么？
2－12　轧辊的轴承有哪些类型？
2－13　试述液体摩擦轴承的特点及分类。
2－14　先进的换工作辊多采用什么方式？
2－15　写出一般中厚板生产工艺流程。
2－16　画出高压水除鳞示意图。
2－17　什么叫综合轧制法，此外还有哪些轧制方法？
2－18　平面形状控制指的是什么？
2－19　水岛平面形状控制系统是怎样的？画图表示。
2－20　平面形状控制的发展与今后的课题是什么？

3 厚度控制

3.1 概述

钢板轧制与定尺长度的增大、纵向厚差的减小、板厚尺寸进级范围的缩小、异形板轧制及平面板形控制的需要，因此，对厚度自动控制越来越重视，已成为现代化中厚板轧机所必不可缺的重要手段。

随着中厚板轧机轧制速度的提高，轧制过程中坯料的厚度偏差、轧件头尾温差与黑印、原料的变形抗力不同、轧机刚度的变化、轧辊磨损、压扁、偏心、压下装置调整与检测的偏差等诸多因素的影响，钢板纵向板厚与偏差是不断变化的。20 世纪 50 年代开发的电动厚度自动控制系统(电动 AGC)已满足不了负载情况下快速调整厚差的要求，1964 年美国伯恩斯港厂 4064mm 厚板轧机首先开始使用液压厚度自动控制(HAGC)，经过 30 多年的不断改进与完善，目前，国内外中厚板轧机上已普遍采用该项技术。

目前国内有中厚板轧机近 30 套，有数套已采用了厚度自动控制系统，其中有多套液压 AGC 系统是国内研制的。有关国内中厚板轧机厚控系统应用情况，如表 3－1 所示。

表 3－1　国内中厚板轧机厚控系统应用情况

企业名称	厚控系统	企业名称	厚控系统
舞钢厚板厂	DEVY 改造	武钢中板厂	北京理工大学 + Danieli United
浦钢厚板厂	SIEMENS	马钢中板厂	北京理工大学
鞍钢厚板厂	有	天津中板厂	有
浦钢中板厂	有	济钢中板厂	有
太钢中板厂	有	新余中板厂	有
秦皇岛中板厂	有	鞍钢中板厂	有
首钢中板厂	东北大学	韶钢中板厂	有
安钢中板厂	有	上钢一厂钢板分厂	有

中厚板厚度精度可分为：一批同规格中厚板的厚度异板差和每一张中厚板的厚度同板差。为此可将厚度精度分解为头部厚度偏差和全长厚度偏差。

头部厚度偏差决定于厚度设定模型的精度。

全长厚差则需由 AGC 根据头部厚度(相对 AGC 采用头部锁定)或根据设定的厚度(绝对 AGC)使全长各点厚度与锁定值或设定值之差小于允许范围，应该说头部精度对 AGC 工作有明显影响。

3.2 厚度设定

3.2.1 设定计算顺序

可逆轧机的基本限制条件是轧制电机力矩限制、轧制力限制、压下量和板凸度限制。在这些限制条件下决定压下规程并计算出轧机辊缝及轧辊转速的设定值，保证总轧制时间最少及精轧板形、精轧尺寸合乎目标值。一般的计算顺序如图 3－1 所示，分别确定展宽轧制和长度方向轧制中的压下规程，根据此压下规程预测轧制力并算出轧机设定值。

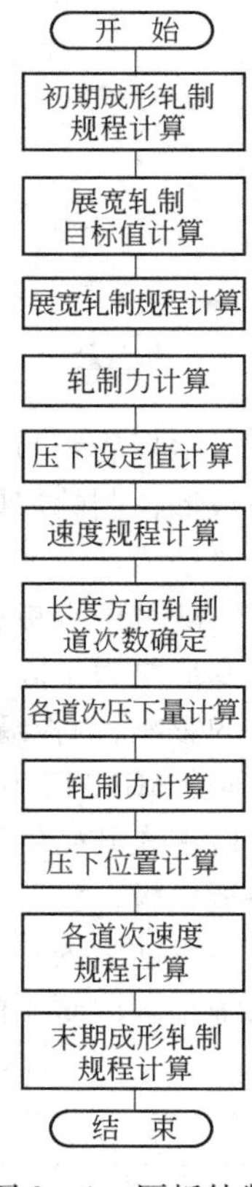

图 3－1 厚板轧制设定计算流程图

3.2.2 压下规程

厚板轧制的特征是，为使板宽接近于精轧宽度而进行展宽轧制，且轧制过程可划分为 3 个阶段：成形轧制阶段，展宽轧制阶段和长度方向轧制阶段。

在第一阶段的成形轧制中，目的是去除轧件表面的氧化铁皮及对展宽轧制进行事先成形，进行 1～4 道次轧制。各道次的压下规程应使得板坯表面对角线长度小于回转辊道宽度，以相等的压下量或经验决定的压下量进行分配。

第二阶段是展宽轧制，板坯转动 90°沿宽向轧制，使板坯宽度被轧成接近于成品宽度。在压下规程计算中，首先必须确定展宽轧制的目标尺寸。在决定此目标尺寸时必须注意的是长度方向轧制中即第三阶段轧制中的宽展量。宽展量的预测公式有西贝尔、柳本等的公式，总压下量下的总宽展量可以用下面的简单预测公式确定：

$$\begin{aligned}\Delta L &= \alpha_L(H_O - H_B) \\ \Delta B &= \alpha_B(H_B - H_F)\end{aligned} \quad (3-1)$$

式中 ΔL——展宽轧制时的宽展量（板坯长度方向）；

ΔB——长度方向轧制时的宽展量（板坯宽度方向）；

α_L、α_B——展宽系数，由钢种和板坯尺寸等决定；

H_O——第一阶段结束时的板坯厚度；

H_B——展宽轧制结束时的板坯厚度；

H_F——精轧厚度。

由上述展宽公式及下述体积不变定律求出第二阶段的目标厚度 H_B、宽度 B_B 和长度 L_B：

$$H_O B_O L_O = H_B B_B L_B = H_F B_F L_F$$

$$L_B = L_O + \Delta L$$

$$B_F = B_B + \Delta B$$

展宽轧制后必须在回转辊道上转动，所以下述条件必须成立：

$$\sqrt{L_B^2 + B_B^2} \leqslant L_T$$

式中 L_T——极限长度。

如果展宽轧制的目标尺寸 H_B 和 B_B 已经决定，则第二阶段的展宽轧制和第三阶段的长向轧制中各道次的压下规程可以确定。

轧制规程的计算方法，依选取压下量、轧制力或轧制力矩中哪一个为限制条件而有所不同，在这种情况下数学模型也不同，依轧制道次不同，限制条件也不同，如图 3－2 所示。下面给出轧制时间最短和以轧制力矩为限制条件的计算方法。

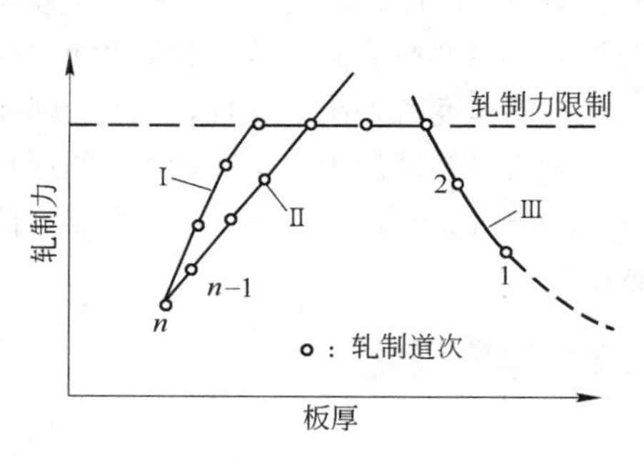

图 3－2 厚板轧制压下规程一例
Ⅰ—压下量限制；Ⅱ—比例凸度恒定控制时；Ⅲ—力矩限制

电机的力矩和速度具有图 3－3 所示的特性，怎样将驱动电机的允许力矩分配到加速力矩和轧制力矩上去是很重要的。如果轧制力矩比较充足，则轧制时采用大压下量，道次数也少。但轧制速度增大时，轧制力矩和加速力矩不足，轧制时间变长。改变各道次轧制力矩和加速力矩的比例求出轧制力矩的极限值 M 与道次数 N、总轧制时间 T 的关系如图3-4所示。图3-4中 A 点是给出最少轧制时间的道次数和轧制力矩。此轧制力矩若取作全部道次的平均力矩，则各道的轧制力矩位于固定道次数 N 时的曲线上，即 A 点附近的值（加速力矩所占份额不同）。这个平均力矩分配给各道次求出压下量。在实际的轧制规程计算中给出轧制力矩向各道次分配的模式，乘以他的分配系数 η_i。第 i 道次的压下量 Δh_i 以下式给出：

$$\Delta h_i = \eta_i M/(B_i R \sigma_i) \tag{3-2}$$

式中 B_i——第 i 道次的轧制平均板宽；

R——工作辊半径；

σ_i——第 i 道次的平均变形抗力。

平均变形抗力是压下量的函数，式(3-2)中不能算出 σ_i，但用式(3-2)决定压下量是目的，所以使用由板坯温度、钢种、平均压下量推定的值。使用由式(3-2)决定的压下量，求出各轧制道次的轧制力，再重新计算轧制力矩。

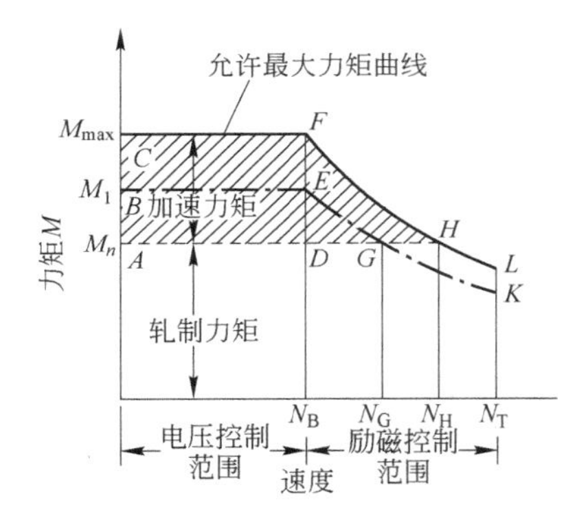

图3-3 驱动电机力矩-速度特性

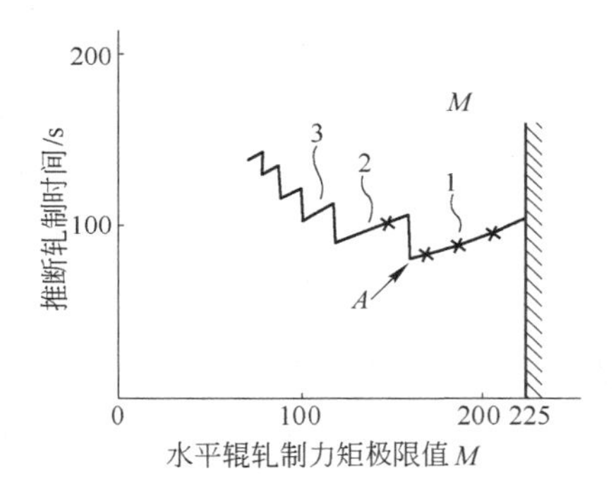

图3-4 总轧制时间和力矩极限值

1—N 道次；2—$N+2$ 道次；

3—$N+4$ 道次；A—时间最短规程

辊缝设定值用弹跳方程计算，并加上各种补偿值。轧制速度是根据重新计算的轧制力矩，求出力矩速度特性决定的允许最高速度。然后，由咬入条件决定咬入速度，由下一道次的间歇时间及抛钢距离计算抛钢速度，这样轧制中的速度模式就计算出来了。

最后简单叙述末期轧制的压下规程。这个末期轧制是最终的2~5个道次，重点提高板厚和板宽的尺寸精度并对平直度和平面形状进行整形。预测成形轧制开始时的尺寸和形状，根据其偏差程度，选择宽向轧制和厚度轧制的模式，决定压下量。所有模式都是采取小压下轧制，但确定规程时应使道次数目增大及其他参数的影响减小到最小限度。

需要说明的是，设定控制中使用的数学模型，包含有模型简化带来的误差、轧件材料特性推断的误差、温度预报误差、检测装置的误差等。由轧制实测值掌握这些误差并进行控制量的修正和模型修正，就是所谓自适应修正控制。该控制分成两种情况。一种情况是控制目的反映在同一轧件的控制上，称为道次间修正，它修正下一道次以后的设定控制量。另一种是修正设定模型本身，提高下一块轧件的设定精度，此为板坯间修正。道次间修正这种方法一般是依据实测轧制力与预报轧制力之差掌握温度等轧件材料固有的特性值，修正下道次以后轧制力的预报值。板坯间修正是依据用实测温度和实测板厚计算的轧制力与实测轧制力的差或比值修正轧制压力模型的误差，并根据用实测辊缝和实测轧制力计算的板厚和用测厚仪测定的板厚之间的差值对轧辊磨损等引起的零点变化进行修正。板坯间修正时轧制力模型的误差随板厚和材质的不同而不同。因此将修正值分类，对同一组数据进行统计处理并储存起来，以后轧制同一组材料时再取出使用，计算机控制的最大特征是这个自适应控制功能，即使轧制理论和简略化的数学模型与实际轧制现象有所不同，以及轧机本身特性随时间变化，仍可以无事故地高精度地进行控制。

3.2.3　厚度设定相关知识

3.2.3.1　设备条件限制

充分发挥设备潜力提高产量的途径不外乎是提高压下量、减少轧制道次、确定合理速度规程、缩短轧制周期、减少换辊时间、提高作业率、合理选择原料增加坯重等。对可逆式轧机而言主要是提高压下量以减少轧制道次。但是压下量的提高受到许多条件的限制，如：咬入能力、设备能力（包括电机能力）等。通常在现代的热轧四辊轧机上，咬入能力不是限制压下量的因素。只有当工作辊直径较小、速度较高时，使咬入能力降低甚至达50%以上，此时便需考虑咬入条件的限制。设备能力是限制压下量提高的主要因素。压下量的提高使轧制压力提高，可能超过了按轧辊许用弯曲应力计算的允许轧制压力或超过了支撑辊辊颈的弯曲强度和轴承寿命。轧制压力的提高也使轧制力矩提高，可能超过传动辊的辊颈按许用扭转应力计算的最大允许轧制力及万向接轴的板头和叉头强度。同时轧制力矩增大也使电机电流增大，可能超过电机允许的过载及发热能力。

3.2.3.2　稳定操作条件限制

为保证钢板操作的稳定，要求工作辊缝成凸形，而且凸形值愈大操作愈稳定。但这就使轧出的钢板的横向厚差增大，降低了产品的质量。为保证钢板轧制稳定性的最小板凸度 δ 可按下式计算：

$$\delta = 4P(x^2 + Bx/2)/(l^2K) \tag{3-3}$$

式中　x——轧件偏离轧制中心线的距离；

l——两压下螺丝中心线距离；

K——轧机刚性系数（不包括轧辊）；

P、B——轧制压力与所轧板带宽度。

3.2.3.3　轧制速度制度

二辊或四辊可逆式中厚板轧机由于可以随时改变轧辊的转向和转速，所以从尽量缩短轧制周期、提高轧机产量的角度出发，有必要采用可以调速、可以逆转的轧制速度制度。

轧制速度图描述了可逆式轧机一个轧制道次中轧辊转速的变化规律。它分为两种类型，图3－5分别示出了梯形轧制速度图和三角形轧制速度图。轧辊咬入轧件之前，其转速从零空载加速到咬钢转速 n_y 并咬入轧件，然后轧辊带钢加速达到最大转速 n_d 并等速轧制一段时间，随后带钢减速到抛钢转速 n_p 抛出轧件，轧辊继续制动空载减速到零。然后轧辊反向启动进行下一道轧制，重复上述过程。从咬入到抛出轧件的总时间（GH）为本道次的纯轧时间，从轧件抛出到下一道咬入的总时间（HI）为两道次间的间隙时间。三角形速度图没有等速轧制阶段。从图中可以看出：三角形速度图的轧制节奏时间比梯形速度图短，因此，在条件允许的情况下，应尽可能采用三角形速度图。只有当电机能力不足，或轧件过长，轧辊转速采用最高转速仍轧不完轧件时，才采用梯形速度图。一般情况是在成形轧制和展宽轧制道次，由于轧件尚短，所以采用三角形速度图。在伸长轧制阶段多半采用梯形速度图。

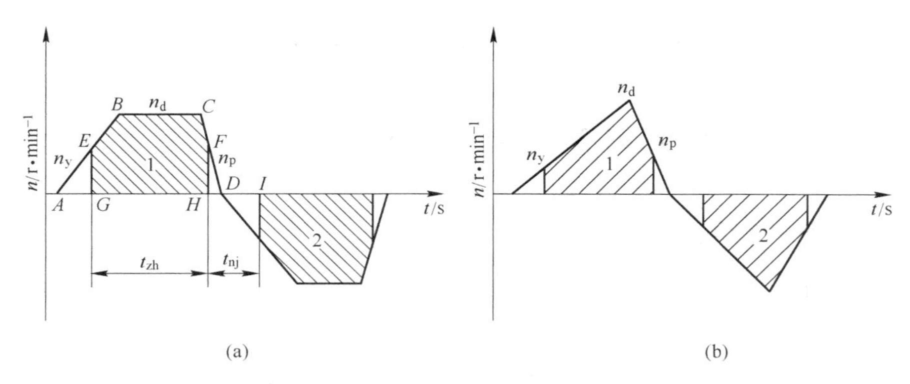

图 3－5 两种轧制速度图

(a)梯形速度图；(b)三角形速度图

轧辊咬入和抛出转速确定的原则是：获得较短的道次轧制节奏时间、保证轧件顺利咬入、便于操作和适合于主电机的合理调速范围。咬入和抛出转速的选择不仅会影响到本道次的纯轧时间，而且，还会影响到两道次间的间隙时间。在保持转速曲线下面积相等（轧件长度一定）的原则下，采用较高的咬入，抛出转速会使本道纯轧时间缩短，而使其间隙时间增加，因此，咬入和抛出转速的选择应当兼顾上述两个因素。

由于压下动作时间随各道压下量而定，轧辊逆转、回送轧件时间可以根据所确定的咬入、抛出转速改变，所以考虑这 3 个时间的原则应当是：压下时间大于或等于轧辊逆转时间，要大于或等于回送轧件时间。这样轧辊咬入和抛出转速的选择就应当本着在调整压下时间之内完成轧辊逆转动作和在保证可靠咬入的前提下获得最短轧制时间这个原则。目前，可逆式中厚板轧机粗轧机的轧辊咬入和抛出转速一般在 10 ~ 20r/min 和 15 ~ 25r/min 范围内选择。精轧机的轧辊咬入和抛出转速一般在 20 ~ 60r/min 和 20 ~ 30r/min 范围内选择。

间隙时间的确定，根据经验资料在四辊轧机上往复轧制，不用推床对中时，间隙时间 t_{nj} 理论上应等于轧机调整压下所需时间，实际上可取 $t_{nj}=2\sim2.5$s。若需定心时，当 $L\leqslant8$m 时取 $t_{nj}=6$s，当 $L>8$m 时取 $t_{nj}=4$s。

3.2.3.4 轧制温度的确定

为了确定各道的轧制温度，必须求出逐道的温度降。高温时的轧件温度降可按辐射散热计算，而且认为对流和传导所散失的热量大致可以与变形功所转换的热量相抵消。由于辐射散热所引起的温降可由下列近似式计算：

$$\Delta t=12.9Z/h\times(T_1/1000)^4$$

式中 Δt——道次间的温度降，℃。由于轧件头部和尾部道次间的辐射时间不同，为设备安全计，确定各道的温降时辐射时间应以尾部为准；

Z——辐射时间，即该道的轧制时间与上道的间隙时间之和，s；

h——轧件厚度，mm；

T_1——前一道轧件的绝对温度，K。

有时为了简化计算，在中厚板轧制的温降计算中亦可用恰古诺夫公式：

$$\Delta t = (t_1 - 400)(Z/h_1)/16$$

式中　Δt——道次间的温度降，℃；

t_1——前一道轧件的温度，℃；

Z——轧制时间，即前一道的纯轧时间和两道间的间隙时间之和，s；

h_1——前一道轧件的厚度，mm。

3.3　中厚板厚度波动的原因及其厚度的变化规律

3.3.1　中厚板厚度波动的原因

为了更好地消除钢板厚度偏差（以下简称为厚差），需对其产生的原因进行分析，以便针对不同的原因采取不同的对策。

造成钢板厚差的原因可以分为三大类：

（1）由带钢本身参数波动造成，这包括来料头尾温度不匀、加热炉黑印、辊道黑印、来料厚度宽度不匀以及化学成分偏析等。

（2）由轧机参数变动造成，这包括支撑辊偏心、轧辊热膨胀、轧辊磨损以及轴承油膜厚度变化等。

（3）由速度变化造成，速度变化影响摩擦系数和变形抗力，进而影响轧制力大小。

轧机参数变动将使辊缝发生周期变动（偏心）及零位漂移（热膨胀等）。这将使辊缝不调整情况下，轧件厚度发生缓慢变化或周期波动。

自动厚度控制系统用来克服带钢工艺参数波动对厚差的影响，并对轧机参数的变动给予补偿。

3.3.2　轧制过程中厚度变化的基本规律

带钢的实际轧出厚度 h 与预调辊缝值 S_0 和轧机弹跳值 ΔS 的关系可用弹跳方程描述：

$$h = S_0 + \Delta S = S_0 + \frac{P}{K_m} \tag{3-4}$$

由它所绘成的曲线称为轧机弹性曲线，如图 3－6 曲线 A 所示。其斜率 K_m 称为轧机刚度，它表征使轧机产生单位弹跳量所需的轧制压力。

带钢实际轧出厚度主要取决于 S_0、K_m 和 P 这 3 个因素。因此，无论是分析轧制过程中厚度变化的基本规律，抑或阐明厚度自动控制在工艺方面的基本原理，都应从深入分析这 3 个因素入手。

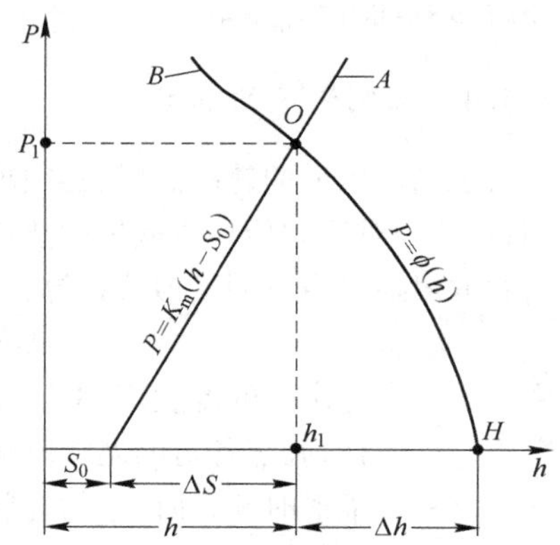

图 3－6　弹塑性曲线叠加的 $P-h$ 图

轧制时的轧制压力 P 是所轧带钢的宽度 B、来料入口与出口厚度 H 与 h、摩擦系数 f、轧辊半径 R、温度 t 以及变形抗力 σ_s 等的函数。

$$P = F(B,R,H,h,f,t,\sigma_s) \tag{3-5}$$

此式为金属的压力方程，当 B、R、H、h、f、t、σ_s 等均为一定时，P 将只随轧出厚度 h 而改变，这样便可以在图 3－6 的 $P-h$ 图上绘出曲线 B，称为金属的塑性曲线，其斜率 M

称为轧件的塑性刚度，它表征使轧件产生单位压下量所需的轧制压力。在计算机控制的条件下 M 值的确定，可以根据已知的 H、h、B、R、t、v 和材质等测量出一个轧制压力 P，然后再假定在其他条件不变的情况下，增加 0.1mm 的压下量 $\Delta h'$（即改变 h），又可测量出一个轧制压力 P'，则 M 便可按下式确定出来：

$$M=\frac{P'-P}{\Delta h'}$$

此外，也可用直线斜率 $M=k\frac{P}{\Delta h}$近似地代替塑性曲线上工作点处的切线斜率的办法来确定，系数 k 是为了修正此种近似计算所产生的误差，系数 k 一般为 $k=0.9\sim1.1$。

3.3.2.1 实际轧出厚度随辊缝而变化的规律

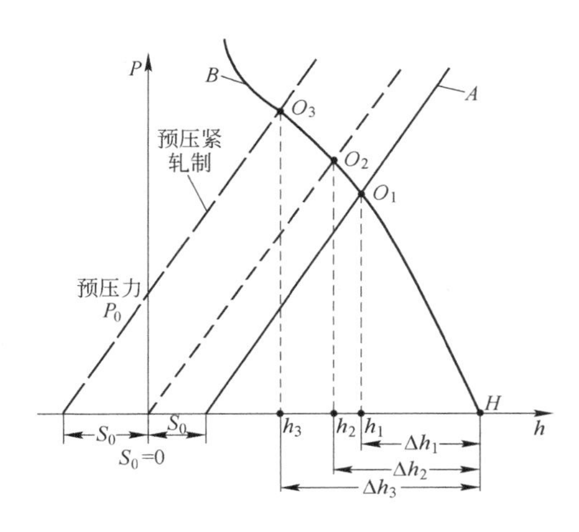

图 3－7 实际轧出厚度随辊缝变化的规律

轧机的原始预调辊缝值 S_0 决定着弹性曲线 A 的起始位置。随着压下螺丝设定位置的改变，S_0 将发生变化。在其他条件相同的情况下，它将按如图 3－7 所示的方式引起带钢的实际轧出厚度 h 的改变。例如因压下调整，辊缝变小，则 A 曲线平移，从而使得 A 曲线与 B 曲线的交点，由 O_1 变为 O_2，此时实际轧出厚度便由 h_1 变为 h_2，$\Delta h_2>\Delta h_1$，带钢便被轧得更薄。

当采取预压紧轧制时，即在带钢进入轧辊之前，使上下轧辊以一定的预压靠力 P_0 互相压紧，也就相当于辊缝为负值（$-S_0$），这样就能使带钢轧得更薄，此时实际轧出厚度变为 h_3，$h_3<h_2$，其压下量为 Δh_3。

除上述情况之外，在轧制过程中，因轧辊热膨胀、轧辊磨损或轧辊偏心而引起的辊缝变化，也会引起 S_0 改变，从而导致轧出厚度 h 发生变化。

3.3.2.2 实际轧出厚度随轧机刚度而变化的规律

轧机的刚度 K_m 随轧制速度、轧制压力、带钢宽度、轧辊的材质和凸度、工作辊与支撑辊接触部分的状况而变化。所以，轧机的刚度系数不是固定的常数，而是由各种轧制条件所决定的数值。

当轧机的刚度系数由 K_{m1} 增加到 K_{m2} 时，则实际轧出厚度由 h_1 减小到 h_2，如图 3－8 所示。可见提高轧机的刚度有利于轧出更薄的带钢。目前板带钢轧机的刚度通常大于 5000～6000MN/m。

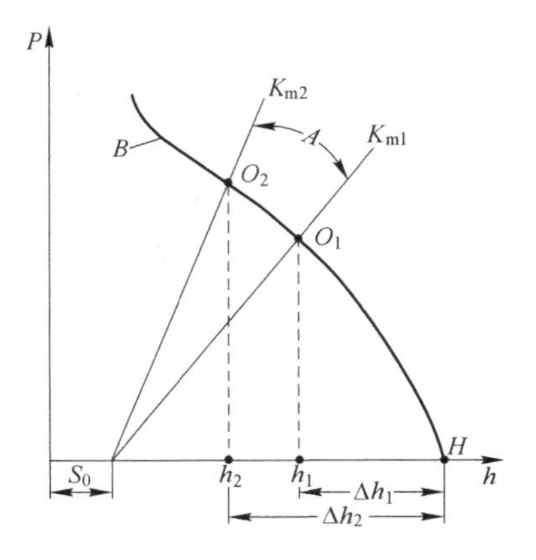

图 3－8 实际轧出厚度随轧机刚度变化的规律

在实际的轧制过程中，由于轧辊的凸度大小不同，轧辊轴承的性质以及润滑油的性质不同，轧辊圆周速度发生变化，也会引起刚度系数发生变化。就使用油膜轴承的轧机而言，当轧辊圆周速度增加时，油膜厚度会增厚，油膜刚性增大，带钢可以轧得更薄。

3.3.2.3 实际轧出厚度随轧制压力而变化的规律

如前所述，所有影响轧制压力的因素都会影响金属塑性曲线 B 的相对位置和斜率，因此，即使在轧机弹性曲线 A 的位置和斜率不变的情况下，所有影响轧制压力的因素都可以通过改变 A 和 B 两曲线的交点位置，而影响着带钢的实际轧出厚度。

当来料厚度 H 发生变化时，便会使 B 曲线的相对位置和斜率都发生变化，如图 3－9 所示。在 S_0 和 K_m 值一定的条件下，来料厚度 H 增大，则 B 曲线的起始位置右移，并且其斜率稍有增大，即材料的塑性刚度稍有增大，故实际轧出厚度也增大，反之，实际轧出厚度要减小。所以当来料厚度不均匀时，则所轧出的带钢厚度也将出现相应的波动。

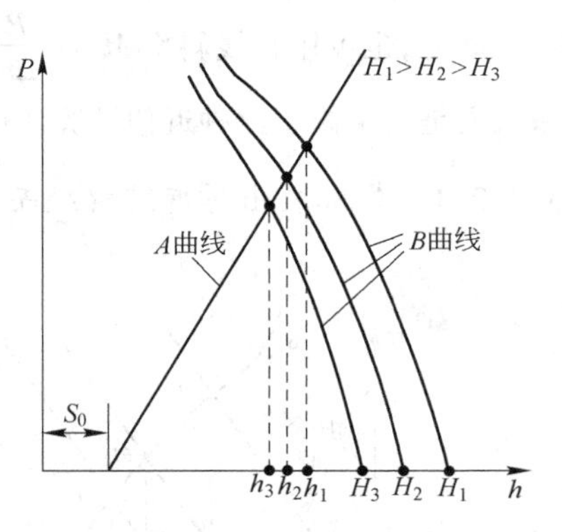

图 3－9　来料厚度对轧出厚度的影响

在轧制过程中，当减小摩擦系数时，轧制压力会降低，可以使得带钢轧得更薄，如图 3－10 所示。轧制速度对实际轧出厚度的影响，也主要是通过对摩擦系数的影响来起作用，当轧制速度增高时，摩擦系数减小，则实际轧出厚度也减小，反之则增厚。

当变形抗力 σ_s 增大时，则 B 曲线斜率增大，实际轧出厚度也增厚，反之，则实际轧出厚度变薄，如图 3－11 所示。这就说明当来料机械性能不均或轧制温度发生波动时，金属的变形抗力也会不一样，因此，必然使轧出厚度产生相应的波动。

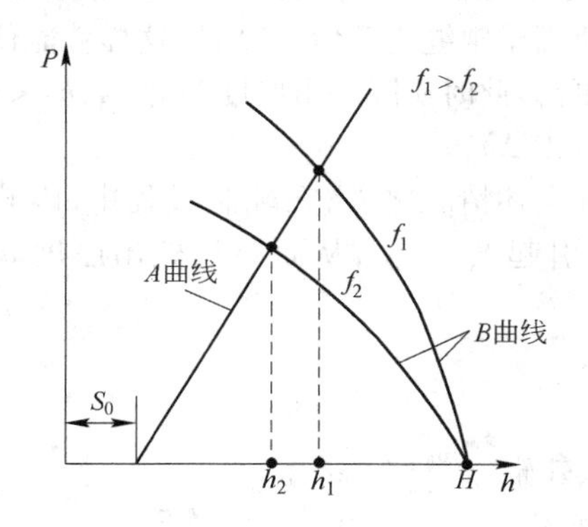

图 3－10　摩擦系数对轧出厚度的影响

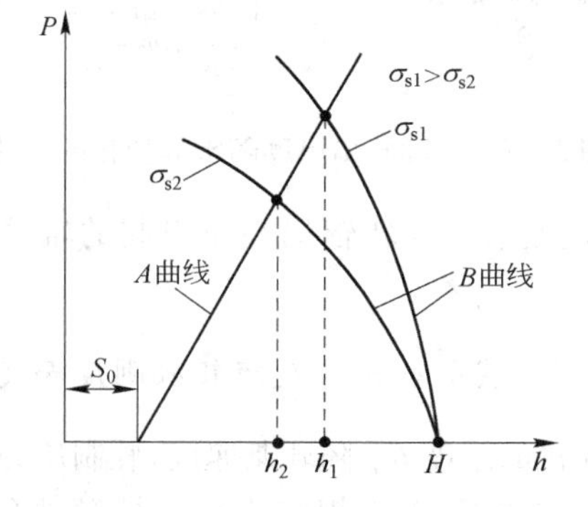

图 3－11　变形抗力对轧出厚度的影响

在实际轧制过程中，以上诸因素对带钢实际轧出厚度的影响不是孤立的，而往往是同时对轧出厚度产生作用。所以，在厚度自动控制系统中应考虑各因素的综合影响。

轧机的弹性曲线 A 和轧件塑性曲线 B，实际上并不是直线，但是由于在轧制过程中实际的轧制压力和轧出厚度都在曲线的直线段部分，为了便于分析问题，常把它们当成直线来处理。

3.4 厚度自动控制的基本形式及其控制原理

厚度自动控制是通过测厚仪或传感器（如辊缝仪和压头等）对带钢实际轧出厚度连续地进行测量，并根据实测值与给定值相比较后的偏差信号，借助于控制回路和装置或计算机的功能程序，改变压下位置，把厚度控制在允许偏差范围内的方法。

3.4.1 用测厚仪测厚的反馈式厚度自动控制系统

图 3-12 是电动 AGC 厚度控制系统的框图。带钢从轧机中轧出之后，通过测厚仪测出实际轧出厚度 $h_{实}$ 并与给定厚度值 $h_{给}$ 相比较，得到厚度偏差 $\delta h = h_{给} - h_{实}$，当二者数值相等时，厚度差运算器的输出为零，即 $\delta h = 0$。若实测厚度值与给定厚度值相比较出现厚度偏差 δh 时，便将它反馈给厚度自动控制装置，变换为辊缝调节量的控制信号，输出给压下电动机带动压下螺丝作相应的调节，以消除此厚度偏差。

为了消除已知的厚度偏差 δh，所必需的辊缝调节量 δS 应是多大呢？为此，必须找出 δh 与 δS 关系的数学模型。根据图 3-13 所示的几何关系，可以得到：$\delta h = fg$，$\delta S = eg$，fg 为 eg 的一部分，经过数学推导，可以得到如下关系式：

$$\delta h = \frac{K_m}{M + K_m}\delta S \tag{3-6}$$

或

$$\delta S = \frac{K_m + M}{K_m}\delta h = \left(1 + \frac{M}{K_m}\right)\delta h \tag{3-7}$$

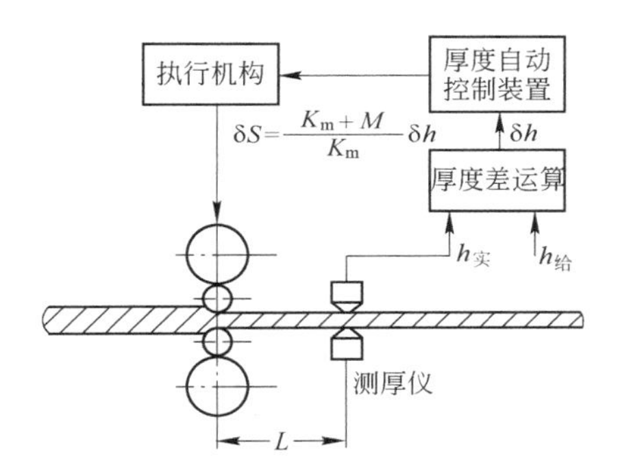

图 3-12 反馈式厚度自动控制系统
$h_{实}$—实测厚度；$h_{给}$—给定厚度

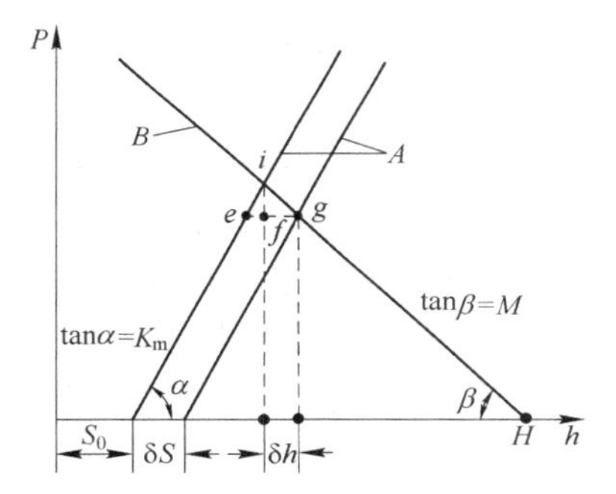

图 3-13 δh 与 δS 之间的关系曲线

从式(3-7)可知，为了消除带钢的厚度偏差 δh，则必须将压下螺丝使辊缝移动 $(1 + M/K_m)\delta h$ 的距离，也就是说，要移动比厚度差 δh 还要大 $(M/K_m)\delta h$ 的距离。因此，只有当 K_m 越大，而 M 愈小，才能使得 δS 与 δh 之间的差别愈小。当 K_m 和 M 为一定值时，即 $(K_m + M)/K_m$ 为常数，则 δS 与 δh 便成正比关系。只要检测到厚度偏差 δh，便可以计算出为消除此厚度偏差应作出的辊缝调节量 δS。

当轧机的空载辊缝 S_0 改变一个 δS_0 时，它所引起的带钢的实际轧出厚度的变化量 δh 要小于 δS_0。δh 与 δS_0 之间的比值 $C = \delta h/\delta S_0$ 称为"压下有效系数"，它表示压下螺丝位置的改变量究竟有多大的一部分能反映到轧出厚度的变化上。当轧机刚度较小或轧件的塑性刚度较大时，$\delta h/\delta S_0$ 比值很小，压下效果甚微，换句话说，虽然压下螺丝往下移动了不少，但实际轧出厚度却往往未见减薄多少。因而增大 $\delta h/\delta S_0$ 的比值对于实现快速厚度自动控制就有极其重大的意义。所以在实际的生产中，增加轧机整体的刚度是增大 $\delta h/\delta S_0$ 的重要措施。如果能使轧机成为具有超硬性刚度，那么辊缝改变一个 δS_0，则实际轧出厚度也就能变化一个 S_0。

当采用电动压下时，厚度自动控制系统采用的是位置内环、厚度外环方式，即采用的数学模型见式(3-7)。

现代中厚板轧机普遍采用液压压下，其自动厚度控制系统可以采用常规的位置内环、厚度外环方式（见图3－14），或采用单恒轧制力环来消除偏心影响。但单恒轧制力环将放大带钢带来的外扰（来料厚差等），因此，一般很少单纯采用轧制力环，而是采用轧制力内环、厚度外环方式（见图3－15）。轧制力内环用来消除偏心，而在轧制力环外再加上厚度环以消除轧件带来的外扰。

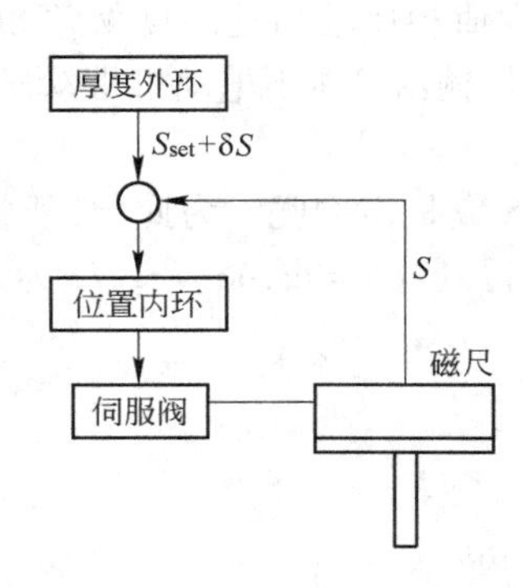

图3－14　位置内环图

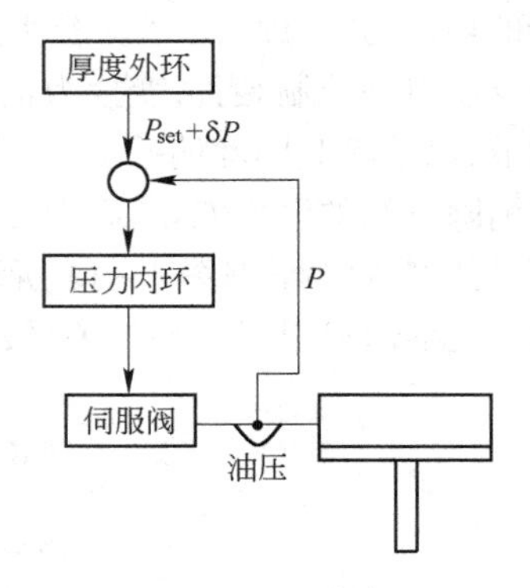

图3－15　压力内环

对于轧制力内环、厚度外环方式，厚度环的输出是 P_{ref}。

$$P_{ref}=P_{set}+\delta P$$

式中　P_{set}——设定模型所确定的轧制力设定值或头部锁定时的轧制力实测值。

δP 的确定需分析各种外扰情况：

（1）偏心外扰。为了消除偏心需采用恒轧制力控制，即当偏心使轧制力变化时，应自动调节压下，使力回到 P_{set} 即可消除偏心产生的厚差，因此对偏心外扰来说，应使 $\delta P=0$。

（2）其他外扰。必须找出 δh 与 δP 关系的数学模型。根据图3－16所示的几何关系，可以得到：

$$\delta P=\delta h(K_m+M) \tag{3-8}$$

即　$P_{ref}=P_{set}+\delta P=P_{set}+\delta h(K_m+M)$

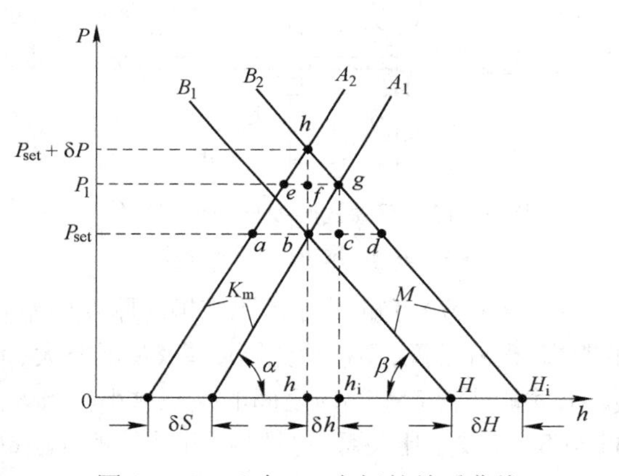

图3－16　δh 与 δP 之间的关系曲线

用测厚仪进行厚度控制时，由于考虑到轧机结构的限制，测厚仪的维护，测厚仪一般装设在离直接产生厚度变化的辊缝2～15m的地方，因检出的厚度变化量与辊缝的控制量不是在同一时间内发生的，所以实际轧出厚度的波动不能得到及时的反映，结果使整个厚度控制系统的操作都有一定的时间滞后 τ，用下式表示：

$$\tau=\frac{L_{仪}}{v}$$

式中　τ——滞后时间；

v——轧制速度；

$L_{仪}$——轧辊中心线到测厚仪的距离。

由于有时间滞后，所以这种按比值进行厚度控制的系统很难进行稳定的控制。为了防止厚度控制过程中的此种传递时间滞后，因而采用厚度计式的厚度自动控制系统。

3.4.2　厚度计式厚度自动控制系统

在轧制过程中，任何时刻的轧制压力 P 和空载辊缝 S_0 都可以检测到，因此，可用弹跳方程 $h = S_0 + P/K_m$ 计算出任何时刻的实际轧出厚度 h。在此种情况下，就等于把整个机架作为测量厚度的“厚度计”，这种检测厚度的方法称为厚度计方法（简称 GM）以区别于前述用测厚仪检测厚度的方法。根据轧机弹跳方程测得的厚度和厚度偏差信号进行厚度自动控制的系统称为 GM－AGC 或称 P－AGC。按此种方法测得的厚差进行厚度自动控制可以克服前述的传递时间滞后，但是对于压下机构的电气和机械系统，以及计算机控制时程序运行等的时间滞后仍然不能消除，所以这种控制方式，从本质上讲仍然是反馈式的。因此，为了消除厚度偏差 δh 所必须的辊缝移动量 δS 或 δP 仍可按式（3－6）或式（3－7）来确定。

图 3－17 为厚度计式的厚度自动控制闭环系统示意图。实际的辊缝值由辊缝仪检测，经自整角机将信号送给编码器，由编码器将模拟量变为数字量，通过计算机进行辊缝差的运算。实际的轧制压力由压头检测，经计算机进行压力差运算。然后再将辊缝 S'_0 与轧机的弹跳值（$\Delta P/K_m$）相加便得实际轧出厚度 h。再经 AGC 运算得消除厚差 δh 所需的辊缝调节量 δS，通过 APC 和可控硅调速系统，调节辊缝来消除此时的厚度偏差 δh。

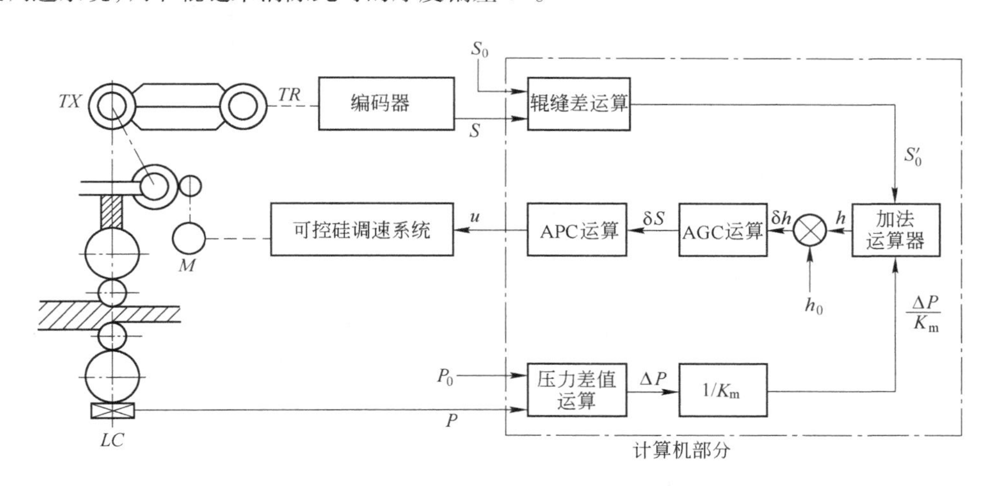

图 3－17　GM－AGC 闭环系统示意图

3.4.3　前馈式厚度自动控制系统

不论用测厚仪还是用“厚度计”测厚的反馈式厚度自动控制系统，都避免不了控制上的传递滞后或过渡过程滞后，因而限制了控制精度的进一步提高。特别是当来料厚度波动较大时，更会影响带钢的实际轧出厚度的精度。为了克服此缺点，在现代化的轧机上都广泛采用前馈式厚度自动控制系统，简称前馈 AGC。

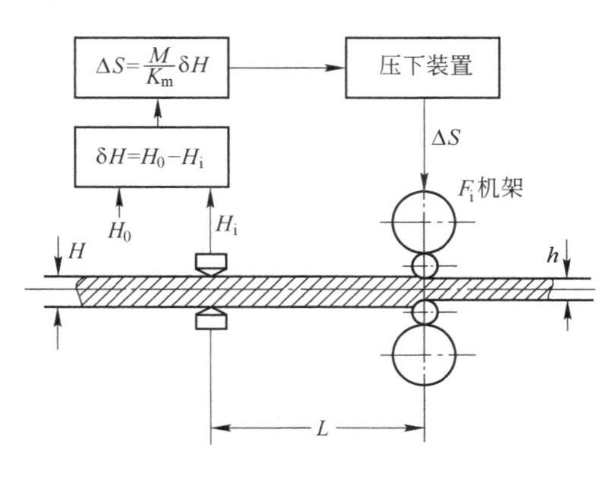

图 3－18　前馈 AGC 控制示意图

前馈式 AGC 不是根据本道次实际轧出厚度的偏差值来进行厚度控制，而是在轧制过程尚未进行之前，预先测定出来料厚度偏差 δH，并往前馈送给轧机，在预定时间内提前调整压下机构，以便保证获得所要求的轧出厚度 h，如图 3－18 所示。正由于它是往前馈送信号，来实现厚度自动控制，所以称为前馈 AGC，或称为预控 AGC。

它的控制原理就是在带钢未进入本机架之前测量出其入口厚度 H，并与给定厚度值 H_0 相比较，当有厚度偏差 δH 时，便预先估计出可能产生的轧出厚度偏差 δh，从而确定为消除此 δh 值所需的辊缝调节量 δS 或 δP，然后根据该检测点进入本机架的时间和移动 δS 所需的时间，提前对本机架进行厚度控制，使得厚度的控制点正好就是 δH 的检测点。

δH、δh 与 δS 之间的关系，可以根据图 3－19 所示的 $P-h$ 图来确定，由图可知：

$$\delta h = \left(\frac{M}{K_m + M}\right)\delta H \tag{3-9}$$

根据式(3－7)的关系，则得：

$$\delta S = \left(\frac{K_m + M}{K_m}\right)\left(\frac{M}{K_m + M}\right)\delta H = \frac{M}{K_m}\delta H \tag{3-10}$$

式(3－10)表明，当 K_m 愈大和 M 愈小时，消除相同的来料厚度差 δH 压下螺丝所需移动的 δS 也就愈小，因此，刚度系数 K_m 比较大的轧机，有利于消除来料厚度差。

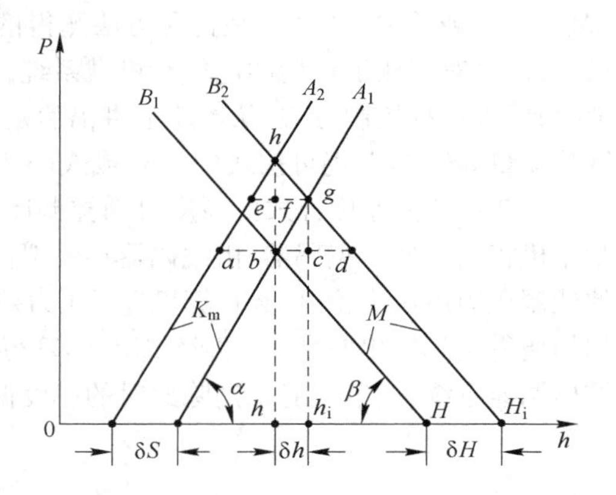

图 3－19　δH、δh 与 δS 之间的关系曲线

由于前馈式厚度控制是属于开环控制系统，因此，其控制效果不单独地进行评定，一般是将前馈式与反馈式厚度控制系统结合使用，所以它的控制效果也只能与反馈式厚度自动控制系统结合在一起进行评定。

3.4.4　液压式厚度自动控制系统

轧钢机的压下装置，从电动压下机构逐渐发展为电动－液压压下机构或全液压压下机构。近年来由于采用了电气－液压伺服阀，使压下响应速度得以大幅度提高，厚度控制所需的时间大大缩短。正由于液压压下具有快速响应的特点，所以它在厚度控制过程中对提高成品带钢的精度具有很大的现实意义。

借助液压压下系统还可以实现轧机刚度可调，这样不仅可以做到在轧制过程中的实际辊缝值固定不变，即“恒辊缝控制”，从而就保证了实际轧出厚度不变，并且还可以根据生产实际情况的变化，相应地控制轧机刚度，来获得所要求的轧出厚度。

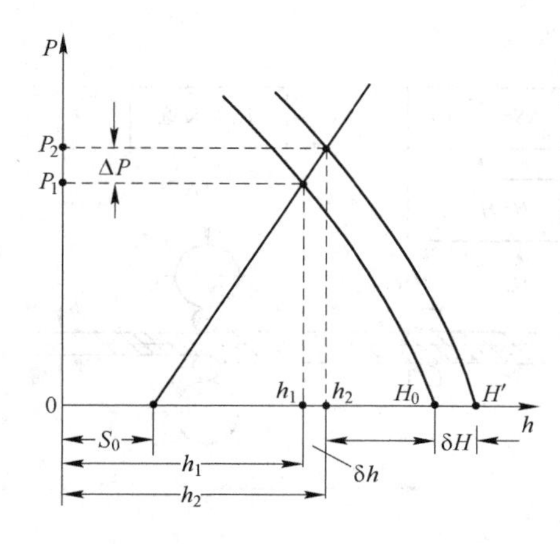

图 3－20　δh 与 ΔP 之间的关系曲线

液压 AGC 是按照轧机刚性可变控制的原理来实现厚度的控制，即通过液压伺服阀调节液压缸的油量和压力来控制轧辊的位置，对钢板进行厚度自动控制。

假设预调辊缝值为 S_0，轧机的刚度系数为 K_m，来料厚度为 H_0，此时轧制压力为 P_1，如图 3－20 所示，则实际轧出厚度 h_1 应为：

$$h_1 = S_0 + \frac{P_1}{K_m} \tag{3-11}$$

当来料厚度因某种原因有变化时，由 H_0 变为 H'，其厚度差为 δH，因而在轧制过程中必然会引起轧制压

力和轧出厚度的变化,压力由 P_1 变为 P_2,轧出厚度为:

$$h_2 = S_0 + \frac{P_2}{K_m} \quad (3-12)$$

当轧制压力由 P_1 变为 P_2 时,则其轧出厚度的厚度偏差 δh 正好等于压力差所引起的弹跳量为:

$$\delta h = h_2 - h_1 = \frac{1}{K_m}(P_2 - P_1) = \frac{1}{K_m}\Delta P \quad (3-13)$$

为了消除此厚度偏差,可以通过调节液压缸的流量来控制轧辊位置,补偿因来料厚度差所引起的轧机弹跳变化量,此时液压缸所产生的轧辊位置修正量 Δx,应与此弹跳变化量成正比,方向相反,为:

$$\Delta x = -C\frac{1}{K_m}\Delta P \quad (3-14)$$

轧机经过此种补偿之后,带钢的轧出厚度偏差便不是 δh,而变小了,变为:

$$\begin{aligned}\delta h' &= \delta h - \Delta x \\ &= \frac{\Delta P}{K_m} - C\frac{\Delta P}{K_m} = \frac{\Delta P}{\frac{K_m}{1-C}} = \frac{\Delta P}{K_E}\end{aligned} \quad (3-15)$$

式中 $\delta h'$——轧辊位置补偿之后的带钢轧出厚度偏差;

C——轧辊位置补偿系数;

K_E——等效的轧机刚度系数;

Δx——轧辊位置修正量。

此式是轧机刚度可变控制的基本方程,由此可知,所谓轧机刚度可变控制,实质也就是改变轧辊位置补偿系数 C,即改变 K_E,液压 AGC 就是通过改变等效的轧机刚度系数 K_E,来实现厚度自动控制。

在某一特定结构的轧机条件下,轧机所固有的刚度系数是 K_m 是一个常数。对公式 3-15 可做如下分析:

当 $C=1$ 时,则 $K_E=\infty$,$\delta h'=0$,这就意味着轧机的弹跳量被 100% 补偿掉了,即不论来料厚度偏差如何,由于此时轧机等效的刚度系数 K_E 是无穷大,完全可以使带钢的实际轧出厚度达到所要的尺寸,没有厚度偏差。此种情况下轧辊的辊缝称为恒定辊缝,其等效的轧机刚度称为超硬刚度,或叫超硬特性,如图 3-21 和表 3-2 所示。

表 3-2 等效轧机刚度及设定值

控制方式	系数 C	等效轧机刚度 K_E/MN · m^{-1}	设定值/MN · m^{-1}	备 注
超硬特性	$C=1$ ($C=0.8\sim0.9$)	25000 以上	33000	为了稳定 $C=0.8\sim0.9$
硬特性	$0<C<1$ ($C=0\sim0.8$)	5000 ~ 25000	14000	硬特性用于开始机架,用来纠正来料厚度差
自然特性	$C=0$	5000		为轧机固有的刚度
软特性	$C<0$ ($C=-1.5\sim0$)	2000 ~ 5000	3500	软特性用于最后机架,以保证板形

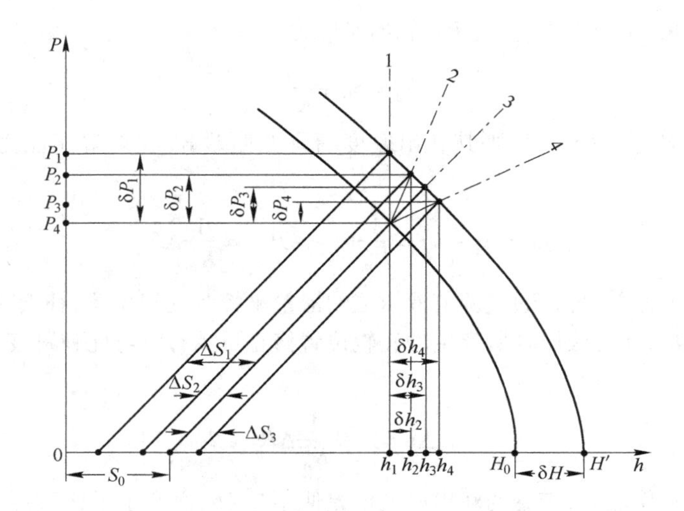

图 3－21　轧机刚度可变控制原理示意图

1—超硬特性；2—硬特性；3—自然特性；4—软特性

为了稳定起见，取 $C=0.8\sim0.9$，$K_E\approx25000\text{MN/m}$ 以上，在计算机控制时，其设定值取为 $K_E=33000\text{MN/m}$。

若 $C=0$，则 $C\dfrac{\Delta P}{K_m}=0$，$\delta h'=\dfrac{\Delta P}{K_m}=\delta h$，这就说明实际轧出厚度还具有因来料厚度差 δH 所引起的厚度偏差 δh，此时，轧机的等效刚度系数 K_E 就等于轧机原来所固有的（或称为自然的）轧机刚度系数 K_m，轧机的刚度称为自然刚度，或叫自然特性，一般来说，轧机的自然刚度系数 $K_m=5000\sim6000\text{MN/m}$。

当 $0<C<1$ 时，其 K_E 称为硬刚度系数，轧机的刚度称为硬特性，一般 $C=0\sim0.8$，$K_E=5000\sim25000\text{MN/m}$，设定时目标值 $K_E=14000\text{MN/m}$。

当 $C<0$ 时，其等效刚度系数称为软刚度系数，轧机刚度称为软特性，一般 $C=-1.5\sim0$，$K_E=2000\sim5000\text{MN/m}$，设定时的目标值 $K_E=3500\text{MN/m}$。

通过以上的分析，可以清楚地看出，只要改变轧辊位置补偿系数 C 的数值，便可以达到轧机刚度可控的目的。

3.5　中厚板轧机的厚度自动控制

中厚板轧机主要用轧制力 AGC 进行自动厚度控制。以往的中厚板轧机以电动 AGC 为主，厚度控制由压下开度设定，用电动机和其他专用电动机完成。但近年由于液压压下设备的进步，液压压下厚度控制逐渐成为主流。

即使以液压进行厚度控制，通常也都装备有电动压下，主要用于压下开度的粗设定。这种情况下，开度设定每道次都由电动和液压共同进行，即先用电动压下粗设定到一定的开度偏差，然后用液压压下进行精设定。

测厚仪通常安装在轧机前后，一侧或双侧都有。由于板材比较厚，故多数使用 γ 射线测厚仪代替 X 射线测厚仪。

由于中厚板轧机是可逆轧制，所以进行前馈控制，将前一道次轧制时的测量板厚（指由弹跳方程计算得到的板厚）用于下一道次的控制。在前一道次，沿长度方向每一定间隔取样计算测厚仪厚度并将它们储存起来。安装在轧机上的脉冲发生器发出脉冲信号，通过使用这个信号的跟踪过程使储存的信号在下一道次重新发生，用于压下控制。此外，还有一种前馈控制方法是将轧机前后安装的γ射线测厚仪发出的厚度偏差信号前馈给下一道次。此时由于安装条件的限制，γ射线测厚仪离开轧机有一段距离。所以，为了在轧件全长上测定厚度，在每两道次之间必须将轧件端部移送到γ射线测厚仪下。

由于中厚板轧机的加减速是短时间内进行的，所以关于支撑辊轴承部分油膜厚度不仅要进行常规的修正；而且必须对依赖油膜厚度生成而存在的过渡现象进行补偿。因此，除了轧制速度引起油膜厚度变化这种稳定特性外，还采用了油膜补偿功能，它可以附加一种延迟修正功能。

对于中厚板轧机这样的双电机驱动轧机，为了控制消除轧辊偏心，多数采用上下轧辊偏心分离的方法。轧辊偏心主要是上下支撑辊椭圆度、偏心及键槽的影响以轧辊开度变化的形式表现出来。所以通常补偿轧辊偏心的方法是由轧制力或轧辊压靠力分离出与支撑辊转动速度同步的分量，以此进行补偿。上述双电机驱动的工作辊和支撑辊，由于存在辊径和转速差，上下支撑辊的转动逐渐产生位相差。因此，利用轧辊压靠力将上下支撑辊的偏心分离出来。控制时根据该时刻各支撑辊位置将偏心成分合成，从而得到修正信号。

上面叙述了中厚板轧机的自动厚度控制，它的代表性的控制框图如图3－22所示。

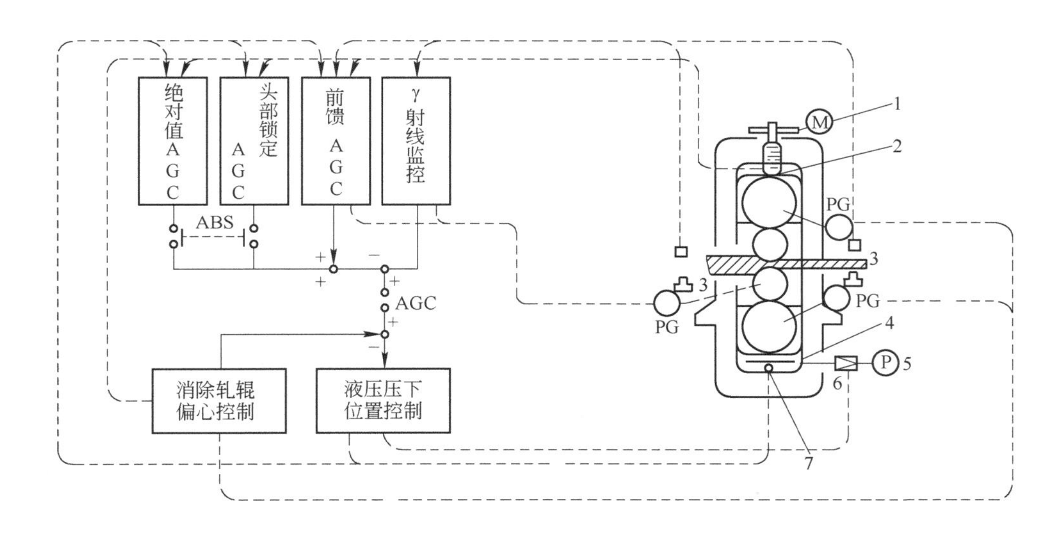

图3－22　中厚板轧机的厚度自动控制

1—电动压下；2—压头；3—γ射线测厚仪；4—液压缸；5—油泵；6—伺服阀；7—位置传感器；PG—脉冲发生器

另外，咬钢的瞬间，由于头部温度较低，再加上轧制力的冲击作用，辊缝有一个上升的尖峰。若不进行补偿，使得轧件的头部变厚。为了使消除咬钢瞬间的冲击影响，使辊缝保持一条直线，在咬钢前预先降低一定量的辊缝高度，随着咬钢过程，按照冲击补偿的曲线使辊缝恢复到设定值。

思考题

3－1　头部厚度偏差和全长厚度偏差取决于哪些因素？

3－2　厚度设定时，可逆轧机的基本限制条件是什么？

3－3　轧制过程的3个阶段指哪3个阶段？

3－4　什么是道次间修正？

3－5　什么是板坯间修正？

3－6　中厚板厚度波动的原因是什么？

3－7　什么叫 $P-h$ 图？

3－8　如何用 $P-h$ 图研究轧制过程中厚度变化的规律？

3－9　何谓 GM－AGC？

3－10　液压式厚度自动控制系统有什么优缺点？

4 板形控制

4.1 板形的基本概念

实际上，板形是指成品带钢断面形状和平直度两项指标，断面形状和平直度是两项独立指标，但相互存在着密切关系。

严格来说，板形又可分为视在板形与潜在板形两类。所谓视在板形，就是指在轧后状态下即可用肉眼辨别的板形；潜在板形是在轧制之后不能立即发现，而要在后部加工工序中才会暴露。例如，有时从轧机轧出的板材看起来并无浪瓢，但一经纵剪后，即出现旁弯或者浪皱，于是便称这种轧后板材具有潜在板形缺陷。我们的总目标是要将视在板形或潜在板形都控制在允许的范围之内，而并不仅仅满足于轧后平直即可。

图 4 - 1 给出了断面厚度分布的实例，轧出的板材断面呈鼓肚形，有时带楔形或其他不规则的形状。这种断面厚差主要来源于不均匀的工作辊缝。如果不考虑轧件在脱离轧辊后所产生的弹性恢复，则可认为，实际的板材断面厚差即等于工作辊缝在板宽范围内的开口度差。

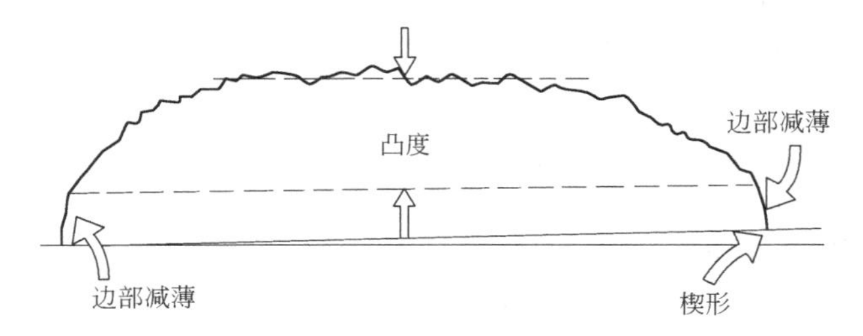

图 4 - 1　断面形状

从用户的角度看，最好是断面厚差等于零。但是这在目前的技术条件下还不可能达到。在以无张力轧制为其特征的中厚板热轧过程中，为保证轧件运动的稳定性，从而确保轧制操作稳定可靠，尚要求工作辊缝（因而也就是所轧出成品的断面）稍带鼓形。

断面形状实际上是厚度在板宽方向（设为 x 坐标）的分布规律，可用一多项式加以逼近。

$$h(x) = h_e + ax + bx^2 + cx^3 + dx^4$$

式中　h_e——带钢边部厚度，但由于存在“边部减薄”（由轧辊压扁变形在板宽处存在着过渡区而造成），因此一般取离实际带边 40mm 处的厚度作为 h_e。

其中一次项实际为楔形的反映，二次项（抛物线）为对称断面形状，对于宽而薄的板带亦可能存在三次和四次项，边部减薄一般可用正弦或余弦函数表示。

在实际控制中，为了简单，往往以其特征量——凸度为控制对象。出口断面凸度

$$\delta = h_c - h_e$$

式中　h_c——板带（宽度方向）中心的出口厚度。

为了确切表述断面形状，可以采用相对凸度 $CR = \delta/h$ 作为特征量（h 为宽度方向平均厚度），考虑到测厚仪所测的实际厚度为 h_e 或 h_c，也可以用 δ/h_e 或 δ/h_c 作为相对凸度。

平直度一般是指浪形、瓢曲或旁弯的有无及存在程度(见图4-2)。

平直度和带钢在每个机架入口与出口处的相对凸度是否匹配有关(见图4-3)。如果假设带钢沿宽度方向可分为许多窄条,对每个窄条存在以下体积不变关系(假设不存在宽展):

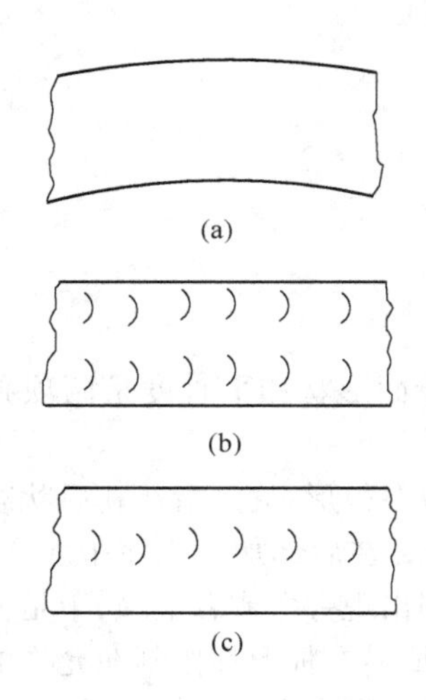

图4-2　平直度
(a)侧弯;(b)边浪;(c)中浪

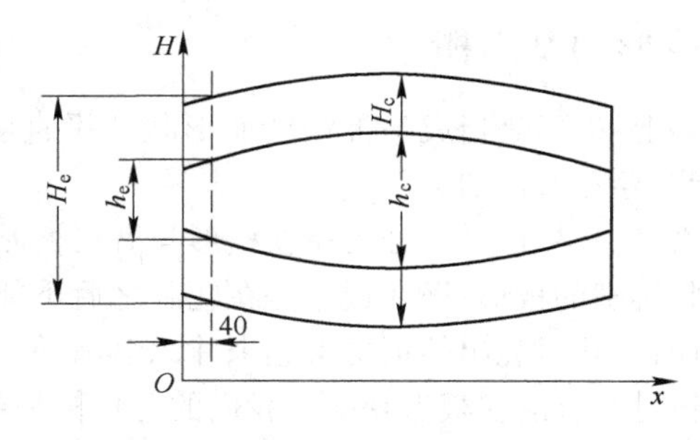

图4-3　入口和出口断面形状

$$\frac{L(x)}{l(x)}=\frac{h(x)}{H(x)}$$

式中　$L(x)$、$H(x)$——入口侧 x 处窄条的长度和厚度;

$l(x)$、$h(x)$——出口侧 x 处窄条的长度和厚度。

也可以用

$$\frac{L_e}{l_e}=\frac{h_e}{H_e}\text{及}\frac{L_c}{l_c}=\frac{h_c}{H_c}$$

分别表示边部和中部小条的变形。良好平直度的条件为

$$l_e=l_c=l_x$$

设 $\Delta l=l_c-l_e$　　　$\Delta L=L_c-L_e$

式中　ΔL——轧前来料平直度。

设来料凸度为 Δ(断面形状)

$$\Delta=H_c-H_e$$

将 $H_cL_c=h_cl_c$ 和 $H_eL_e=h_el_e$ 两式相减后得

$$H_cL_c-H_eL_e=h_cl_c-h_el_e$$

$$(\Delta+H_e)(\Delta L+L_e)-H_eL_e=(\delta+h_e)(\Delta l+l_e)-h_el_e$$

展开后如忽略高阶微小量后可得

$$\frac{\Delta l}{l}=\frac{\Delta L}{L}+\frac{\Delta}{H}-\frac{\delta}{h}$$

平直度良好条件为 $\Delta l/l=0$,所以

$$\frac{\delta}{h}=\frac{\Delta L}{L}+\frac{\Delta}{H}$$

如来料平直度良好,$\Delta L/L=0$,则

$$\frac{\delta}{h}=\frac{\Delta}{H}$$

即在来料平直度良好时，入口和出口相对凸度相等，这是轧出平直度良好的带钢的基本条件。

上面所述的相对凸度恒定为板形良好条件的结论，对于冷轧来说是严格成立的。对于中厚板轧制由于前几个机架轧出厚度尚较厚，轧制时还存在一定的宽展，因而减弱了对相对凸度严格恒定的要求。图4－4给出不同厚度时轧件金属横向及纵向流动的可能性，由图4－4可知热连轧存在3个区段：

（1）轧件厚度小于6mm左右时不存在横向流动，因此应严格遵守相对凸度恒定条件以保持良好平直度。

（2）6～12mm为过渡区，横向流动由0%～100%。此处100%仅意味着将可以完全自由地宽展。

（3）12mm以上厚度时相对凸度的改变受到限制较小，即不会因为适量的相对凸度改变而破坏平直度。因此将会允许各小条有一定的不均匀延伸而不会产生翘曲。

为此Shohet等曾进行许多试验，并由此得出图4－5所示的Shohet和Townsend临界曲线，此曲线的横坐标为b/h，纵坐标则为变形区出口和入口处相对凸度变动量ΔCR。

$$\Delta CR = \frac{CR_h}{h} - \frac{CR_H}{h_0}$$

式中 CR_h，CR_H——出口和入口带钢凸度；

h、h_0——出口和入口带钢厚度。

此曲线的公式为

$$-40\left(\frac{h}{b}\right)^{1.86} < \Delta CR < 80\left(\frac{h}{b}\right)^{1.86}$$

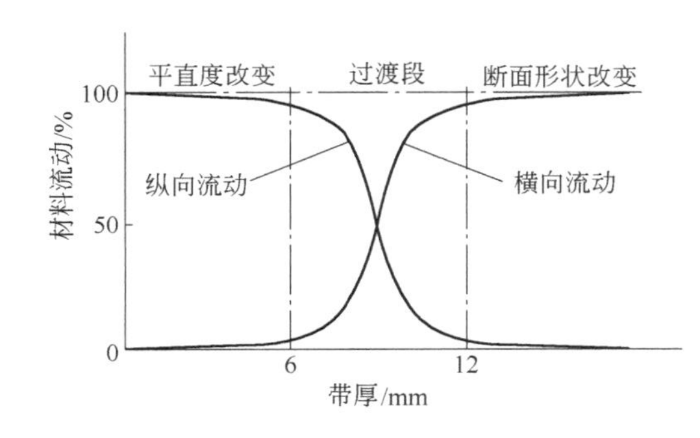

图4－4 横向流动的3个区段

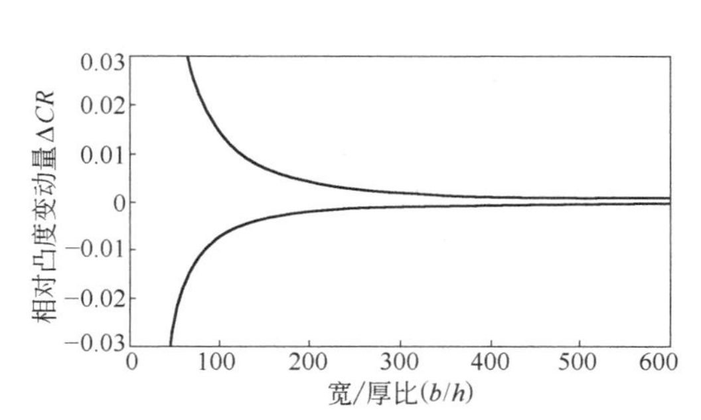

图4－5 Shohet及Townsend的ΔCR允许变化的范围

上部曲线是产生边浪的临界线，当ΔCR处在曲线的上部时将产生边浪。下部曲线为产生中浪的临界线。

此曲线限制了每个道次能对相对凸度改变的量，超过此量将产生翘曲（破坏了平直度）。

板形的定量表示方法有多种，较为实用的有：

（1）波形表示法。这一方法比较直观（见图4－6）。带钢翘曲度λ表示为

$$\lambda = \frac{R_\gamma}{L_\gamma} \times 100\%$$

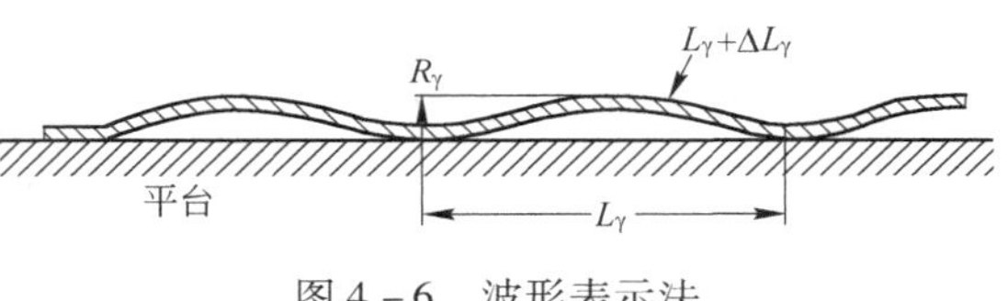

图4－6 波形表示法

式中 R_γ——波幅；

L_γ——波长。

图 4 - 6 中假设波形为正弦波，曲线部分长度为

$$L_{\gamma}+\Delta L_{\gamma}\approx L_{\gamma}\left[L+\left(\frac{\pi R_{\gamma}}{2L_{\gamma}}\right)^{2}\right]$$

因此

$$\frac{\Delta L_{\gamma}}{L_{\gamma}}=\left(\frac{\pi R_{\gamma}}{2L_{\gamma}}\right)^{2}=\frac{\pi^{2}}{4}\lambda^{2}$$

上式表示了翘曲度和小条相对长度差之间的关系。

加拿大铝公司取带材横向上最长和最短的窄条之间的相对长度差作为板形单位，称为 I，一个 I 单位相当于相对长度差为 10^{-5}，这样，以 I 为单位表示的板形数量值为相对长度差的 10^{5} 倍。

（2）残余应力表示法。宽度方向上分成许多纵向小条只是一种假设，实际上带钢是一整体，也就是"小条变形是要受左右小条的限制"，因此当某"小"条延伸较大时，受到左右小条影响，将产生压应力，而左右小条将产生张应力。这些压应力或张应力称为内应力，带钢塑性加工后的内应力称为残余应力。

理论上残余压应力将使带钢产生翘曲（浪形），实际上，由于带钢自身的刚性，只有当内部残余应力大于某一临界值后，才会失去稳定性，使带钢产生翘曲（浪形）。此临界值与带钢厚度、宽度有关。

4.2 影响辊缝形状的因素

如若忽略轧件本身的弹性变形，钢板横断面的形状和尺寸，取决于轧制时辊缝（工作辊缝）的形状和尺寸，因此造成辊缝变化的因素都会影响钢板横断面的形状和尺寸。影响辊缝形状的因素有：

（1）轧辊的热膨胀；

（2）轧制力使辊系弯曲和剪切变形（轧辊挠度）；

（3）轧辊的磨损；

（4）原始辊型；

（5）VC 辊、HCW 轧机、CVC 轧机或 PC 轧机对辊型的调节；

（6）弯辊装置对辊型的调节。

4.2.1 轧辊的热膨胀

轧制时高温轧件所传递的热量，由于变形功所转化的热量和摩擦（轧件与轧辊、工作辊与支撑辊）所产生的热量，都会引起轧辊受热而使之温度增高。相反，冷却水、周围空气介质及轧辊所接触的部件，又会散失部分热量而使温度降低。在轧制中沿辊身长度方向上，轧辊的受热和散热条件不同，一般是辊身中部较两侧的温度高，因而辊身由于温度差产生一相对热凸度。

对二辊轧机的有效热凸度为

$$\Delta D_{t}=K\alpha\Delta T_{D}D$$

对四辊轧机的有效热凸度为

$$\Delta d_{t}=K\alpha\Delta T_{d}d$$
$$\Delta D_{t}=K\alpha\Delta T_{D}D$$

式中 D、d——轧机的大辊、小辊直径，mm；

ΔT_{D}——大辊辊身中部与边缘的温差，ΔT_{D} 通常为 10 ~ 30℃；

ΔT_d——小辊辊身中部与边缘的温差，ΔT_d 通常为 30 ~ 50℃；

α——膨胀系数，钢轧辊 $\alpha = 1.3 \times 10^{-5}$℃$^{-1}$，铸铁辊 $\alpha = 1.1 \times 10^{-5}$℃$^{-1}$；

K——约束系数，当轧辊横断面上温度均匀分布时，$K = 1$，当轧辊表面温度高于芯部温度时 $K = 0.9$。

4.2.2 轧辊挠度

在轧制压力的作用下，轧辊要发生弹性变形，自轧辊水平轴线中点至辊身边缘 $L/2$ 处轴线的弹性位移，称为轧辊的挠度。热轧钢板时当轧件厚度较大，而轧制力不太高时，只考虑轧辊的弹性弯曲，而轧件较薄轧制力又很大时，还要考虑轧辊的弹性压扁。其挠度值计算如下：

（1）对于二辊轧机，辊身挠度为 f

$$f = \frac{P}{6\pi ED^4}(12L^2 l - 4L^3 - 4b^2 L + b^3) + \frac{P}{\pi GD^2}\left(L - \frac{b}{2}\right)$$

式中 P——轧制力，N；

E、G——轧辊弹性模数、剪切模数；

D——轧辊直径；

L——辊身长度；

l——轴承支反力的间距；

b——轧件宽度。

（2）对于四辊轧机。轧辊的弹性弯曲和轧辊的弹性压扁引起轧辊挠度。轧辊弹性弯曲引起的轧辊挠度是由于弯曲力矩产生的。而弹性压扁是指变形区内轧件与轧辊接触所导致的工作辊压扁，以及工作辊与支撑辊间相互的压扁。而这种压扁沿辊身长度不均匀所引起工作辊的附加挠度。因此，支撑辊的弹性弯曲以及支撑辊与工作辊间的相互弹性压扁的不均匀性决定了工作辊的弯曲挠度。正确地确定工作辊的弯曲挠度，才能正确设计轧辊辊型。

1）轧辊的实际凸度：

轧制过程中轧辊的实际凸度，系指轧辊的原始（磨削）凸度，热凸度及磨损量的代数和。上下工作辊与上下支撑辊的实际凸度，共同构成了轧辊的实际总凸度。即

$$\begin{aligned}\Sigma\Delta D &= (\Delta d_s + \Delta d_x) + (\Delta D_s + \Delta D_x)\\ &= (\Sigma\Delta d_y + \Sigma\Delta d_t - \Sigma\Delta d_m) + (\Sigma\Delta D_y + \Sigma\Delta D_t - \Sigma\Delta D_m)\end{aligned}$$

一对工作辊的实际总凸度为：

$$\Delta d_s + \Delta d_x = \Sigma\Delta d_y + \Sigma\Delta d_t - \Sigma\Delta d_m$$

一对支撑辊的实际总凸度为：

$$\Delta D_s + \Delta D_x = \Sigma\Delta D_y + \Sigma\Delta D_t - \Sigma\Delta D_m$$

式中 $\Sigma\Delta D$——一套轧辊的实际总凸度；

$\Sigma\Delta d_y$、$\Sigma\Delta D_y$——上下工作辊、上下支撑辊原始凸度的总和；

$\Sigma\Delta d_t$、$\Sigma\Delta D_t$——上下工作辊、上下支撑辊热凸度的总和；

$\Sigma\Delta d_m$、$\Sigma\Delta D_m$——上下工作辊、上下支撑辊凸度磨损量的总和；

Δd_s、Δd_x——上、下工作辊的实际凸度；

ΔD_s、ΔD_x——上、下支撑辊的实际凸度。

2）工作辊挠度：

上工作辊挠度

$$f_s = q\frac{A+\varphi B}{\beta(1+\varphi)} - \frac{\Delta d_s + \Delta D_s}{2(1+\varphi)}$$

下工作辊挠度

$$f_x = q\frac{A+\varphi B}{\beta(1+\varphi)} - \frac{\Delta d_x + \Delta D_x}{2(1+\varphi)}$$

其中：

$$\varphi = \frac{1.1\lambda_1 + 3\lambda_2\xi + 18\beta K}{1.1 + 3\xi}$$

$$A = \lambda_1\left(\frac{l}{L} - \frac{7}{12}\right) + \lambda_2\xi$$

$$B = \frac{3 - 4\mu^2 + \mu^2}{12} + \xi(1-\mu)$$

$$K = \theta \ln 0.97\frac{d+D}{q\theta}$$

式中 q——工作辊与支撑辊间单位长度上的平均压力，$q = P/L$（N/mm）；

μ——带钢宽度与辊身长度比，$\mu = b/L$；

l——轴承支反力的间距，$l = l_0 - 2\Delta l$；

l_0——压下螺丝中心距；

Δl——偏移量，与轴承宽度 c、轧辊刚度、轧制压力、轴承及支座的自位性能等因素有关，大约在（0～0.15）c 的范围内。

以上各式中 λ_1、λ_2、ξ、β 及 θ 各值，在不同条件下的计算方法列于表 4－1。

表 4－1 λ_1、λ_2、ξ、β 及 θ 各值

各符号所代表的参数	轧辊材料	
	全部钢轧辊	铸铁工作辊，钢质支撑辊
	$E_1 = E_2 = 220000$MPa $G_1 = G_2 = 81000$MPa $v_1 = v_2 = 0.3$	$E_1 = 170000$MPa，$E_2 = 220000$MPa $G_1 = 70000$MPa，$G_2 = 81000$MPa $v_1 = 0.35$，$v_2 = 0.2$
$\lambda_1 = \frac{E_1}{E_2}\left(\frac{d}{D}\right)^4$	$\lambda_1 = \left(\frac{d}{D}\right)^4$	$\lambda_1 = 0.773\left(\frac{d}{D}\right)^4$
$\lambda_2 = \frac{G_1}{G_2}\left(\frac{d}{D}\right)^2$	$\lambda_2 = \left(\frac{d}{D}\right)^2$	$\lambda_2 = 0.864\left(\frac{d}{D}\right)^2$
$\xi = \frac{RE_1}{4G_1}\left(\frac{d}{L}\right)^2$	$\xi = 0.753\left(\frac{d}{L}\right)^2$	$\xi = 0.674\left(\frac{d}{L}\right)^2$
$\beta = \frac{\pi E_1}{2}\left(\frac{d}{L}\right)^2$	$\beta = 34600\left(\frac{d}{L}\right)^2$	$\beta = 26700\left(\frac{d}{L}\right)^2$
$\theta = \frac{1-v_1^2}{\pi E_1} + \frac{1-v_2^2}{\pi E_1}$	$\theta = 2.634\times10^{-6}\text{m}^2/\text{N}$	$\theta = 2.96\times10^{-6}\text{m}^2/\text{N}$

4.2.3 轧辊的磨损

在轧制中工作辊与支撑辊均将逐渐磨损（后者磨损较轻），轧辊磨损则使辊缝形状变得不规则。影响轧辊磨损的主要因素是工作期内实际磨耗量（或轧辊凸度的磨损率，即轧制每张或每吨钢板轧辊凸度的磨损量)以及磨损的分布特点。不同的轧机由于轧制品种、规格及生产次序、批量的不同,磨损规律不一样,在辊型使用和调节时通常使用其统计数据。

4.2.4 原始凸度

轧辊磨削加工时所预留的凸度为磨削凸度,又称原始凸度。一般轧机在工作之初总要赋予轧辊一定的凸度,正或负,这样,就可以在原始凸度、热凸度、轧辊挠度的共同作用下,保证一定的辊缝凸度,最终得到良好的板形。

4.2.5 VC 辊

VC 支撑辊带有辊套,内有油槽,用高压油来控制辊套鼓凸的大小以调整辊型。此支撑辊具有较宽范围的板形控制能力,在最大油压 49MPa 时,VC 辊膨胀量为 0.261mm,其构造如图4－7所示。

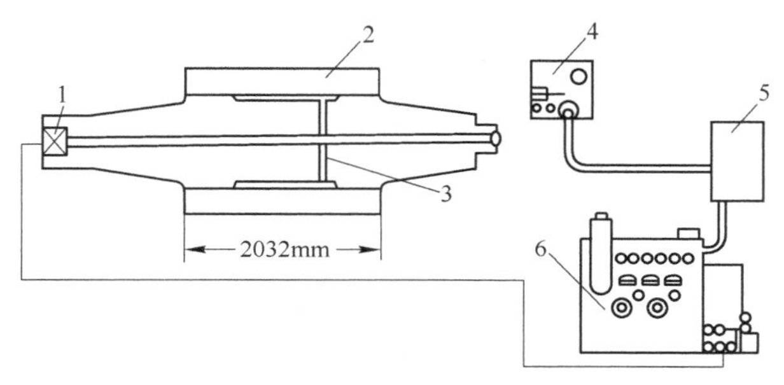

图 4－7 VC 辊的构造

1—回转接头;2—辊套;3—油沟;4—操作盘;5—控制盘;6—油泵

4.2.6 CVC 系统

CVC 辊为 Continuously Variable Crown 的缩写,当带有瓶状辊型的工作辊在相对向里或向外抽动时空载辊缝形状将变化。

正向抽动定义为加大辊型凸度的抽动方向。轧辊抽动量一般为 ±(80～150)mm,CVC 辊的辊型过去采用二次曲线,目前已开始采用高次(含 3 次以及 4 次)曲线以有利于控制更宽更薄的板带。图 4－8 中 CVC 辊型曲线为了示意而被夸大,实际上辊型最大和最小直径之差不超过

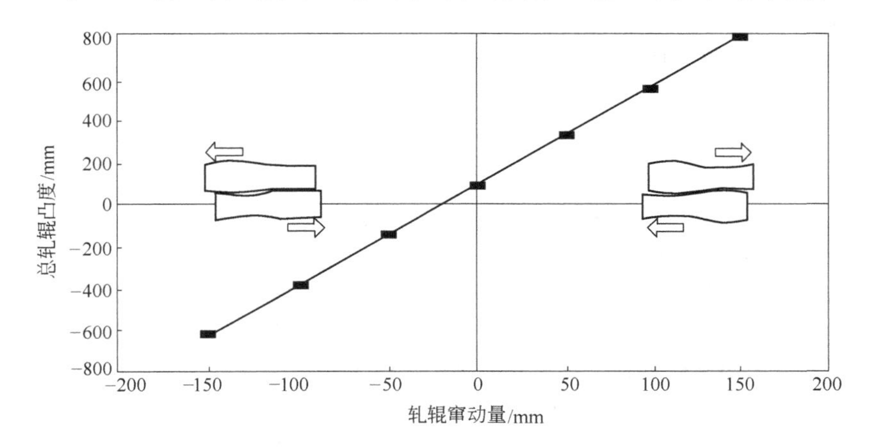

图 4－8 CVC 辊

1mm，当辊型曲线中最大最小直径差太大时将使轴向力过大而无法应用。工作辊双向抽动不仅用于 CVC 亦可用于平辊，此时主要目的不是用来改变轧辊凸度，而是用来使轧辊得到均匀磨损（特别是带边接触处），这将使同宽度轧制公里数大为提高，因此对连铸连轧生产线十分有用。

CVC 辊技术在热轧时仅用于空载时辊缝形状的调节，因此主要用于板形设定模型对辊缝形状的设定，在线控制一般只用弯辊进行，但目前亦在研究当热轧采用润滑油轧制时是否将 CVC 用于在线调节。

4.2.7 PC 轧机

PC 轧机为 Pair Cross 的缩写，即上下工作辊（包括支撑辊）轴线有一个交叉角，上下轧辊（平辊）当轴线有交叉角时将形成一个相当于有辊型的辊缝形状，此时边部厚度变大，中点厚度不变，形成了负凸度的辊缝形状（相当于轧辊具有正凸度）。

因此 PC 辊为了得到正凸度辊缝形状就必须采用带有负辊凸度的轧辊。

轧辊交叉调节出口断面形状的能力相对说比较大（见图 4－9），但是由于轧辊交叉将产生较大的轴向力，因此交叉角不能太大否则将影响轴承寿命，目前一般交叉角不超过 1°。

PC 辊在应用中的另一个问题是轧辊的磨损，为此目前 PC 轧机都带有在线磨辊装置以保持辊缝形状的稳定。

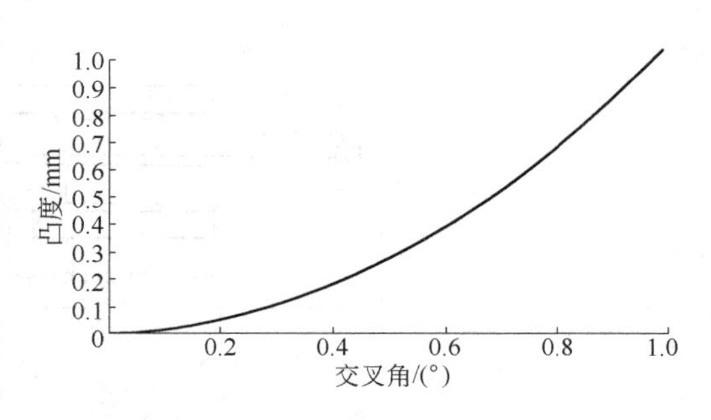

图 4－9　PC 轧机的凸度调节能力

4.2.8 HCW 轧机

HCW 为 High Crown Work 的缩写，HCW 为四辊轧机，通过工作辊的抽动来改变与支撑辊的接触长度及改变辊系的弯曲刚度。

HCW 轧机的工作原理和结构也是在传统的四辊轧机的基础上发展起来的，四辊轧机工作辊和支撑辊有效接触长度是不变的，且总是大于轧制带钢的宽度，这使带钢宽度以外的接触部位成为有害接触区，它迫使工作辊承受了支撑辊作用的一个附加弯曲力，由此使工作辊挠度变大而导致带钢板形变坏和边部减薄，也是这个接触面妨碍了工作辊的弯辊作用没得到有效的发挥，这就是四辊轧机横向厚度和板形调节能力较差的根本原因；HCW 轧机改变了工作辊和支撑辊接触应力状态，从根本上克服了有害接触，再配合弯辊装置，HCW 轧机具有很好的板形控制能力，能稳定地轧出良好的板形。

4.2.9 弯辊装置

弯辊装置由于响应快，并能在轧钢过程中调节出口带钢凸度，因此作为一种基本设置与 CVC，PC 或 HC 技术联合应用。

几种常见的液压弯辊类型如图 4－10 所示，分为工作辊弯辊和支撑辊弯辊两种。图 4－10（a）是利用装在工作辊轴承座之间的液压缸使工作辊发生正弯的工作辊弯辊装置，图 4－10（b）是利用装在工作辊轴承座与支撑辊轴承座之间的液压缸使工作辊产生负弯的工作辊弯辊装置。

支撑辊弯辊类型有两种，一种是在上、下两个支撑辊的轴承座之间装入液压缸，同时使上、下支撑辊发生弯曲，这种弯辊装置的弯辊力将转化成轧制负载出现，称为门式支撑辊弯辊装置［见图 4－10（c）］。图 4－10（d）是梁式支撑辊弯辊装置，它是在上、下支撑辊与其平行的横梁间分

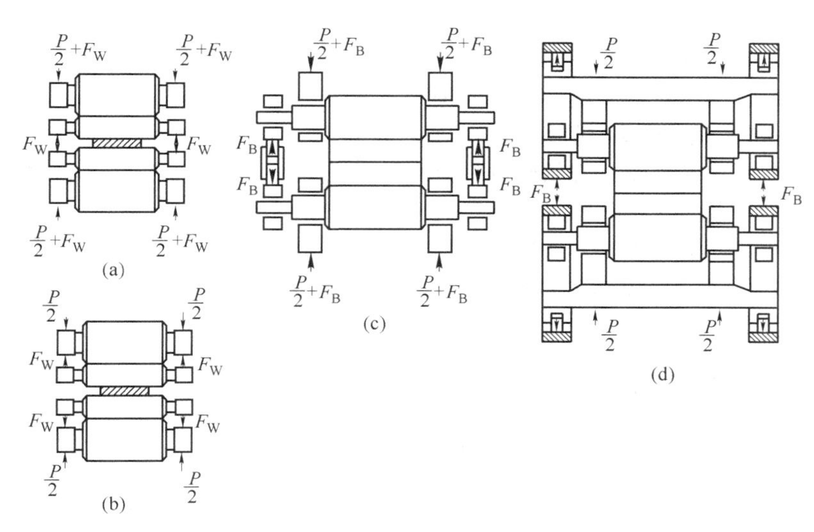

图 4-10 弯辊装置的类型

别装入液压缸，在液压缸作用下使支撑辊发生弯曲，而不使弯辊力作用到轧机牌坊上，因此弯辊力将不影响轧制负荷，所以对实现 AGC 自动控制有利。

液压弯辊方式的选择，一般的原则是，工作辊辊身长度 L 与直径 D 之比 $L/D<3.5\sim4$ 时，宜采用弯工作辊方式；$L/D>3$ 时，宜采用弯支撑辊方式。

工作辊弯辊装置比较简单，并可安装在现有轧机上。支撑辊弯辊装置一般认为比工作辊弯辊装置更为有效，但结构复杂，投资大，维修较困难，通常适用于新设计的轧机。

最新的厚板轧机，一般不采用弯辊系统，这是因为通过增加支撑辊直径以及根据钢板尺寸采取足够的轧辊凸度和最佳轧制力分配等措施，可以更简单地获得均匀的厚度和良好的板形。例如日本新建的三套 5500mm 宽厚板轧机，支撑辊加大到 2400mm，均未设弯辊装置。

4.3 普通轧机板形控制方法

对于普通的四辊轧机，常用的板形控制方法有以下几种：设定合理的轧辊凸度，合理的生产安排，合理制定轧制规程，调温控制法。

4.3.1 调温控制法

人为地改变辊温分布，以达到控制辊型的目的。对于采用水冷轧辊的钢板热轧机，如发现辊身温度过高，可适当增大轧辊中段或边部冷却水的流量以控制热辊形，相反，如发现辊身温度偏低，可适当减小轧辊中段或边部冷却水的流量以控制热辊形。

调温控制法是生产中常用的辊型调整方法，多半由人工根据料形与厚差的实际情况进行辊温调节的。由于轧辊本身热容量大，升温或降温需要较长的过渡时间，辊型调节的反应很慢，因此，次品多且急冷急热容易损坏轧辊。对于高速轧机，仅仅靠调节辊温来控制辊型是不能很好地满足生产发展的要求。

4.3.2 合理生产安排

在一个换辊周期内，一般是按下述原则进行安排，即先轧薄规格，后轧厚规格；先轧宽规格，后轧窄规格；先轧软的，后轧硬的；先轧表面质量要求高的，后轧表面质量要求不高的；先轧比较成熟的品种，后轧难以轧的品种。如某车间，在换上新辊之后，一般是先轧较厚、较窄的成熟品种即烫辊材，以预热轧辊使辊型能进入理想状态。然后，逐渐加宽、减薄（过渡材），当热辊型达到稳定（轧机状态最佳），开始轧制最薄最宽的品种，随着轧机的磨损，又向厚而窄的品种过渡，一直轧到换辊为止。一个换辊周期内产品规格的安排，似如钢锭形，如图4－11所示。

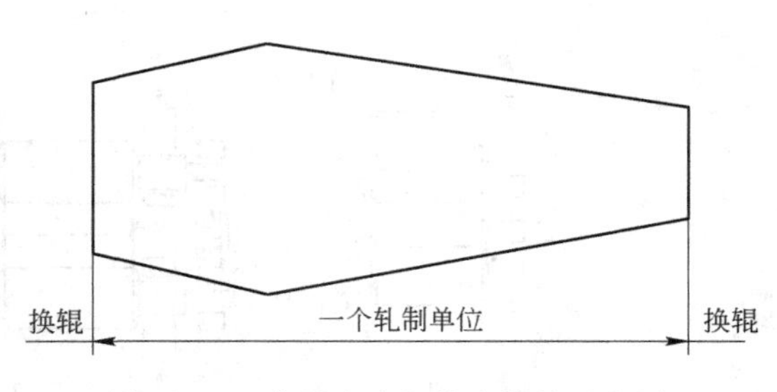

图4－11　产品宽度规格安排的示意图

4.3.3　设定合理的轧辊凸度

辊型设计的内容包括确定轧辊的总凸度值、总凸度值在一套轧辊上的分配以及确定辊面磨削曲线。

四辊轧机轧辊磨削凸度的分配原则有两种，一种是两个工作辊平均分配磨削凸度，两个支撑辊为圆柱形；另一种为磨削凸度集中在一个工作辊上，其余3个轧辊都为圆柱形。后一种方法便于磨削轧辊。

4.3.4　合理制定轧制规程

轧制负荷的变化导致了辊缝凸度的变化，为了保证钢板板形良好，生产中必须首先对轧机各道次的负荷进行合理的分配。前面的道次主要考虑轧机强度和电机能力等设备条件的限制，后面道次主要考虑如何得到良好的板形。这种方法制定轧制规程时，一般只考虑到压下量大小（或轧制力）对板形的影响，而未估计到轧制过程中轧辊热膨胀和磨损等变化因素对板形的影响，因而不能保证每一张钢板都得到良好的板形。鉴于此，可以采用动态负荷分配法计算轧机预设定值。它在实际计算过程中是根据每一张钢板轧制时的实际状况，从板形条件出发，充分考虑到轧辊辊型的实时变化，因此这一方法尤其适合于生产中经常变换规格的情况，对于新换轧辊或停车时间较长的情形也能很快得到适应，轧出具有良好板形的钢板来。

4.4　理论法制定压下规程

理论法制定压下规程是从制定规程的原则和要求出发，例如，从力矩和板形的限制条件出发，计算出较合理的压下规程及各道次的空载辊缝。理论方法比较复杂麻烦，只有在计算机控制的现代化轧机上，才有可能按理论方法进行轧制规程的在线计算和控制。

近年来国外对厚板轧制计算机控制技术及数学模型的研究发展很快。日本鹿岛及和歌山两制铁所的厚板厂研制了“板比例凸度一定（即相对凸度恒定）”的压下规程计算方法及数学模型，其基本思路是精轧阶段前期按最大力矩限制条件进行设定计算，中间做过渡缓和处理，最后阶段按板比例凸度一定原则进行设定计算。为了保证板形精度，采用由成品道次向上逆流计算各道次压下量的方式。基本计算顺序如图4－12所示，即：

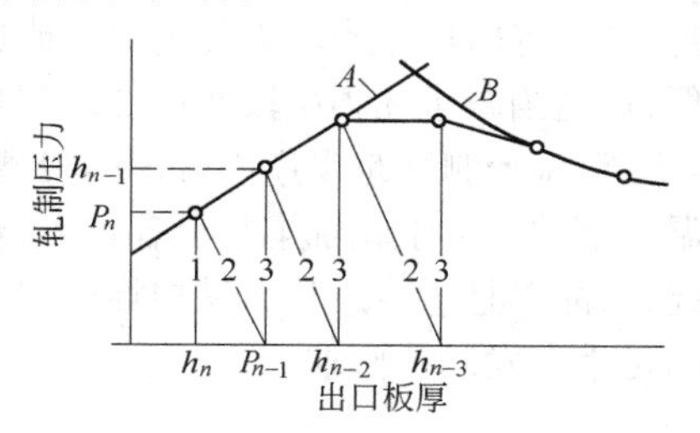

图4－12　压下规程计算顺序

h—成品厚度；A—由板凸度一定确定的压下量；B—由力矩限制的压下量

（1）由已知的成品厚度 h_0、板凸量 δ、轧辊辊型凸度 ΔD_y、轧辊热凸度 ΔD_t 及弯辊力 P_w 影响，利用以下关系式

反算出成品(n)道次的轧制力 P_n,即

$$\delta = \alpha_p P_n - \alpha_y \Delta D_y - \alpha_t \Delta D_t - \alpha_{pw} P_w$$

式中　α_p、α_y、α_t、α_{pw}——与轧辊直径有关的系数。

(2) 然后由此 P_n 及 h_n,利用如下数学模型求出压下量 Δh 及轧前厚 h_{n-1} 即 H。

$$\ln P = a + b\ln\varepsilon + c(\ln\varepsilon)^2$$

由此可得

$$\varepsilon = \exp\frac{-b + [b^2 - 4c(a - \ln P)]^{1/2}}{2c}$$

$$\Delta h = [\varepsilon/(1-\varepsilon)]h$$

$$H = \Delta h/\varepsilon$$

式中　a、b、c——系数;

H、h——入口及出口或轧前及轧后厚度;

ε——压下率,$\varepsilon = \Delta h/H$。

同时还从咬入能力、许用轧制压力及轧制力矩出发计算出许用压下量,使实际压下量不超过这些许用压下量的最小值。

(3) 成品前道($n-1$)出口厚度求出后,由"板比例凸度一定"的条件再求($n-1$)道的轧制压力 P_{n-1}依此顺次向上计算出各道的板厚。

(4) 随着道次往上推移,板料变厚了,实际上板形的限制条件可以放宽,此时若仍按照"板比例凸度一定"的原则计算下去,就会如图4-12中A线所示,使轧制压力不断提高。待上溯到一定道次就受到许用力矩条件的限制,再往上由力矩条件限制的许用轧制压力便逐渐减小,此时压下量主要取决于力矩的限制。如图4-12所示,这样将在粗轧道次和精轧道次之间产生急剧的压力变化,对板形及设备都不利,因此应该对中间道次的压下量及相应的轧制压力做适当的调整,使之缓和过渡。与此同时,还对各道厚度进行化整处理。

(5) 为了计算压下规程,必须初步假定各道的温度,用此温度确定各道的压下量,待压下规程确定以后,再由第一道开始严密计算各道的轧制温度,以校核是否与假定温度相等。若相差较大,则重新修正各道温度。这样通过逐步逼近计算,直至使假设温度与计算温度相近似为止。

采用以上计算顺序方法的流程图如图4-13所示。

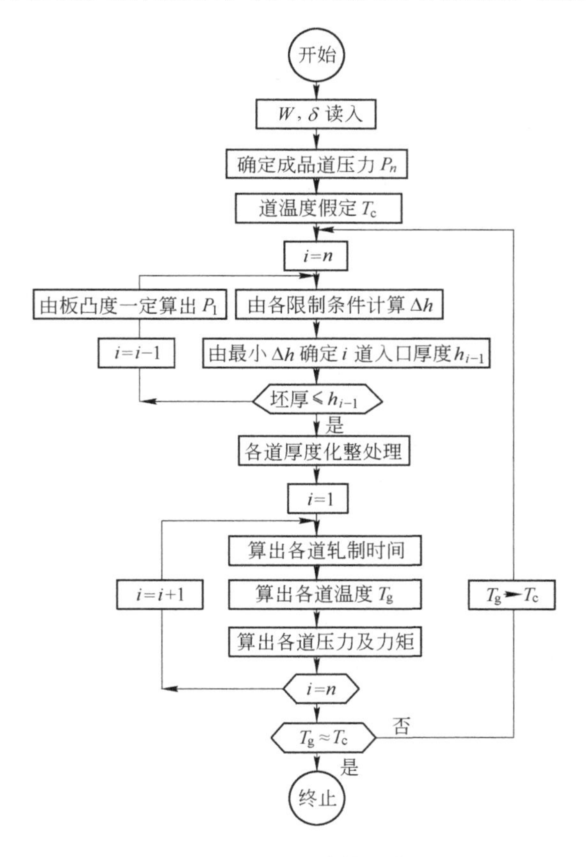

图4-13　压下规程计算顺序流程图

最近日本水岛制铁所厚板厂进一步发展了完全自动化的厚板生产系统,利用计算机控制可以将轧辊的热膨胀和磨损及轧制过程

中的板形凸度等组成控制模型，使板形及厚度达到更高的精度。如图4－14所示，计算压下规程时，在精轧的板形控制阶段并不一定要遵循“板比例凸度一定”的原则，而是尽量采用最大压下量，但是轧制压力仍然逐道减小，最终归结到成品板凸度所需要的压力 P_n。这样在保证板凸度较小的基础上，使生产能力得到较大的提高。

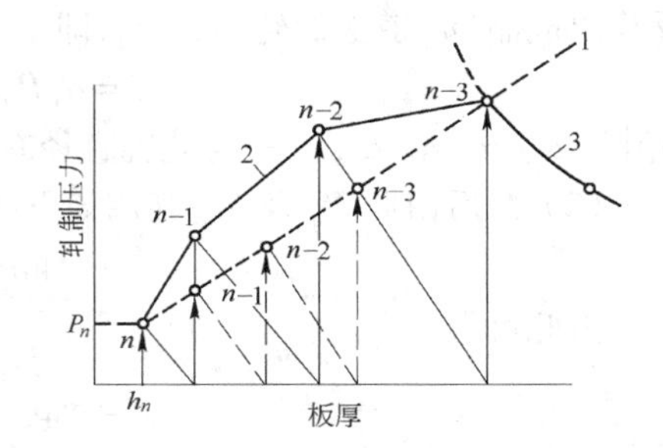

图4－14　确定压下规程的新方案
1—板比例凸度一定的控制方案；2—该厂的控制方案；3—由力矩限制决定的压下量

最后应该指出：

（1）无论采用经验法或半理论的计算机计算方法确定压下规程时，各道次的轧制压力计算都是至关重要的。因此提高各种压力公式或压力模型的精确度就成为重要的研究课题。

（2）压下规程所确定的是轧件各道次的轧出厚度 h_i，而不是各道的辊缝值。轧钢生产时无论是人工操作还是采用轧辊位置预设定的计算机控制，都需要确定辊缝值。前者是按操作人员的经验确定，而后者则应根据轧机刚性系数用弹跳方程求出轧机的弹跳值：

$$\Delta S = (P_i - P_0)/K_m$$

进而求出轧辊辊缝预设定值：

$$S_0 = h_i - (P_i - P_0)/K_m$$

式中　S_0——轧辊辊缝预设定值；
　　h_i——各道次轧件轧出厚度；
　　P_i——该道次的轧制压力；
　　P_0——选定的轧机预压靠力；
　　K_m——轧机刚性系数。

为使轧辊辊缝预设定值精确，要对轧机刚性系数和轧制压力等根据实际情况进行各项修正。

思　考　题

4－1　试述板形的基本概念。
4－2　何谓视在板形？
4－3　何谓潜在板形？
4－4　画图表示板带断面厚度分布的情况。
4－5　板形良好的基本条件是什么？
4－6　常见的板形的定量表示方法有几种？
4－7　影响辊缝形状的因素有哪些？
4－8　CVC轧机有什么特点？
4－9　PC轧机有什么特点？
4－10　对于普通的四辊轧机，常用的板形控制方法有几种？

5 控制轧制、控制冷却技术

5.1 概述

控制轧制和控制冷却工艺是一项节约合金、简化工序、节约能源消耗的先进轧钢技术。它能通过工艺手段充分挖掘钢材潜力,大幅度提高钢材综合性能,给冶金企业和社会带来巨大的经济效益。由于它具有形变强化和相变强化的综合作用,所以既能提高钢材强度又能改善钢材的韧性和塑性。

长期以来作为热轧钢材的强化手段,或是添加合金元素,或是热轧后再进行热处理。这些措施既增加了成本又延长了生产周期;在性能上,多数情况下是在提高了强度的同时降低了韧性及焊接性能。控制轧制与普通热轧不同,其主要区别在于它打破了普通热轧只求钢材成形的传统观念,不仅通过热加工使钢材得到所规定的形状和尺寸,而且要通过钢的高温变形充分细化钢材的晶粒和改善其组织,以便获得通常需要经常化(正火)处理后才能达到的综合性能。因此,从工艺效果上看,控制轧制既保留了普通热轧的功能,又发挥出常化处理的作用,使热轧与热处理有机结合,从而发展成为一项科学的形变热处理技术和节省能源的重要措施。

控制轧制(Controlled rolling)是在热轧过程中通过对金属加热制度、变形制度和温度制度的合理控制,使热塑性变形与固态相变结合,以获得细小晶粒组织,使钢材具有优异综合力学性能的轧制新工艺。对低碳钢、低合金钢来说,采用控制轧制工艺主要是通过控制轧制工艺参数,细化变形奥氏体晶粒,经过奥氏体向铁素体和珠光体的相变,形成细化的铁素体晶粒和较为细小的珠光体球团,从而达到提高钢的强度、韧性和焊接性能的目的。

控制冷却(Controlled cooling)是控制轧后钢材的冷却速度达到改善钢材组织和性能的新工艺。由于热轧变形的作用,促使变形奥氏体向铁素体转变温度(Ar_3)提高,相变后的铁素体晶粒容易长大,造成力学性能降低。为细化铁素体晶粒,减小珠光体片层间距,阻止碳化物在高温下析出,以提高析出强化效果而采用控制冷却工艺。控制轧制和控制冷却相结合能将热轧钢材的两种强化效果相加,进一步提高钢材的强韧性和获得合理的综合力学性能。

由于控轧可得到高强度、高韧性、良好焊接性的钢材,因此控轧钢可代替低合金常化钢和热处理常化钢做造船、建桥的焊接构件、运输、机械制造、化工机械中的焊接构件。目前控轧钢广泛用于生产建筑构件和生产输送天然气和石油的大口径钢管。

Nb、V、Ti 元素的微合金钢采用控制轧制和控制冷却工艺将充分发挥这些元素的强韧化作用,获得高的屈服强度、抗拉强度、很好的韧性、低的脆性转变温度、优越的成型性能和较好的焊接性能。

根据控制轧制和控制冷却理论和实践,目前,已将这一新工艺应用到中、高碳钢和合金钢的轧制生产中,取得了明显的经济效益。

但控轧也有一些缺点,对有些钢种,要求低温变形量较大。因此加大轧机负荷,对中厚板轧机单位辊身长度的压力由 1t/mm 现加大到 2t/mm。由于要严格控制变形温度、变形量等参数,因此要有齐全的测温、测压、测厚等仪表;为了有效地控制轧制温度,缩短冷却时间,必须有较强的冷却设施,加大冷却速度,控轧并不能满足所有钢种、规格对性能的要求。

5.2　控制轧制的种类

钢在控制轧制变形过程中或变形之后,钢组织的再结晶对钢的控制轧制起决定性作用,尤其是控轧时变形温度更为重要。因此,根据钢在控轧时所处的温度范围或塑性变形是处在再结晶过程、非再结晶过程或者 $\gamma-\alpha$ 相变的两相区过程中,从而将控轧分为三种类型。

5.2.1　高温控制轧制(再结晶型控轧又称 I 型控制轧制)

如图 5 - 1(a)所示。轧制全部在奥氏体再结晶区内进行,有比传统轧制更低的终轧温度(950℃左右)。它是通过奥氏体晶粒的形变、再结晶的反复进行使奥氏体再结晶晶粒细化,相变后能得到均匀的较细小的铁素体珠光体组织。在这种轧制制度中,道次变形量对奥氏体再结晶晶粒的大小有主要的影响,而在奥氏体再结晶区间的总变形量的影响较小。这种加工工艺最终只能使奥氏体晶粒细化到 20 ~ 40μm,相转变后也只能得到 20μm 左右(相当于 ASTM №8 级)较细的均匀的铁素体。由于铁素体尺寸的限制,因此热轧钢板综合性能的改善不突出。

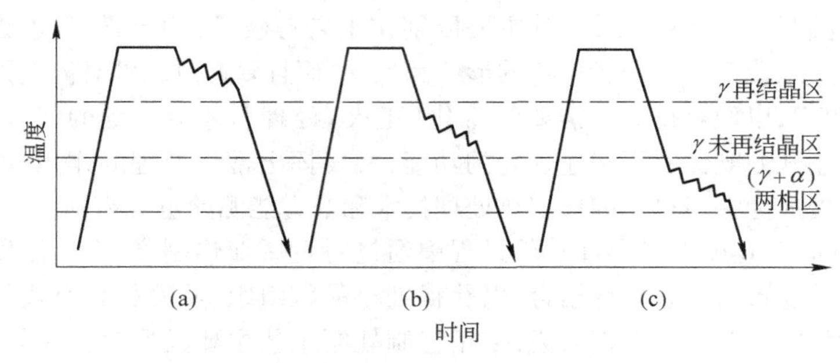

图 5 - 1　控制轧制分类示意图

(a)高温控制轧制;(b)低温控制轧制;(c)($\gamma+\alpha$)两相区控制轧制

5.2.2　低温控制轧制(未再结晶型控制轧制又称Ⅱ型控轧)

为了突破 I 型控制轧制对铁素体晶粒细化的限制,就要采用在奥氏体未再结晶区的轧制。由于变形后的奥氏体晶粒不发生再结晶,因此变形仅使晶粒沿轧制方向拉长,并在晶内形成变形带。当轧制终了后,未再结晶的奥氏体向铁素体转变时,铁素体晶核不仅在奥氏体晶粒边界上,而且也在晶内变形带上形成(这是Ⅱ型控制轧制最重要的特点),从而获得更细小的铁素体晶粒(可以达到 5μm,相当于 ASTM №12 级),因此使热轧钢板的综合机械性能、尤其是低温冲击韧性有明显的提高。奥氏体未再结晶区的轧制可以通过低温大变形来获得,也可以通过较高温度的小变形来获得。前者要求轧机有较大的承载负荷的能力,而后者虽对轧机的承载能力要求低些,但却使轧制道次增加,既限制了产量也限制了奥氏体未再结晶区可能获得的总变形量(因为温降的原因)。在对未再结晶区变形的研究中发现,多道次小变形与单道次大变形只要总变形量相同则可具有同样的细化铁素体晶粒的作用,即变形的细化效果在变形区间内有累计作用。所以在奥氏体未再结晶区内变形时只要保证必要的总变形量即可。比较理想的总变形量应在 30% ~ 50%(从轧件厚度来说,轧件厚度等于成品厚度的 1.5 ~ 2 倍时开始进入奥氏体未再结晶区轧制)。而小的总变形量将造成未再结晶奥氏体中的变形带分布不均,导致转变后铁素体晶粒不均。在实际生产中使用Ⅱ型控制轧制时不可能只在奥氏体未再结晶区中进行轧制,它必然要先在高温奥氏体再结晶区进行变形，经过多次的形变、再结晶使奥氏体晶粒细化，这就为以后进入奥氏体未再结晶区的轧制准备好了组织条件。但是在奥氏体再结晶区与奥氏体未再结晶区间还有一个奥氏体部分再结晶区，这是一个不宜进行加工的区域。因为在这个区内加工会产生不均匀的奥氏体晶粒，尤其是临近奥氏体未再结晶区的范围。这个范围对各种钢是不同的，大约是在7% ~10%的变形量内，这个变形量称为临界变形量。为了不在奥氏体部分再结晶区内变形，生产中只能采用待温的办法（空冷或水冷），从而延长了轧制周期，使轧机产量下降。

对于普通低碳钢，奥氏体未再结晶区的温度范围窄小，例如16Mn钢当变形量小于20%时其再结晶温度在850℃左右，而其相变温度在750℃左右，奥氏体未再结晶区的加工温度范围仅有100℃左右，因此难以在这样窄的温度范围进行足够的加工。只有那些添加铌、钒、钛等微量合金元素的钢，由于它们对奥氏体再结晶有抑制作用，就扩大了奥氏体未再结晶区的温度范围，如含铌钢可以认为在950℃以下都属于奥氏体未再结晶区，因此才能充分发挥奥氏体未再结晶区变形的优点。

5.2.3 两相区的控制轧制（也称Ⅲ型控制轧制）

在奥氏体未再结晶区变形获得的细小铁素体晶粒尺寸在变形量为60% ~70%时达到了极限值，这个极限值只有进一步降低轧制温度，即在Ar_3以下的奥氏体 + 铁素体两相区中给以变形才能突破。轧材在两相区中变形时形成了拉长的未再结晶奥氏体晶粒和加工硬化的铁素体晶粒，相变后就形成了由未再结晶奥氏体晶粒转变生成的软的多边形铁素体晶粒和经变形的硬的铁素体晶粒的混合组织，从而使材料的性能发生了变化：强度和低温韧性提高、材料的各向异性加大、常温冲击韧性降低。采用这种轧制制度时，轧件同样会先在奥氏体再结晶区和奥氏体未再结晶区中变形，然后才进入到两相区变形。由于在两相区中变形时的变形温度低，变形抗力大，因此除对某些有特殊要求的轧材外很少使用。

5.3 控制冷却的种类

控制冷却作为钢的强化方法已为人们所重视。利用相变强化可以提高钢板的强度。通过轧后控制冷却能够在不降低韧性的前提下进一步提高钢的强度。控制冷却钢的强韧性取决于轧制条件和控制冷却条件。控制冷却实施之前钢的组织状态又决定于控制轧制工艺参数、奥氏体状态、晶粒大小、碳化物析出状态，这些都将直接影响相变后的组织结构和形态。而控制冷却条件（开始控冷温度、冷却速度、控冷停止温度）对变形后、相变前的组织也有影响，对相变机制、析出行为、相变产物更有直接影响。因此，控制冷却工艺参数对获得理想的钢板组织和性能是极其重要的。同时，也必须将控制轧制和控制冷却工艺有机地结合起来，才能取得控制冷却的最佳效果。

控制冷却是通过控制热轧钢材轧后冷却条件来控制奥氏体组织状态、控制相变条件、控制碳化物析出行为、控制相变后钢的组织和性能，从这些内容来看，控制冷却就是控制热轧后3个不同冷却阶段的工艺条件或工艺参数。这3个冷却阶段一般称作一次冷却、二次冷却及三次冷却（空冷）。3个冷却阶段的目的和要求是不相同的。

5.3.1 一次冷却

一次冷却是指从终轧温度开始到奥氏体向铁素体开始转变温度Ar_3或二次碳化物开始析出温度Ar_{cm}范围内的冷却，控制其开始快冷温度、冷却速度和快冷终止温度。一次冷却的目的是控制热变形后的奥氏体状态，阻止奥氏体晶粒长大或碳化物析出，固定由于变形而引起的位错，加大过冷度，降低相变温度，为相变做组织上的准备。相变前的组织状态直接影响相变机制和相变产物的形态和性能。一次冷却的开始快冷温度越接近终轧温度，细化奥氏体和增大有效晶界面积的效果越明显。

5.3.2　二次冷却

二次冷却是指热轧钢板经过一次冷却后，立即进入由奥氏体向铁素体或碳化物析出的相变阶段，在相变过程中控制相变冷却开始温度、冷却速度（快冷、慢冷、等温相变等）和停止控冷温度。控制这些参数，就能控制相变过程，从而达到控制相变产物形态、结构的目的。参数的改变能得到不同相变产物、不同的钢材性能。

5.3.3　三次冷却或空冷

三次冷却或空冷是指相变之后直到室温这一温度区间的冷却参数控制。对于一般钢材，相变完成，形成铁素体和珠光体。相变后多采用空冷，使钢板冷却均匀、不发生因冷却不均匀而造成的弯曲变形，确保板形质量。另外，固溶在铁素体中的过饱和碳化物在空冷中不断弥散析出，使其沉淀强化。

对一些微合金化钢，在相变完成之后仍采用快冷工艺，以阻止碳化物析出，保持其碳化物固溶状态，以达到固溶强化的目的。

总之，钢种不同、钢板厚度不同和对钢板的组织和性能的要求不同，所采用的控制冷却工艺也不同，控制冷却参数也有变化，3 个冷却阶段的控制冷却工艺也不相同。

5.4　钢中各元素在控制轧制中的作用

中厚钢板普通热轧工艺主要是保证产品的几何形状，为提高生产效率和保证较低的变形抗力和设备的安全，一般都采用高温轧制，开轧温度在 1250 ~ 1300℃，终轧温度在 1000 ~ 950℃。轧后钢板空冷。因而钢板的金相组织比较粗大，金属的性能不好。为了获得较好的综合性能，只有调整钢的化学成分和采用轧后钢板热处理工艺，例如采用正火热处理或调质热处理工艺。从前，为提高钢的强度，而增加钢中碳和锰的含量[直到 $w(C)=0.3\%$，$w(Mn)=1.5\%$]。这虽然使钢的强度提高，但焊接性能降低，并且引起脆性。为保证焊接质量，必须限制碳和锰的含量。

5.4.1　常规元素在控制轧制中的作用

（1）碳的作用，经过控制轧制，由于晶粒细化，$w(C)=0.10\%$ 钢的 σ_s 值相当于普通轧制 $w(C)=0.20\%$ 钢（其他成分相同）的 σ_s 值。

碳对钢的韧性和可焊性不利，但经控制轧制，晶粒细化和珠光体数量减少，带来韧性的提高，可以抵消碳本身对韧性不利的影响。因而，当采用控制轧制工艺时都适当降低钢中碳的含量，一般 $w(C_e)\leqslant 0.40\%$，因而钢板具有很好的韧性和可焊接性能。

用控制轧制工艺生产屈服强度为 420MPa 级的钢板其含碳量在 $w(C)=0.20\%$ 左右，450MPa 级以上板材用钢的含碳量 $w(C)\leqslant 0.10\%$，但不小于 0.05%，否则因 Ar_3 温度上升，使晶粒粗大而不均匀。

（2）锰的作用，锰在控制轧制中是重要的元素，主要起细化晶粒作用，提高强度，增加韧性，锰能降低相变温度 Ar_3，由此导致：

1）扩大了加工温度范围，增大奥氏体变形区的压下道次和变形量，充分细化奥氏体晶粒。

2）由于铁原子在铁素体区比在奥氏体区中的自扩散系数大一个数量级，所以在温度相同的条件下，铁素体晶粒比奥氏体晶粒容易长大，但因 Ar_3 温度降低，使铁素体晶粒长大机会大为减少。w(Mn)增加1.5%，Ar_3 温度下降100℃左右。

锰对钢的塑性影响不大。锰能脱氧，形成 MnS 取代低熔点的 FeS，减少热脆性。锰还能固溶强化铁素体。

采用控制轧制的钢中锰含量一般在1.3%～1.5%范围，有的达到2.0%，锰含量太高时易形成贝氏体组织，对韧性不利。

（3）硫的作用，S 在钢中形成 MnS 后，尤其在低温轧制时，随轧制方向拉长延伸，使钢的各向异性加大，尤其对横向冲击韧性不利，对塑性也不利，严重时导致钢板分层。含 S 高时，抗 H_2S 腐蚀能力大为下降。

高强韧性控制轧制用钢的 S 含量：一般要求 w(S)不大于0.010%。

（4）磷的影响，磷作为有害元素一般说应愈少愈好，控制轧制用钢的磷含量一般要求 w(P)不大于0.020%。

（5）钼的作用，加入钼是为了进一步提高强度（一般是500MPa级以上的钢才加入）和要求较高的加工硬化率。控制轧制用钢含钼量一般是 w(Mo)＝0.5%左右。

（6）镍、铬、铜的作用，它们可以提高钢的强度。Ni 高可以改善钢的韧性，但其总量不应超过 w(Ni)＝0.5%，否则对综合性能不利。

（7）铝的作用，钢中存在可溶铝时[w(Al)＝0.03%～0.06%]，对性能是有利的，形成 AlN 可细化晶粒，固定 N，可提高钢的韧性，但是对控制轧制用钢一般不追求残铝量。

5.4.2 微合金元素在控制轧制中的作用

在控制轧制工艺中大量采用微合金元素，使之在钢中形成碳、氮或碳氮化合物，利用在不同条件下产生固溶和析出机理起到抑制晶粒长大及沉淀强化的作用。在控制轧制工艺中，前者更为重要。

机理研究表明：加入微量元素能提高强度，如不采用控制轧制工艺，钢的韧性反而变坏；只有采用控制轧制工艺，才能得到强度和韧性的同时提高。

钢中加入铌、钒、钛等元素，在加热时可以阻止奥氏体晶粒的长大，提高粗化温度，在热变形过程中，铌、钒、钛的碳化物能阻止再结晶后的晶粒长大，使晶粒细化，扩大奥氏体未再结晶区，增加未再结晶区的变形量和轧制道次，使相变后铁素体晶粒细化。铌能产生显著的晶粒细化和中等的沉淀强化作用。含铌量小至万分之几就很有效果。

随着钛含量增加，将发生强烈的沉淀强化，使钢的强度提高。但是钛含量对晶粒细化却是中等的作用，对韧性的改善效果差些。钒能产生中等程度的沉淀强化和比较弱的晶粒细化作用。氮能加强钒的效果。可以将钒的沉淀强化和钢的晶粒细化作用结合起来。

从细化铁素体晶粒的效果来看，铌最为明显，钛次之，钒最差。其含量分别为 w(Nb)＝0.049%，w(Ti)＝0.06%和 w(V)＝0.08%较为合适；含量再增大，则细化铁素体晶粒效果并不增大。

含铌、钒、钛钢必须采用控制轧制工艺，使晶粒细化及弥散强化，并且使铁素体数量增加、珠光体数量下降，在强度提高的同时改善韧性，使脆性转变温度降低，达到高强韧性的目的。

5.5 轧制工艺参数的控制

根据控制轧制机理，为提高中厚钢板的强韧性，必须严格控制下列有关工艺参数：坯料的加热制度、中间板坯的待轧温度、中间板坯待温后至成品的变形率、各控制轧制阶段的道次变形量，特别是终轧前几道的变形量、终轧温度、轧后冷却速度。

5.5.1　坯料的加热制度

坯料的加热制度与钢种和所采用的控制轧制工艺类型有密切关系，同时也与所采用的加热炉结构及其特点有关。

坯料的最高加热温度的选择应考虑对原始奥氏体晶粒大小、晶粒均匀程度、碳化物的溶解程度以及开轧温度和终轧温度的要求。这些参数对钢板的组织和性能都有直接影响。

变形温度的控制首先要注意对加热温度的控制，加热温度主要是通过影响原始奥氏体晶粒和碳、氮化物的溶解度，亦即其后的沉淀硬化效果来起作用。

降低加热温度可使原始奥氏体晶粒细化及沉淀硬化作用减小，可使轧制温度相应降低。因此，能使脆性转化温度降低，也就是使韧性得到提高。

晶粒长大使单位体积的晶界面积减小，系统自由能降低，这是晶粒长大的内因。而一定的温度条件则是其外因。只要具备一定的温度条件，原有的原子有足够的活动能力，晶粒长大就会自发进行。奥氏体化温度越高，奥氏体晶粒长大越明显。奥氏体晶粒一旦长大。在随后冷却时就不会再变细，只能通过奥氏体变形及随后的再结晶才能细化。所以。只有细小的奥氏体晶粒才能转变成细小的铁素体晶粒，因此细化晶粒必须从高温下的奥氏体晶粒度控制开始。

对一般轧制，加热的最高温度不能超过奥氏体晶粒急剧长大的温度，如轧制低碳中厚板一般不超过1250℃。但对控轧Ⅰ型或Ⅱ型都应降低加热温度（Ⅰ型控轧比一般轧制低100～300℃），尤其要避免高温保温时间过长，不使变形前晶粒过分长大，为轧制前提供尽可能小的原始晶粒，以便最终得到细小晶粒和防止出现魏氏组织。

控轧对加热含铌钢时，加热温度以1150℃为宜。因为，温度达到1050℃则铌的碳氮化合物开始分解固溶，使奥氏体晶粒开始长大，至1150℃晶粒长大比较均匀，温度提高到1200℃时晶粒进一步长大，即所谓二次再结晶发生。因此，为了轧制后的钢材具有均匀细小的晶粒，加热温度一般以1150℃为宜。若加热至1050℃，则奥氏体晶粒大小不均，使轧后钢材易产生混晶，若加热至1200℃或更高，则晶粒过分长大，使轧后钢材晶粒难以细化。

低的加热温度不仅细化了原始的奥氏体晶粒促进轧后组织细化，更重要的是减少固溶的铌的碳氮化合物，减少了在铁素体的沉淀相，因而提高了低温脆性转变温度。

由于Nb在控轧中的作用与其在奥氏体化状态下的存在形式有关，因此可根据对Nb钢的性能要求的不同而采用不同的加热温度。

（1）对Nb钢的控轧，以要求提高强度为主，而又可略降低脆性转化温度，此时加热必须使足够的Nb固溶于奥氏体中，因而采用较高的加热温度1250～1350℃。

（2）对Nb钢的控轧，以要求提高低温韧性为主，则不需要更多的Nb固溶于γ体中，需要利用未溶的铌的碳氮化物阻碍γ晶粒长大达到细化作用。因而采用较低的奥氏体化温度1150℃甚至950℃加热，以避免轧制前原始晶粒粗化和铌的碳氮化物再次固溶析出增加析出强化。

5.5.2　中间待温时板坯厚度的控制

采用两阶段控制轧制时，第一阶段是在完全再结晶区轧制，之后，进行待温或快冷，以防止在部分再结晶区轧制，这一温度范围随钢的成分不同，波动在1000～870℃。待温后，在未再结晶区进行第二阶段的控制轧制。在第二阶段，即待温后到成品厚度的总变形率应大于40%～50%以上。总压下率越大（一般不大于65%），则铁素体晶粒越细小，弹性极限和强度就越高，脆性转变温度越低。所以,中间待温后的钢板厚度(即中间厚度)是很重要的一个参数。如含 w(C) = 0.07%、w(Mn) = 2.0%、w(Nb) = 0.06% 和 w(Mo) = 0.5% 钢,在未再结晶区的总压下率对钢板强度和脆性转变温度的影响规律为:低于 900℃ 的总压下量增大,抗拉强度和屈服强度增大、脆性转变温度降低、-60℃ 的冲击功提高。当总压下率大于 60% 时,再加大总压下率则强度下降,这是由于针状铁素体数量减少而造成的。

对碳钢和低合金钢,未再结晶区总变形量大于 60%,则铁素体细化效果基本稳定,因而钢板性能趋于稳定。

如果含有高 Mn、Mo 和 Nb 的厚板采用普通轧制工艺,则由于奥氏体晶粒粗大,铁素体相变被推迟,形成粗大的上贝氏体组织,所以塑性和韧性显著变坏。而采用控制轧制使奥氏体晶粒细化,在稍高于贝氏体转变温度之上转变成针状铁素体,将显示出良好的韧性和高强度。随未再结晶区总变形量加大,针状铁素体数量减少,则韧性不断提高,脆性转变温度下降。

5.5.3 道次变形量和终轧温度的控制

无论是再结晶型控制轧制,或者是未再结晶型控制轧制,甚至($\gamma+\alpha$)两相区控制轧制,道次变形量和终轧温度对钢板的组织和性能都有直接的影响。

在完全再结晶区,每道次的变形量必须大于再结晶临界变形量的上限,以确保发生完全再结晶。多道次轧制后,γ 晶粒大小,既决定于总变形量,也决定于道次变形量。总变形量大,则最后的奥氏体晶粒细,而总变形量一定,道次变形量大,则可得到更细的奥氏体晶粒。当变形量 ε = 50% ~60% 后,细化作用减弱。

在未再结晶区轧制时,加大总变形量,以增多奥氏体晶粒中滑移带和位错密度、增大有效晶界面积,为铁素体相变形核创造有利条件。在未再结晶区轧制,多道次轧制的变形量对晶粒细化起到叠加作用,也就是说只要有足够的总变形量,无须过分强调道次变形量。

在($\gamma+\alpha$)两相区控制轧制时,在压下量较小阶段增大变形量,钢的强度提高很快。当变形量大于 30% 时,再加大压下量则强度提高比较平缓,而韧性得到明显改善。

在($\gamma+\alpha$)两相区轧制的钢板强度和韧性变化取决于轧制温度和压下量的相互影响结果。例如在 850℃ 以下的总压下率为 47% 时,随着终轧温度下降,σ_s 增加。在($\gamma+\alpha$)两相区的高温区进行轧制,韧性最好,比单相奥氏体区轧制时韧性还好。但是,随着($\gamma+\alpha$)两相区终轧温度降低,韧性恶化。

关于 Si-Mn 钢和添加 Ti、V-Ti 和 Mo-V-Ti 的钢,在两相区轧制,随着轧制温度越低,越有利于提高强度;压下量越大越有利于提高韧性。当轧制温度一定时,在小压下量范围内增大压下量,明显强化,而韧性稍有恶化。达到一定强度时,韧性可以明显得到改善。当变形量超过一定值时,则强度反而下降。所以在($\gamma+\alpha$)两相区应选择合理的变形量和轧制温度,才能取得较合理的综合性能。在($\gamma+\alpha$)两相区高温区轧制时,较小的变形量可以提高钢的韧性,而在低温区轧制则转向脆化,韧性降低,仅强度提高。

5.6 典型专用钢板所采用的控制轧制和控制冷却工艺

5.6.1 锅炉用中厚钢板的控制轧制和控制冷却工艺

工业锅炉钢板在我国主要以 20g 与 16Mng 为主。钢板厚度范围为 6 ~120mm,其中大多数为 25mm 以下的钢板。工业锅炉钢板用量占锅炉钢板的大多数。工业锅炉用钢板一般用碳素钢和低合金钢，它们属于碳－锰系钢种，如20g和16Mng钢由于不含有高固溶点的碳化物，加热温度不应当过高，以防止原始奥氏体晶粒粗大或过烧。经验表明，当加热温度由1150℃提高到1200℃与1250℃时，原始奥氏体晶粒由3.5～4级长大到2～2.5级。加热温度与轧制时总的变形量有关，当总变形量大于75%时，则加热温度对原始奥氏体粗化影响铁素体晶粒大小的作用明显减弱。尽管原始奥氏体晶粒粗大，经过大变形量之后，仍可获得细小的铁素体晶粒。铁素体晶粒细化到9～9.5级则σ_s和时效冲击值将得到提高。

锅炉钢板时效冲击值的高低与各种因素有关，如化学成分，钢质条件等。即使工艺条件基本相同，时效冲击也会产生较大波动。

钢中S含量对常温冲击值有明显影响。例如，12mm厚的16Mng钢板中$w(S)=0.014\%$～0.018%时，常温冲值A_{KV}为43.0～49.2J，条件相同时，当钢中$w(S)=0.006\%$的16～18mm钢板，其常温冲值A_{KV}值为82.6～102.7J，－20℃和－40℃低温冲击值也有一定改善。

20g和16Mng钢的板坯加热出炉温度分别为1250℃和1150℃。粗轧的道次压下率根据粗轧机的设备能力选用再结晶型和在部分再结晶区温度上限轧制，其道次压下率为15%～20%或更大些，粗轧的总压下率应不小于60%，粗轧的终轧温度大于1000℃。四辊精轧的开始轧制温度低于950℃（16Mng），或大于等于950℃（20g钢）。在精轧机上轧制20g和16Mng钢板的控制轧制工艺及轧后控制冷却工艺如表5－1和表5－2所示。

表5－1　20g锅炉钢板控制轧制和控制冷却工艺

钢板厚度/mm	板坯加热温度/℃	900℃以下总压下率/%	终轧前几道次的道次压下率/%	四辊终轧温度/℃	轧后冷却速度/℃·s^{-1}	快冷终止温度/℃
<10	1250	终轧前高压水降温 30～60	15～18	830～880	空冷	
12～16	1250	40～60	13～15	820～870	5	600
17～25	1250	40～60	10～15	820～870	5	600

表5－2　16Mng锅炉钢板控制轧制和控制冷却工艺[$w(S)<0.025\%$]

钢板厚度/mm	板坯加热温度/℃	四辊终轧前三道次总压下率/%	终轧前几道次的道次压下率/%	四辊终轧温度/℃	轧后冷却速度/℃·s^{-1}	快冷终止温度/℃
<10	1150	不控温，终轧前高压水降温>40	15～18	840～880	10	650
12～16	1150	>40	13～15	830～870	10	650
17～25	1150	>40	13～15	830～870	10	650

终轧温度对锅炉钢板的组织和性能有明显影响，降低终轧温度，钢板的σ_s上升，低温韧性有所改善。在终轧温度为820～880℃之间，降低终轧温度，铁素体晶粒细化，强度提高，但常温冲击功降低。而对时效冲击功的影响并不明显。但是终轧温度低于820℃则时效冲击功有下降的趋势。

轧制温度低于900℃的总压下率增大，钢板的强度提高，低温韧性也得到改善，但常温冲击功有下降的趋势。由于锅炉钢板不考核它的低温韧性，所以在900℃以下的总压下率应大于40%。终轧前几道次的道次压下率在13%～18%较为合适。终轧前几道次的道次压下率对锅炉钢板的组织和性能有较大的影响。

轧后钢板的冷却速度和快冷的终止温度对钢板性能也有明显影响。

当20g锅炉钢碳当量$w(C_e)>0.28\%$时可少量浇水，或厚度小于10mm时轧后采用空冷，厚度在12mm以上的钢板，轧后冷却速度可控制在5℃/s，冷却到600℃后空冷或采用450～600℃缓冷，可以获得较高的强韧性。

而16Mng钢板轧后冷却速度应控制在10℃/s，终冷温度为650℃，之后空冷。

5.6.2 压力容器用中厚钢板的控制轧制和控制冷却

压力容器钢板一般分为：一般压力容器钢板；用于－20℃以下的低温压力容器钢板；用于400℃以上的或制造大型球罐和容器设备的高强度容器钢板；用于制造温度较高容器的合金容器钢板；特殊性能压力容器钢板、特殊处理镍合金钢板和多层高压容器钢板等。

容器钢板从合金成分上分为碳素钢板、低合金钢板和高合金钢板三大类。碳素钢和低合金钢钢板以热轧或正火状态交货。低温压力容器钢板一般是正火或调质状态交货。用控制轧制和控制冷却生产的钢板可以取代热轧或正火状态交货的钢板。调质状态交货的钢板可以采用余热淬火或形变热处理工艺来生产。

一般碳素钢容器板和低合金容器板的原料有钢锭和钢坯(包括连铸坯)。钢锭或钢坯的出炉温度$t\geqslant 1150$℃，加热速度为6.5～9min/cm。对于高合金钢容器板的板坯出炉温度为1200℃，加热速度为10～12min/cm。

在双机架中厚板轧机上轧制含S量较低的16MnR钢的控制轧制和控制冷却工艺如下：在粗轧机采用再结晶型控制轧制工艺，开轧温度为1100～1150℃，道次压下率一般控制在20%～25%，粗轧的总压下率为55%～77%，粗轧的终轧温度为1020～1050℃。在精轧机上一般分成两个轧制阶段，精轧开始轧制温度大于1000℃，仍属于再结晶型控制轧制区或处在部分再结晶区的上限范围，轧制4～6道次，道次变形量为15%～25%。适当加长道次间的间隙时间，以提高再结晶数量，细化奥氏体晶粒。当中间厚度为成品厚度的2～2.5倍时开始轧件待温到奥氏体未再结晶区，一般钢温低于900℃，然后，进行精轧机上的第二阶段轧制，每道变形量在15%～20%，未再结晶区的总压下率必须大于40%，终轧温度为860～820℃，轧后以大于5℃/s的冷却速度进行快冷，快冷终止温度控制在650℃左右。

为了提高16MnR钢的－40℃A_K值，将终轧温度降低到780～810℃，未再结晶区的总变形量应大于50%，并且要求钢中S含量应小于0.010%，含碳量应小于0.16%对低温冲击韧性才有所保证。

15MnVR钢板在精轧机仍采用两阶段控制轧制，第一阶段的再结晶区轧制的道次压下率应大于15%，当钢温冷却到1000～900℃，开始空冷待温到910～860℃进行未再结晶区的第二阶段轧制，这一阶段的总变形量为50%以上，终轧温度为770～880℃，轧后进行水冷，终冷温度控制在700℃以上。要求保证－20℃A_{KV}冲击值，终轧温度控制在770～860℃较为合适，钢板较薄时则终轧温度应高些，钢板厚时，终轧温度应低一些。S含量也应控制在低于0.015%，有利于低温韧性的改善。

5.6.3 桥梁用中厚钢板的控制轧制和控制冷却工艺

根据不同的使用要求，桥梁钢板分为热轧碳素钢、低合金钢及耐大气腐蚀的结构钢。

为了提高桥梁钢板的强韧性应采用细化铁素体晶粒，降低珠光体数量的控制轧制和控制冷却工艺。

生产碳素钢板和低合金桥梁钢板的控制轧制工艺同生产碳－锰系列容器钢板和锅炉钢板的轧制工艺相近。例如轧制15MnV钢板时以板坯作为原料，其粗轧的开轧温度为1150℃，各道次的压下率要大于15%，其粗轧的总压下率大于60%，粗轧的终轧温度为1000℃。而在精轧机则采用两阶段的轧制工艺，第一阶段是由粗轧机轧出后立即送入精轧机，开轧温度一般为1000℃左右，道次压下率大于15%，板温达到950℃，停轧待温到900℃，开始精轧的第二阶段轧制，道次压下率为10% ~15%，第二阶段的总压下率应为40% ~60%，根据成品厚度不同，总压下率有所不同。精轧的终轧温度为830 ~880℃。

轧制耐大气腐蚀的焊接结构钢也是采用再结晶型和未再结晶型的两阶段控制轧制工艺。中间冷却既可以采用水冷降低钢板温度，也可以采用中间空冷待温的方法。控制未再结晶区的总压下率或者终轧前三道的总压下率要大于30%。并且与终轧温度的控制相配合。可以获得良好的钢板综合力学性能。

终轧温度的控制与钢板厚度和钢中含碳当量的高低有关，钢板厚度较厚时，或碳当量较低时，则终轧温度应当较低。而钢板较薄或碳当量较高时，则终轧温度应当偏高些，未再结晶区的总压下率应当大一些。

桥梁钢板控制轧制之后应配合轧后控制冷却工艺，以进一步细化奥氏体和铁素体晶粒，改善带状组织，细化珠光体球团尺寸和减少其珠光体片层间距。终轧后立即进行快冷，冷却速度和终止快冷温度应根据板厚和碳当量的高低以及综合力学性能的要求而定。终冷温度不应低于热矫开始温度，一般快冷终止温度控制在A_{r1}温度。如果冷却速度过快，将在钢板厚度方向上形成不均匀的组织，终冷温度过低将形成低温转变组织，降低钢板的韧性。

对一些不具备轧后冷却装置的轧板车间，轧制厚规格钢板时可以在500 ~550℃左右采取堆垛缓冷的方法，以获得好的综合力学性能。

5.6.4　造船用中厚钢板的控制轧制和控制冷却

造船用中厚钢板要求一定强度条件下有好的韧性和焊接性能。一般采用镇静钢与半镇静钢的钢种。为了降低钢中硫含量，在冶炼工艺上采用铁水脱硫，钢包喷粉和合成渣脱硫等技术。

造船用中厚钢板分为碳钢和高强度钢。造船碳钢分为4级：A级是普通质量钢；B级是中间质量钢；D级是高级质量钢；E级是高缺口韧性的特种质量钢。

对于厚度$h \leqslant 12.5$mm的A级船板S、P有上限控制[w(S、P) ≤0.04%]，而大于12.5mm的钢板为了提高其韧性，规定w(Mn)∶w(C) ≥2.5，即w(C) ≤0.22%，w(Mn) ≥0.55%。

B级船板钢的缺口敏感性比较高，必须控制碳的上限和下限，即w(C) ≤0.21%，其w(Mn)∶w(C) =2.855 ~4.76。

D级造船钢板是铝细化晶粒镇静钢，C和Mn含量与B级相同，但要求w(Al) ≥0.015%。D级钢板可以采用控制轧制和控制冷却工艺生产。但是厚度大于35mm的钢板一般要求进行正火处理。

E级船板钢用于焊接结构船舶阻止裂纹传播的地方。采用低碳高锰细晶粒镇静钢。w(C) ≤0.18%，w(Mn) = 0.7% ~1.2% 即w(Mn)∶ w(C) = 3.89 ~6.66。钢中w(Al) ≥0.015%。E级钢板的交货状态要求进行正火处理。

低合金高强度船板钢按其屈服强度分为AH32、DH32和EH32即σ_s为316.6MPa级别和AH36、DH36和E36，即σ_s为352.8MPa级别。

高强度船板钢的碳含量均小于或等于0.18%，而Mn含量一般在0.6% ~1.6%。AH36，DH36和EH36高强度钢加入w(Nb)0.015% ~0.05%，和w(V)0.030% ~0.10%，造船钢板主要应考虑钢板的使用疲劳强度。当提高屈服强度时，疲劳强度上升并不高，因而要求的屈服强度并不太高。用于国防上的船板仅达588MPa，货轮的船板屈服强度达490MPa。

思 考 题

5-1 什么是控制轧制?

5-2 什么是控制冷却?

5-3 控制轧制分哪几种,本厂采用的控制轧制是什么类型?

5-4 控制冷却分哪几种,本厂采用的控制冷却是什么类型?

5-5 简述本厂典型品种的控轧控冷要点。

6 轧钢机操作

6.1 位置自动控制

6.1.1 概念、应用及控制过程

在指定时刻将被控对象的位置自动地控制到预先给定的目标值上，使控制后的位置与目标位置之差保持在允许的偏差范围之内，此种控制过程称为位置自动控制，通常简称为 APC（Automatic Position Control）。

在轧制过程中 APC 设定占有极为重要的地位，如炉前钢坯定位，推钢机行程控制、出钢机行程控制、立辊开口度设定、推床开口度设定、压下位置设定、轧辊速度设定、宽度计开口度设定等都用 APC 系统来完成。

位置自动控制系统实际上是一个闭环控制系统。在位置控制过程中，控制对象的位置信号，可以通过位置检测装置和过程输入装置反馈到计算机中，与 SCC 计算机给定的位置目标值进行比较，然后根据偏差信号的大小，由 DDC 计算机通过过程输出装置给出速度控制信号，由速度调节回路去驱动电动机，对被控对象的位置进行调节，然后又将位置信号再反馈到计算机中，再比较，再输出，如此循环一直到达到目的为止。

6.1.2 提高位置控制精度和可靠性的措施

从轧钢生产可知，由电动机驱动的被控对象，一般都要经过减速齿轮传动，因而不可避免地会有齿隙，使电动机的转角不能总是精确地与被控对象的实际位置相对应。此外，由于被控对象机械结构和现有条件的限制，位置检测环节（如自整角机发送机）也往往不是直接与被控对象相连接，而是通过齿轮箱与电动机相连，这些齿隙就会使检测结果不能精确反映被控对象的实际位置。在需要高精度定位的情况下，就必须消除这些齿隙的影响。

6.1.2.1 间隙的消除

为了消除间隙对位置设定精度的影响，使设定结果更为准确，在位置自动控制系统中，对于某些控制回路（如出钢机的控制、压下位置设定、立辊开口度设定、侧导板开口度设定等）必须保证设备按单方向进行设定。其方法是：不论位置设定值是在当时实际位置的前方还是后方，计算机总是使电动机最后停止前的转向为某一规定方向。例如规定某方向为正向，那么如果位置设定值在当时实际位置的后方，那就应该多退一部分，然后再正转，调到所要求的位置上。这样就保证了设备在任何情况下，都能在固定的运动方向上停车，从而消除了间隙对设定精度的影响。进行单方向设定的动作过程，如图 6 – 1 所示。假若规定每次都是以下压为基

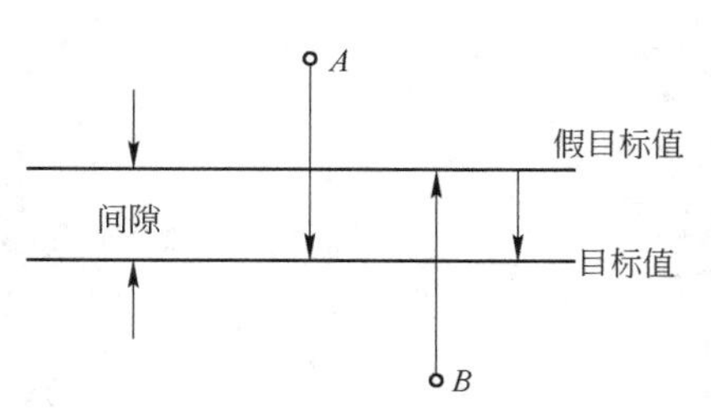

图 6 – 1 单方向设定的动作过程

准,从图中可以看出,从 A 点往下压到位置设定值(即目标值)不需要特殊处理;从 B 点往上抬到超过位置设定值到假目标的位置(多抬一部分),然后再往下压到目标值的位置上。

6.1.2.2 重复设定

在有些情况下,由于减速点设置不当或设备状态的改变,虽然偏差值已达到精度要求,但在惯性作用下,设备位置仍在继续移动,结果会引起设定产生误差,因此,在位置自动控制过程中,通常要继续进行三次,只有当连续三次检测的偏差值均达目标要求,才判为设定完成。

6.1.2.3 启动联锁条件的检查

当 DDC 计算机得到目标值之后,首先要检查该目标值是否合理,即检查它是否处于设备位置所能达到的最大值允许范围之内,若超出此值范围,APC 设定就不应进行,以防引起事故。

在启动 APC 设定时,如果设备条件不允许,例如对一块钢要进行压下位置设定,只有当前一块钢离开轧机以后才能进行,否则就会使前一块钢轧废,甚至造成设备事故。为了避免这种偶然事件的发生,在位置自动控制系统参与工作之前,必须检查该回路的联锁条件是否满足。对辊缝设定而言,只有在轧机的负荷继电器释放的条件下,才允许压下位置自动控制系统投入运行。

6.1.3 APC 装置的调零

为什么要设调零装置,这是因为压下在换辊、推床经检修、或者 APC 装置断电而电源又恢复之后,由于电气和机械的原因,设备的实际位置与检测的信号之间产生偏差,如果二者的数值不等,计算机给出的初始值就不准确,以此作基准算出的位移指令值肯定也不准确,因此,恢复两者对应关系的调零操作就成为 APC 开机的必要条件。

调零的方法是:设备检修之后,人到现场实测机械位置,将它作为调零的设定值,通过设定画面将它输给计算机,再按一下调零发信按钮,APC 装置便能自动进行调零的运算,自动调整 CPU 的零位起始值。APC 装置输入调零设定值后,即与检测的位置信号进行比较,然后将其差值记下来,把它作为调零的偏差值,在以后的每次检测值上再加上其值,便得到机械的实际位置值。由此可见,调零操作仅在设备经过检修人工进行一次以后,便由 APC 装置自动进行每次调零,无需人工再干预。

压下 APC 装置调零时,是采用"绝对值调零"方式,即上下轧辊压靠,压靠时的压力可视情况而定(如某厂定为 3MN),将此时的位置作为压下装置的零位,调零结束时应使轧辊的实际位置与显示值一致。

推床 APC 装置调零时,有两种方式,其一是"绝对值调零",在大修之后进行,其方法与压下调零相同,左、右推床分别以轧辊的端面为零位,测量其实际位置,调零的操作与压下的一样;其二是"简易调零",是在 APC 电源断电又恢复后使用,使推床实际开口度与盘上推床开口度显示值一致,所以"简易调零"必须在"绝对调零"之后进行。调零的结束条件是SPC 和APC 电源正常后,推床实际开口度与盘上开口度显示值之间偏差值在允许范围之内。

6.2　轧机操作

6.2.1　轧机调整

6.2.1.1　轧辊位置的调整

A　轧辊轴线在垂直面内的调整

a　下工作辊辊面标高的调整

轧机生产时,下工作辊辊面一般高出机架辊辊面($\Delta h/2+5\sim15$mm)。所换的下支撑辊和下工作辊辊径与换前相比,相差较大时,可加减支撑辊直径差的一半和工作辊直径差的垫片厚度来调整(由压上装置的调压来达到要求)。

b　下支撑辊水平度调整

用精度为0.02mm的框式水平仪在靠近辊身两个端部的辊面上先后测量水平度,每米水平度一般不得大于0.1mm。然后根据压下螺丝中心距长度来计算所需垫片的厚度(或压上的距离),抬起下支撑辊在较低的一端放入算好厚度的垫片,落下支撑辊再复测一次。

c　上、下工作辊平行度的调整

抬起上工作辊,在辊缝两侧距辊身端部一定距离处垂直轧辊轴线放入$\phi5\sim8$mm的低碳钢条或铅块,缓慢压下使上辊压至3~5mm后抬起上辊,测量钢条或铅块最薄处厚度,两者之差不得大于0.05mm。否则要打开电磁离合器,单独调整压下螺丝直到两端厚度差为零,则静态调整基本完成。

静态调整后,还必须实测轧后钢板两端的实际尺寸,根据两尺寸之差调整两端压下装置的上升或下降,直至差值为零,才表明轧辊在轧机内的位置是平衡的。

B　轧辊轴线在水平面内的调整

带钢轧辊轴线在水平面上的投影应重合(四辊以上的多辊轧机除外),但由于安装不当,使用过程的接触面磨损等多种原因,轧辊轴线实际不可能绝对重合在同一水平面内。因此,只要各轧辊轴线水平投影互相平行,允许轴线有稍后的错位,如叠轧薄板轧机之上下辊轴线错位达2~5mm,借以减小板坯对轧机的冲击。

但是,带钢轧机在使用中,绝对不允许轧辊轴线在空间是异面交错位置,即水平投影相交,其相交可能有两种:

(1)一个轧辊的两端分别在另一轧辊的左右两侧。

(2)一个轧辊的一端与另一轧辊一端重合,而另一端与另一轧辊的一端分开。

除此之外,还可能出现轧辊在空间异面相交,且在水平方向也不平行。两者作用的结果使辊缝呈锥形,所轧带钢不等厚、不平直,有规律性的波浪分布。

对上述故障可采取下列措施予以排除:

(1)检查轧辊轴承的磨损均匀程度;

(2)检查轴承与机架窗口间安装间隙是否相等;

(3)检查轴承座下垫片的松动情况和厚度相等程度。

轧辊在工作时不可避免的可能出现上述情形,当其偏离值较大时,可能出现轴向窜辊、机架晃动、带钢厚度不均、板形不正等事故和缺陷。因此,应尽量避免轧辊在空间形成相交和水平方向不平行等现象,保持轧机的工作稳定性。

6.2.1.2 轧辊窜辊的调整

所谓窜辊是指轧辊在安装使用中，由于设备的原因，使辊端上下不能重合，出现沿轧辊轴线窜动的现象。窜辊不仅在单机座二辊轧机中较常见，在四辊连轧机中也常会发生产生窜辊的原因有：

（1）轧辊轴承与机架的固定螺丝松动。

（2）轧辊一端的轴承与辊颈配合不紧密。

（3）轧辊放置不水平。

（4）辊缝在垂直面呈梯形，产生了沿辊面轴线方向的推力较大。

（5）沿辊身长度的辊面硬度平均值相差悬殊（包括支撑辊）。

（6）辊身两端直径（包括支撑辊）相差过大。

处理方法的基本原则是：对于（1）、（2）两种，可检查和紧固螺栓、轴承，对（3）、（4）两种，要重新调整轧辊的水平位置；属于最后两种者要换辊。

6.2.1.3 零位调整

仅换工作辊而不换支撑辊时，采用以下三种方法：

（1）比较法。新换的辊径比旧的大时，需减少指针盘指示数，减少数量为新辊辊径之和与旧辊辊径之和的差值；若新辊辊径小时，则相反。

（2）估计法。将卡钳测得的实际辊缝减去估计的辊跳值（约2～3mm）作为压下指针盘指示数，当估计的辊跳和实际的辊跳有偏差时，经轧制几块钢板后再用整零电机进行修正。

（3）压靠法。在轧辊平行度调整之后，把上辊压下，接近压靠前要缓慢、谨慎地压下，当上、下辊接触时，用点动方法压下，直至指针盘指数不变为止。这时开动整零电机使指针处在估计的辊跳值位置，轧几块钢板之后再用整零电机修正。

6.2.2 轧辊的使用及换辊操作

6.2.2.1 轧辊的使用要求

（1）冬季工作辊上机前应进行预热，辊温：40℃；时间：1～2d。

（2）工作辊辊身冷却水应畅通，水管分布均匀，水压0.2～0.4MPa，保证辊面温度不超过60℃。

（3）轧制翘钢或刮框板后应立即停车检查辊面和上护板，如发现工作辊表面出现压痕、裂纹、掉皮及护板耳朵开裂等缺陷，应立即换辊。

（4）换辊及检修后应慢速轧制，并应减少冷却水。

（5）卡钢或跳闸时，应立即关闭冷却水，待轧件退出轧辊后，空转15min，再适当给冷却水，过10min应关闭轧辊冷却水，辊缝大小为250mm。

（6）冬季换辊后，要先进行钢坯空过轧辊烫辊，然后再进行慢速轧制，使轧辊温度逐渐升高，防止热应力断辊。

6.2.2.2 轧辊在使用过程中的破损

轧辊发生破损将显著地降低其使用寿命，吨钢轧辊消耗增高，同时还要影响轧机的作业率和轧制产品质量，因此了解轧辊的破损原因及其预防方法是十分必要的。

A 破损原因

轧辊的破损有时是单一因素造成的,但多数情况下是几个因素的综合作用。通常将造成轧辊破损的因素分为轧辊制造缺陷及轧辊使用不良两大类。

属于轧辊制造方面的缺陷有:

(1) 异常显微组织和夹杂物。不同使用目的的轧辊,通过调整化学成分(主要是合金元素)、采用不同的铸造(或锻造)工艺及热处理工艺来获得所需要的显微组织。如精轧机座工作辊要求有较高的硬度,其组织由渗碳体、马氏体或贝氏体组成。如果钢中有残留奥氏体,在热轧时发生相变就会因收缩应力而产生微裂纹。石墨铸铁轧辊的石墨球化不充分,将会带来强度下降,进而造成断辊。此外,轧辊中渗碳体过多致使轧辊耐热性和强度下降,造成轧辊掉皮、裂纹和断辊事故。热处理不当造成的晶粒粗大或混晶,轧辊中夹杂物过多都会带来轧辊强度下降,造成断辊或出现微裂纹和掉皮。

(2) 残余应力。轧辊由于铸造后的收缩和热处理工艺产生残余应力,又因为在轧制过程中存在有机械应力和热应力,所以要求轧辊具有良好的强韧性,因此对轧辊要进行消除应力热处理。如果辊身内部存在有残余应力,再加上铸造缺陷,就有可能造成断辊或出现掉皮、裂纹等缺陷。

(3) 内部缺陷。轧辊在铸造或热处理时产生的内部龟裂、位于辊颈部位的缩孔,都有可能成为辊身折断或辊身与辊颈交界处折断的原因。辊身表面下存在的气孔、气泡是造成轧辊表面掉皮的原因之一。

轧辊使用不良造成的缺陷有:

(1) 压下量过大、轧制温度过低的钢板都会造成过大的轧制力,导致断辊。

(2) 咬入轧件时过大的冲击力,再加上轧辊存在有微裂纹,也是造成断辊或掉皮的原因。

(3) 新辊使用前预热不当,开轧后轧辊温升过快,或停轧后轧辊冷却过快都会引起轧辊表面与内部温差急剧变大,也会造成断辊,为此,在热轧开始时要先进行烫辊。

(4) 热轧时突然发生卡钢事故时,与钢板相接触的那个部位轧辊表面将产生热龟裂纹。

(5) 多次使用的轧辊(如支撑辊)会产生局部疲劳,这将成为轧辊表面掉皮和产生裂纹的根源。

B 轧辊破损的预防

轧辊破损的预防要从两个方面入手。第一,入厂的轧辊要进行严格的检验,随时注意观察轧辊的使用状态,发现有缺陷应及时更换并作进一步检查和修磨。第二,在使用过程中严格遵守轧制规程及操作规程的有关规定,尤其应该注意的有以下几点:

(1) 开轧前辊身必须给水方可进行空试车。轧制时控制辊身温度不高于60℃,工作辊上机前轴承座注油室内必须充分注油,防止辊颈温度过高,一般辊颈温度不高于40℃。

(2) 正确地掌握要钢速度,做到既不影响轧制,又不使板坯在辊道上停留时间过长,以防过大的温降和造成黑印。

(3) 严禁轧制被高压水局部浇冷或有黑头的钢坯,低于开轧温度或温度严重不均的钢坯不准轧制,钢坯表面不清洁也不要轧制。

(4) 轧件进入轧辊后,严禁带钢压下。

(5) 出现夹钢事故时,辊身冷却水应立即关闭。

(6) 短时间待轧,轧辊必须爬行,不要关闭辊身冷却水。处理完卡钢待轧件退出后,轧辊空转到辊身温度低于60℃时(一般15min),再由小到大缓慢加大冷却水量,恢复轧钢。

(7) 停轧后关闭辊身冷却水,须再轧钢时才能开启辊身冷却水,以防轧辊产生热裂纹。

6.2.2.3 换工作辊

A 抽出工作辊

(1) 将备好的上下工作辊组装成一对预上机工作辊，放在换辊小车偏离机架窗口的轨道上（出口侧轨道）。

(2) 换辊前应启动扁头自动对正垂直装置，使上下万向接轴弧口中心线重合，当该装置有故障时，应人工操作尽量保证上述位置。

(3) 抽辊前专人到主电室签字并确认切断主电机、机架辊、旋转辊道、主推床电源。

(4) 启动压上系统，降下辊系，使下工作辊落在抽辊滑道上，并保证下支撑辊与下工作辊之间的间隙大于新装工作辊与抽出工作辊直径之差，注意压上不得降得太多，防止“降死”。

(5) 将四个专用小垫块放在下工作辊轴承座的凹坑内，保证垫块位置有利于上轧辊稳定。

(6) 检查工作辊与机架辊间、工作辊滑道上是否有杂物，排料器、牌坊衬板、扁头定位丝是否脱落，中间滑道位置是否正常，如发现有铁块等杂物及脱落等异常情况，应首先处理完毕再抽辊。

(7) 启动压下系统，降上辊系，使上工作辊落在下工作辊轴承座的专用垫块上，保证上下辊轴承座的凹坑对正垫块，同时使上工作辊轴承座“耳朵”下表面脱离上支撑辊轴承座提升台阶20mm，注意防止上支撑辊下辊面压靠在上工作辊的上辊面上，压下操作工应看清指挥人员手势后再操作，并注意轧制力变化和压下位置，防止“压死”。

(8) 关闭万向接轴液压控制台进液阀，防止辊抽出后万向接轴上抬，接轴夹紧装置将接轴夹紧。

(9) 工作辊轴端挡板打开。

(10) 将换辊小车滑道对准轧机下工作辊滑道，将小车送入，插上销子，在轧机前后专人监督下抽出轧辊，发现问题及时停车。

(11) 换辊小车移动，将新旧辊位置对调。

(12) 将换下的轧辊吊走，抽辊后不得启动压上和压下，防止因其位置变化新辊装不进去。

B 装工作辊

装工作辊步骤与抽出工作辊步骤正好相反，装工作辊完成后，将新上机的工作辊辊径输入计算机或通知操作台操作人员。

6.2.2.4 换支撑辊

A 抽出支撑辊

(1) 将工作辊拉出运走后，将支撑辊油管拆下，用吊车将换辊小车吊离。

(2) 操作机内换辊轨道与换辊轨道平齐。

(3) 将支撑辊换辊装置推进到挂钩位置，将挂钩与滑座连接。

(4) 下支撑辊轴端挡板打开。

(5) 将下支撑辊从机架拉出至换辊位置。

(6) 用吊车将换辊托架安装就位，安装时由一人指挥吊车点动下落，两端有人观察换辊托架与下支撑辊轴承座的对正情况，观察人员要站在安全位置。

(7) 将下支撑辊连同换辊托架一起推入机架到位。

(8) 上支撑辊平衡缸下降，将上支撑辊放置在换辊马架上，上、下支撑辊轴承座与换辊马架之间通过定位销准确定位。

(9)将支撑辊平衡缸锁住。

(10) 上支撑辊轴端挡板打开到位。

(11) 将一对支撑辊拉出至换辊位置。

(12) 用吊车将上支撑辊、换辊马架、下支撑辊分别吊出。

(13) 根据新上机轧辊直径(确定垫板厚度),认真核对无误后方可装入支撑辊。

B　装入支撑辊

(1) 由一人指挥吊车,将下支撑辊放在支撑辊换辊机滑座上;支撑辊换辊马架放在下支撑辊轴承座上;上支撑辊放在支撑辊换辊马架上,上、下支撑辊轴承座与马架之间通过定位销准确定位。下落定位过程中支撑辊两端要有人观察轴承座与换辊机滑座、换辊马架与轴承座的对正情况,观察人员要站在安全位置。

(2) 观察牌坊内的装辊空间有无物件阻碍,对阻碍物件进行处理。

(3) 将组装好的一对支撑辊向机架内推进。当轴承座即将进入牌坊时,支撑辊换辊装置要点动,待轧辊轴承座顺利进入牌坊时,一直将支撑辊推进机架。

(4) 上支撑辊轴端挡板闭合到位。

(5) 将上支撑辊平衡缸解锁。

(6) 上支撑辊平衡缸上升到位。

(7) 将下支撑辊及换辊马架拉出,用吊车吊走换辊马架。

(8) 将下支撑辊推入机架到位。

(9) 将下支撑辊轴端挡板闭合到位。

(10) 人工将支撑辊推拉缸头部和滑座分离后,支撑辊换辊装置缩回到位。

(11) 用吊车将换辊小车吊起放至原位,将支撑辊油管装好。

6.2.2.5　换立辊

(1) 拆除立辊前过桥和护栏。

(2) 用点动手柄对扁头,使扁头方向与轧制方向平行,切断轧机前辊道、主轧机传动电源。

(3) 左右侧压下及平衡装置带动立辊及滑架至开口度最大位置。

(4) 用平衡缸推动轧辊至接轴正下方。

(5) 用天车 C 形钩,将主轴可伸缩套筒从法兰盘处吊起,用事先准备好的长螺栓固定在主轴上。

(6) 用手动葫芦将接轴吊离垂直方向一定角度。

(7) 拆除立辊轴承座上部的固定螺栓。

(8) 按下“立辊平衡缸前推”按钮,将立辊推至轧制中心线。

(9) 吊入大 C 形钩,并用销子将 C 形钩头部与立辊扁头连接。

(10) 将立辊吊出。

(11) 装辊顺序与抽出立辊顺序相反,注意装辊时要对扁头。

(12) 将立辊直径输入计算机或通知操作台操作人员。

6.2.3　压下操作台操作技能

6.2.3.1　交接班检查

(1) 接班后,首先切断电源,关闭电锁,关闭轧辊冷却水,确认后鸣笛通知检调人员开始检调。

（2）检查调斜装置中电磁离合器开闭是否正常，辊缝显示是否正常。

（3）检查过平衡力是否正常，要求过平衡力不小于65t，发现问题及时汇报。平衡力过小易造成上辊系上升速度跟不上压下系统上升速度。

（4）辊身喷淋水系统压力是否正常，喷嘴数量是否齐全，角度是否准确，水路是否畅通。辊身冷却不正常，易造成辊温不均，后果是损坏轧辊和工作辊型不稳定。

（5）了解轧辊辊型及磨损情况，了解道次压下量的给定、道次的排定和了解钢板厚度横向厚差。

6.2.3.2 操作要点及程序

（1）鸣笛开车现场无人后，打开电源，开动压下，电气控制系统应灵敏；各轧制参数仪表正常，压下时启动和停止迅速。

（2）轧辊压靠，调整零点，压靠力为5～7MN，同时检查辊缝显示是否准确。

（3）一般情况下，开轧温度为1050～1150℃，终轧温度不低于800℃，不轧低温钢。凡遇有以下情况的坯料作为回炉处理不得轧制：

1）钢坯表面有明显裂纹。

2）表面有加热炉脱落的耐火材料等其他杂物，而用高压水除不尽者。

3）开轧温度低于1050℃及温度严重不均。

4）无二次高压水除鳞或氧化铁皮明显除不净。

5）连续出现三块同板差在0.50mm以上，应及时待温。

（4）合理分配轧制道次和每道次的压下量。

根据不同的原料规格和轧制的成品尺寸，采用“横－纵”或“纵－横－纵”轧制法，合理确定纵轧压下量。参照给定的压下规程，根据不同的钢种、钢板宽度、温度、辊型合理分配压下量，以保证板形和目标厚度。

（5）正常轧制时，应不断同厚度卡量工联系，出现偏延应及时调整。开轧后前三块钢板根据实际卡量宽度及热放尺量和板形选择合理的毛板宽度并及时调整，确定展宽终了道次的辊缝和道次压下量。

（6）对允许采用负偏差轧制的钢种，尽可能采用负偏差轧制，根据辊型、钢板纵向温度差、公差范围和厚度的热放尺量，合理选择负差轧制钢板的命中厚度。

（7）同一批号应轧制同一厚度规格，如有特殊情况改变厚度规格时，应及时通知矫直机岗位工。

（8）发生轧辊压死时，打开同步轴离合器，启动精调电机或粗调电机抬辊。

（9）设备停止工作时，控制器放在零位，并将电源切断，轧辊辊缝一般应抬至250mm处，防止再次开轧时，因忘记摆辊缝而造成压下量过大引起的断辊事故。如需要更换机架辊或压紧缸时，应在专人指挥下将上辊抬升至最高位置。

（10）轧件进入轧辊后严禁改变压下量，避免带钢压下，损坏压下传动装置。

（11）正常生产时，每间隔五块量一次毛边板的宽度和厚度，特殊情况下逐块卡量，每隔两小时了解一次成品钢板的中厚值，发现问题及时纠正。

6.2.3.3 试验方法确定轧机刚度

试验方法确定轧机刚度有以下两种方法：

（1）用轧铝板的方法求K_m。此时，可固定一个S_0，然后用不同厚度的铝板轧入，测出轧制力和轧出厚度(应尽量使轧制力变动范围大一些),用回归法可求出 K_m 值或分几段折线来回归,此法只需实测轧制力 P 和轧出厚度 h,而不必知道精确的 S_0 值,但在一般情况下,要找到一组不同厚度的铝板往往不太容易,如只有一种厚度的铝板,可在试验时首先预压靠轧辊,在预压靠力 P_0 时辊缝仪清零,然后用不同 S_0 值来轧铝板,使产生变化范围尽可能宽的轧制力,在测得每一道次的轧制力和轧出厚度后,可用下式求 K_m。

$$(h - S_0)K_m = (P - P_0)$$

试验时应注意不使轧辊发热,以免影响辊缝值。轧铝板法由于试验条件和实际生产情况最为相近,因此能测得较精确的 K_m 值,同时由于采用不同宽度的铝板进行试验,因此是取得板宽对 K_m 的影响的基本方法。

但这种方法不能经常使用,特别在实际生产中不可能每次换辊后都进行,因此还必须采用第二种方法。

(2) 自压靠法,当轧辊接触后继续压下,压下螺杆的行程必将都转化为机座零件的弹性变形,因此如能测出不同压下行程时的预压靠力,即可算出 K_m 值。

由于轧辊开始压靠的点不易测量,可以以某一轧制力值(如 3000kN)为基点,如此时的辊缝值为 S'_0,则在测得各 S_0 和 P 值后用下式计算(回归法):

$$(S_0 - S'_0)K_m = (P - 3000)$$

自压靠时相当于板宽为轧辊辊身长度,其所测得的 K_m 值可用 K_{m0} 表示。用预压靠法可在每次换辊后,实际测量在此辊径下的 K_{m0} 值。

考虑到轧辊偏心的影响,P_0 和 P' 都需多点测量(在相当于轧辊转一周的时间内采样 6 ~ 12 次),求其平均值。

6.2.4　主机操作台操作技能

6.2.4.1　交接班检查

(1) 检查机前机后旋转辊道、机架辊运转及冷却情况是否正常,辊面是否有留渣等粘附物,防止啃伤钢板;检查推床是否对中,偏差不得大于 15mm;检查推床面磨损情况,防止钢板跑偏,破坏稳定轧制条件。

(2) 测量推床开口度指示与实际宽度的误差值,因板坯几何尺寸有波动,温度有波动,使得计算展宽量不十分准确,需要实测,不断调整展宽厚度的辊缝值。

(3) 检查上下工作辊和上支撑辊的辊面情况及工作辊的表面温度,辊面温度不得超过 60℃,辊温高易产生热裂,损坏辊面。检查旋转辊道辊面温度,辊温高易粘附金属物,啃伤钢板。

(4) 检查上下工作辊的位置及导卫板的位置及间隙,有无损坏,压紧缸工作情况,汽笛是否正常。

6.2.4.2　操作要点及程序

(1) 接到开车信号后,鸣笛通知轧机附近工作人员马上离开危险区,并通知前后工序人员做好生产准备。

(2) 试运转辊道、推床及主机的正反转,重点检查有没有不转的辊和自由辊,转速仪表指示是否正常,旋转辊、主机运转是否平衡。

(3) 轧件调头时,应取得压下工的许可,要时刻注意来料尺寸变化,防止轧长或轧宽。

（4）喂钢时，推床必须对中送入轧件，然后立即返回，使开口度大于轧件宽度。

（5）禁止零速喂钢，咬入前轧辊转速需大于 15r/min，以保证支撑辊油膜的形成。严禁带钢启动主电机，严禁带钢压下。

（6）轧制速度制度，轧辊的最高转速不得大于最高速度，一般情况展宽阶段转速选为低速挡位，粗轧阶段转速选为中速挡位，精轧阶段转速选为高速挡位。

（7）辊道速度应选择与轧辊速度基本一致，接送轧件不得逆转或停转，钢板超过 16m 长时，接送钢板的辊道应选择联动，以避免轧件纵向划伤。

（8）轧完最后一道卡量时，听从压下工指挥。

（9）密切配合压下工，注意观察辊缝，等压下工摆好辊缝后再喂钢，轧件不得撞击导卫板。

（10）轧制过程中，时刻注意导卫板位置变化；发现轧机上的液压系统严重漏液，马上停车检查，向调度报告。

（11）禁止轧件在被夹持状态下开动旋转辊道，避免造成金属黏附在辊面上，啃伤钢板下表等。

（12）禁止推床夹紧钢板后电机堵转时间超过 3s，夹紧轧件后，推床打到零位。

6.2.5 辊道工操作技能

6.2.5.1 交接班检查

（1）检查所属辊道运行情况，重点检查是否有死辊、自由辊、反转辊，保证钢坯及轧件的正常运送和表面质量。

（2）检查各通讯系统，保证生产中信息的顺利传递。

（3）检查温度仪表是否正常，如不正常，通知自动化部仪表人员到场处理，确保品种钢轧制工艺执行的准确性。

（4）通知高压水泵房断电，确保检调人员的安全。

（5）检查水幕及喷嘴，有无堵塞，手动闸阀及电动阀门启动正常，保证控冷时的冷却质量。

6.2.5.2 操作要点及程序

（1）接到开车信号后，通知炉头出钢。

（2）认真检查一次除鳞效果，根据情况可除鳞 1～3 遍。钢坯表面仍有明显的氧化铁皮存留的及时打回炉。出现硬心，明显黑印，上下温差过大的钢坯及时打回炉。

（3）无除鳞设施时，不得轧钢，轧制中必须使用二次高压水系统清除二次氧化铁皮。

（4）控轧待温时，轧件应在辊道上往复缓慢移动，防止轧件出现黑印。

（5）及时与加热炉出钢工联系，准确了解并向压下工、主机工通报所轧坯料的品种、规格等有关参数，并将轧制规格及时通知矫直工，每 4h 向成品收集台了解一次钢板中厚值。同一批号厚度变化时，通知精整剪切工。

（6）及时准确的记录《轧钢岗位操作记录》。

（7）根据钢板长度合理选用辊道联动。

6.2.6 卡量工的操作要点

6.2.6.1 交接班检查

厚度热卡量工，有些车间称为轧钢联络员，主要工作内容是卡量钢板的实际厚度尺寸，及时地反馈给轧钢压下操纵工，以便及时掌握和校正压下操作，提高轧制钢板的厚度合格率。另一个任务是根据钢板两侧厚度变化和板形变化情况，判断、掌握轧辊辊缝，及时地反馈给轧钢压下工调整辊缝以适应轧制要求。交接班检查时作业程序如下：

（1）检查热卡尺，测宽卡尺是否准确，并校正。

（2）用专用纸擦拭激光测厚仪上下接受镜，并用标准量块校对测厚仪测量精度，使其误差不大于0.05mm。

（3）检查测厚仪机身冷却水及上下冷却水箱冷却水，保证循环畅通。

（4）检查吹扫测厚仪上下镜头的压缩空气管是否畅通。

（5）检查测厚仪的操作系统、显示系统是否正常。

（6）到成品检查台了解上一班的板形及厚度情况，并及时反馈给压下工，若辊型不具备稳定轧制条件，应及时换辊或改变规格。

6.2.6.2 操作要点及程序

（1）接班后用标准量块校对激光测厚仪。

（2）正常生产时，1号或2号测厚仪开进辊道进入工作状态，以所要轧制的钢板宽度决定测厚仪的位置，若需测量钢板宽度方向的厚度分布时，应先将一侧测厚仪开进辊道，至极限位置后将其退出至正常生产时停留位置，然后再将另一台测厚仪开进，测量完毕后退出，严禁两台测厚仪同时开进辊道。

（3）接班或换规格后，前三块钢板必须卡量，卡量完毕后，退后约2m，观察千分尺读数，然后面对轧机操作台抬起手臂，向压下工出示厚度手势信号，准确报告所测钢板之厚度尺寸，其手势信号表达方法如下：

“0”：出示拇指和食指，使两指弯成“O”形状；

“1”：出示食指，其余四指收拢在一起；

“2”：并列出示食指、中指，其余三指收拢在一起；

“3”；出示食指、中指、无名指，其余两指收回；

“4”：除拇指外；其余四指全部伸出；

“5”：出示全部五个手指；

“6”：出示拇指、小手指，其余三指收回；

“7”：五指捏在一起；

“8”：出示拇指与食指叉开成反“八”字状；

“9”：出食指成钩状。

（4）一般情况下，每轧5张钢板必须卡量一次，并通知压下工，特殊情况块块卡量。

（5）两边卡量，两边厚度差超过0.05～0.1mm时，及时通知压下工，并观察钢板板形，出现异常情况及时通知压下工和主机工。

（6）每隔半小时用热卡尺测量钢板，与激光测厚仪对比，并将误差通知压下工，必要时重新用标准量块校对测厚仪和热卡尺。

（7）每隔2h了解一次钢板中厚情况，并通知压下工。

（8）钢板表面出现杂物应及时清除。

思　考　题

6－1　提高位置控制精度和可靠性的措施有哪些?
6－2　简述轧辊位置调整的过程。
6－3　为什么要进行零位调整,如何操作?
6－4　叙述本厂换辊操作的步骤。
6－5　叙述压下操作标准化作业程序。
6－6　叙述厚度卡量操作要点。
6－7　叙述宽度卡量操作要点。

7 中厚板精整理论及操作

7.1 中厚板精整工艺组成

中厚板精整工艺的组成，一般随着轧制钢种的不同而不同。我国目前中厚板精整工艺组成，基本上是两种类型。

（1）以生产碳素钢、低合金钢为一大类。这一类中厚板生产车间，其精整工艺通常由轧后冷却，热状态矫直、翻钢板、划线、剪切、修磨、标志、分类、堆垛等组成。

（2）对于除生产上述钢种外还生产中级、高级合金钢的中厚板车间，除需具备上述必不可少的工艺外还需设有热处理、酸碱洗、探伤等工艺处理。

7.2 冷却

7.2.1 冷却方式

钢材的冷却是保证钢材质量的重要环节，根据钢材品种及钢种的不同，冷却方式可以采用自然冷却（空冷），强制冷却（风冷、水冷），缓慢冷却（堆冷、缓冷）等几种方式。

7.2.1.1 自然冷却

自然冷却指轧制终了后钢材在冷床上自然空气冷却。当冷床有足够的工作面积，而对钢材的组织及性能又无特殊要求时，大都可以采用这种冷却方式，例如普碳钢。

自然通风冷却时，轧件在空气中通过传导、辐射和对流将自身的热量向周围环境排放。其中传导所散发的热量很少，通常可以忽略不计。辐射和对流的过程是轧件先通过辐射把热量传给周围的物体，再通过对流把大部分辐射热传给空气，热空气上升，从车间屋顶的排气孔把热量散发到周围的环境，轧件上的热量主要是通过对流散发。

要能使钢板在冷床上的冷却过程中，尽可能地达到规定的冷却要求，就必须要有足够的冷空气，从冷床下面进入冷却钢板的下表面，为此在车间需要有专门的通风道。另外，在钢板之间也必须要有足够的距离，以便使钢板下面被加热的热空气由间隙中流出。空气的这种对流与车间的厂房结构有密切的联系，如车间的墙壁是全封闭型还是半封闭型的，甚至连屋顶的窗洞等，也能起到空气流动的作用。如果车间的墙壁是全封闭的，则外来空气的干扰就小，这样将使两块钢板之间的空间距离，成为热空气上升的窗口（烟囱），并且它可能会一直上升，从屋顶的窗洞向外流出。因此，中厚板车间屋顶的排气孔，实际上就是起到了空气对流的烟囱作用。从排气孔流出的空气，不仅不受风向的限制，而且也不会受到任何阻碍。厂房设有天窗时，热轧件散发热量的85%是通过上升的热气流从天窗这条最短的路线散发出去。因此，在有天窗的车间里，轧件冷却时间最短。对于这种空气流动情况如图7－1所示。

7.2.1.2 强制冷却

当冷床面积较小，或对钢材的机械性能或内部组织有一定的要求时，可采用强制冷却。根据强制冷却时的冷却速度，又可将其归纳为以下两种情况。

A 喷雾冷却

喷雾冷却用特殊喷头使冷却水变成雾状水滴，用另一个喷头喷射出的压缩空气将细雾珠吹到钢板上。

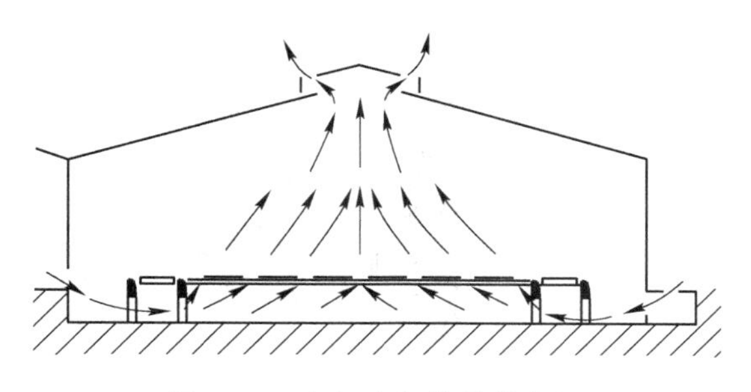

图 7－1 良好冷却状况的布置

虽然喷雾冷却在高温钢板产生激烈的上升气流那种情况下不适用，但在钢板温度稍微下降的状态下，却能不弄湿钢板，并以快于空冷的速度均匀地使之冷却。细雾珠到达需要冷却的钢板上时，几乎在瞬间就蒸发掉，并夺走蒸发潜热来冷却钢板，不会产生沸腾膜，不弄湿钢板，从而不会使钢板生锈这一点也是有利的。

喷雾冷却装置，设置在冷床出侧，以增加冷却效力，或用于热处理设备。

B 喷水冷却

在钢材上直接喷水的冷却，这种方法的作用：提高冷床的利用率，提高钢材的机械性能，还可以减少由于冷却不均所产生的弯曲，带钢可于轧制后在辊道运行过程中立即进行喷水冷却。

7.2.1.3 缓慢冷却

缓冷一般是为了让钢中有害元素氢得到扩散，冷却高级特厚钢板时使用缓冷装置。

7.2.2 冷床

冷床的结构形式有滑轨式冷床，运载链式冷床、辊式冷床、步进式冷床和离线冷床五种结构形式。

7.2.2.1 滑轨式冷床

这种冷床一般由具有一定距离的钢轨（或灰口铸铁做成）和带有拨爪的拉钢机组成。拉钢机有钢丝绳的，有链条式的。链式拉钢机又有单拨爪和多拨爪之分。特点是结构比较简单，造价低廉，在比较老的中厚板车间使用。这种滑轨式冷床，由于钢板在滑轨上被拉钢机拉着滑动，钢板下表面划伤是不可避免的，散热不好。

7.2.2.2 运载链式冷床

这种冷床是在滑轨式冷床基础上，经改革而成。它的特点是：钢板下表面只与运载链接触，并保持相对静止，完全脱离滑轨，而运载链则托在滑槽内。这种冷床，虽解决了钢板下表面划伤问题；但链子很多很重，磨损严重，易发生故障，在我国使用不太广泛。

7.2.2.3 辊式冷床

辊式冷床由滑轨式冷床改造而成，分为小辊式和全辊式两种。前者仍用钢丝绳拖运，小辊是被动的，只起撑托钢板作用，改滑动摩擦为滚动摩擦，减轻了钢板下表面的划伤。全辊式冷床，各辊子都是主动同步转动的，顺作业线布置，辊呈圆盘状并相互交错布置，如图 7－2 所示，故称圆盘辊式冷床。

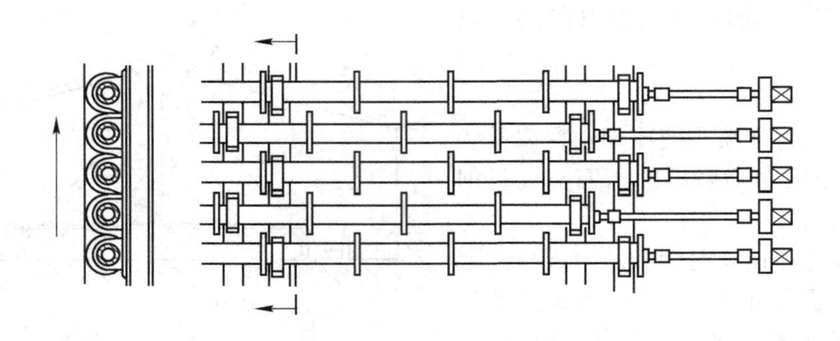

图 7－2　圆盘辊式冷床

辊式冷床与前两种冷床相比，有下述几方面特点：

(1) 钢板和圆盘之间没有相对滑动，钢板表面不会划伤；

(2) 钢板和辊子的接触线很短，辐射面积大，冷却速度快，冷床本身散热好；

(3) 钢板之间可不留间距或间距很小，冷床面积利用率高；

(4) 工作比较可靠，零星事故少；

(5) 冷床设备重量轻，但设备制造、施工比较复杂，投资大。

冷床的输入端和输出端设有传送装置(如凸轮或曲柄装置升降的运载链)，将钢板从辊道送到冷床或从冷床送到辊道上。有时也可利用翻板机，将钢板从冷床上翻转到辊道上，以便在送往剪切线以前检查下表面。

7.2.2.4　步进式冷床

图 7－3 所示为步进式冷床的工作原理。当钢板在冷床上不运行时，载运活动梁 3 与固定梁条同高，如图 7－3(a)所示；当钢板在冷床上要运行时，载运活动梁将钢板从固定梁上抬起如图 7－3(b)所示；然后载运活动梁逐步地运送钢板，如图 7－3(c)所示；当运送一定距离后，载运活动梁开始下降，把钢板放在固定的梁条上，如图 7－3(d)所示；最后再移回至原来的位置上，又开始上升到与固定梁条同高，重新处于静止状态，如图 7－3(e)和(f)所示。

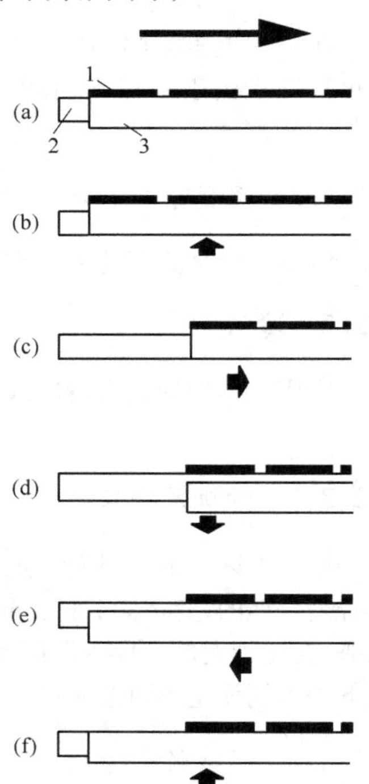

图 7－3　步进式冷床工作原理

(a)静止状态，固定梁与载运梁同高；(b)载运梁将钢板抬起；(c)载运梁逐步地运送钢板；(d)载运梁下降，将钢板放在固定梁上；(e)载运梁从冷床平面以下移回原位；(f)载运梁上升与固定梁同高，重新处于静止状态

1—钢板；2—固定冷床梁；3—载运活动梁

从上面对步进式冷床的工作原理之分析可以看出：载运活动梁条是安装在固定梁条之间的，对于活动梁条之间的距离，可以根据生产的需要，按具体情况而定。

从轧机过来的钢板，通过传送设备从辊道送上冷床。载运活动梁条接过钢板并将它以步进的方式沿冷床运送。由于载运活动梁的提升运动是垂直的，因此，钢板在抬起和放下时，不会由于倾斜造成事故。由于提升和向前移送不是同时进行的，而是完全分开进行的，因此，冷床不仅具有良好的冷却条件，而且能有效地利用冷床的面积，成组地提升和移送钢板，将使这种冷床具有更大的灵活性。图 7－4 所示充分说明提升和移送钢板时,所显示出对冷床空缺的利用与其灵活性。

图7－4中由于载运活动梁的结构特点。使冷床具有提升与移动的灵活性。由于活动梁在连接处能够上下和左右移动(钢板运行的正反方向),因此,使连接处的两个活动梁既可以同时提升和移动,也可以非同时提升与移动。如果没有这个特点,钢板在冷床上的相互间距,将不可能调节,冷床的利用率也就不会很高。

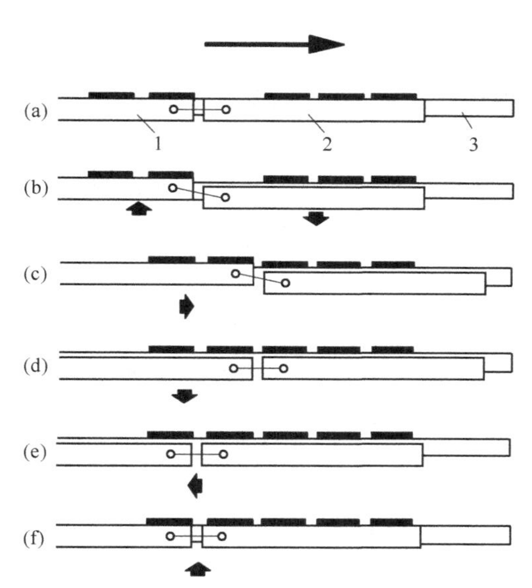

图7－4　步进式冷床操作方法
(a)活动梁1与2同固定梁一样高;(b)活动梁2下降,1与3同高;(c)活动梁2与1同向运动移送钢板调整间距;(d)活动梁1下降;(e)活动梁1与2返回;(f)活动梁1与2升高与3同高

这种冷床的载运活动梁,由电动机经减速机、轴和杠杆而驱动的。电动机应该是同步的,否则会因为不协调的动作而使钢板的下表面发生损坏。

通过上述对步进式冷床的分析,可以归纳这种冷床有下述几个方面的优点:

(1) 运送钢板时,钢板与固定横梁(或滑条)之间没有滑动或滚动摩擦,钢板下表面不会产生划伤。

(2) 冷床的冷却面积对各种不同宽度的钢板,均能得到充分的利用。

(3) 冷床有一个均匀而严密的机械平面,因此钢板冷却后很平直,使钢板的再矫直量减少。

(4) 无论是固定梁条,还是载运活动梁条,在其与钢板的接触面上,均有密布的孔眼,冷空气能够无阻地通过这些孔眼冷却钢板的下表面;并且钢板与固定梁条和活动梁条的接触时间相同,故在这种冷床上,不但冷却速度较快,而且冷却的较均匀,从而使钢板有较均匀的组织和性能。

(5) 钢板除了可以向前运送外,也可以向后运送,便于生产操作和调整。

由于步进式冷床有这些方面的优点,因此,这种冷床对钢板生产的发展是有促进作用的,是有使用前途的一种冷床形式。

但这种冷床的投资较其他冷床大,维修也较其他冷床要困难一些。

从输入辊道至冷床和从冷床至输出辊道的移送,为避免钢板下表面划伤都采用提升送进的方式。

7.2.2.5　离线冷床

离线冷床不像在线冷床那样边传送边冷却钢板,而是固定在一个地方冷却钢板。用钢架或滑轨排列成一个平台,构造简单。钢板用桥式起重机或专用吊具搬入搬出。

这种冷床主要用于冷却特厚钢板。

7.2.3　水冷装置

水冷装置分为一般水冷装置和控制水冷装置,一般布置在轧机后,矫直机前。

7.2.3.1　一般水冷装置

如图7－5所示,将总管道的水引到作业线,在辊道上下方设置有比较密集的支水管,每一根支水管上钻有 1～3 排、直径 ϕ3～6mm 的小孔，管道中的水靠自来水压力或压力泵向钢板上下表面浇水或喷水冷却。

冷却水的供应靠手动或电磁切断阀控制。冷却效果则取决于工人的操作经验。

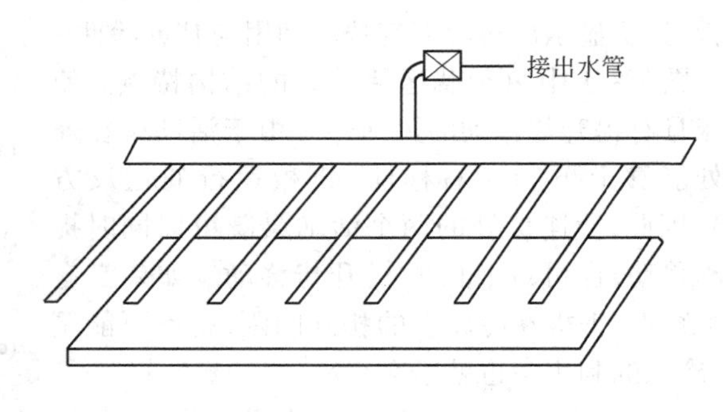

图 7－5　一般水冷装置示意图

7.2.3.2　层流冷却装置

层流冷却在我国近年来发展较快，有柱状层流和幕状层流两种，关键在于喷管形式。图 7－6(a) 为柱状层流喷水管，图 7－6(b) 为幕状层流喷水管。

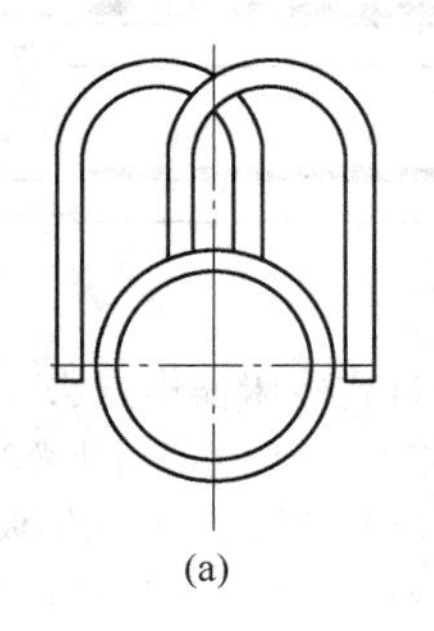
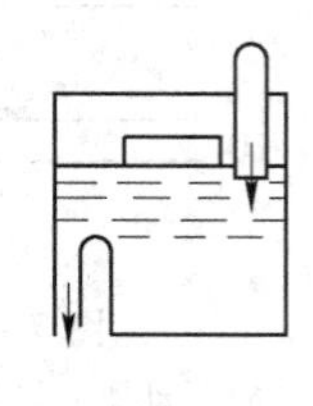
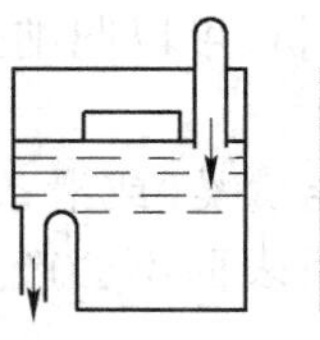
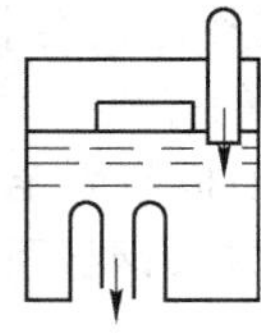
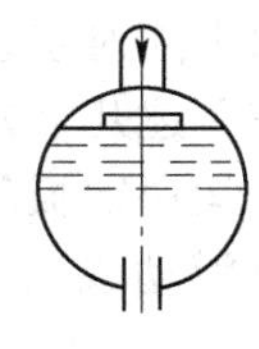

(a)　　(b)

图 7－6　两种层流冷却装置喷水管
(a) 柱状层流喷水管；(b) 幕状层流喷水管

柱状层流装有许多虹吸喷管，这种装置采用微压力控制，控制精度较高。但存在着较明显的缺点，就是管内容易积垢，故对冷却水的质量要求较高。幕状层流冷却能力较柱状层流大，设备简单，易于维修，占线短，对冷却水的质量要求不高，但冷却精度较差一些，除可用于轧制以后的冷却外，还可以用于中间的毛板冷却，实现控制轧制。

对于下表面通常都采用喷射水的方式进行冷却。

7.2.4　缓冷装置

缓冷装置的形式有缓冷坑和缓冷罩两种。

7.2.4.1　缓冷坑

在地面上挖掘一个坑，其周围砌筑有耐火砖使之充分保温，在其中装进需要缓冷的钢板并盖上盖子，以进行保温并使钢板缓冷。缓冷坑的保温状态较好。为了监视钢板的缓冷状况，有的装有温度检测装置，有的甚至还装有烧嘴或升温装置。

7.2.4.2　缓冷罩

将钢板放在隔热的平台上，然后在其上面盖上罩子。罩一般是用钢板制造的，内侧用可铸耐火材料等不定型耐火材料来保温。

还有不专门设置缓冷罩的，每当缓冷时就用珍珠岩、高岭石、矿渣棉那样不定型的隔热材料直接覆盖。

7.2.5 钢板的冷却操作

7.2.5.1 轧后喷淋冷却装置操作

该冷却装置设置在轧机钢板输出辊道或矫直机钢板输入辊道上。根据该冷却装置的结构、技术性能及所处位置等特点,其标准操作程序和要领是以下几点。

A 开车前的检查内容

(1) 检查上、下喷水控制开关,应达到控制灵活。

(2) 检查上、下喷水管水量调整开闭,应达到调整灵活。

(3) 检查各部分水管、开闭器,应达到无泄漏。

(4) 检查上、下喷水管流量表(或压力表),应达到指示准确。

B 装置构成

主管路 - 手动闸阀 - 电动闸阀 - 手动闸阀 - 上喷淋管。

C 操作程序、要点

(1) 冷却装置在钢板高温时使用,以保证矫直质量为主要目的。

(2) 水量调整:

1) 开启主管路手动闸阀至最大开口度。

2) 接通电动闸阀电源开关。

3) 按下"喷淋水开启"按钮 3 ~5s,打开电动闸阀。

4) 调整上下喷淋管手动闸阀,使各排喷淋管水量均匀,上部水流平衡,下部水流高出辊道面20mm 左右,各水孔水流畅通。

(3) 操作要点:

1) 钢板轧完最后一道,立即开启电动闸阀。

2) 矫直 14mm 以上钢板时必须开矫前冷却水,钢板完全通过水冷却后,方可关闭冷却水。

3) 钢板在水冷区内,辊道禁止打反转或停转。

4) 钢板矫直温度低于 800℃时,不得喷水。

5) 钢板有严重缺陷(边浪,中浪,扣头)时,不得喷水。

6) 矫直操作时若需喷水冷却,钢板必须完全通过水冷区。

7) 钢板不准在浇水区域停留。若钢板卡在水冷区内必须立即关闭电动闸阀,当电动闸阀失效时,立即关闭主管路的手动闸阀。

8) 严禁使用电动装置本身按钮,应使用操作台面上的按钮开关,操作电动阀按钮时,操作时间不得超过 5s。

9)不准在多张钢板重叠时浇水。

10)冬季停产时,水管中残留的水应放净,避免水管冻裂。

11) 发现设备事故时,应及时与维修部门联系。

7.2.5.2 圆盘辊式冷床操作

(1) 首先检查上下冷床传送装置,辊盘、辊道运转是否良好,防止有不转的链轮、辊子、辊盘划伤钢板下表面。

(2) 运送钢板必须要严格执行"按炉送钢制度",不得混号。

(3) 钢板运送时,不得重叠或歪斜。

(4) 根据钢板长度决定单排拉钢或双排拉钢。

(5) 两个冷床必须同时使用,均衡拉钢,使钢板充分冷却。

(6) 热钢板只能在辊道上通过或来回移动,不得停留在辊道上。

(7) 上下冷床传送装置只有处于最低位置时,方可开动辊道。

(8) 当后部工序发生故障,冷床上钢板不能向后部输送时,冷床满后及时通知轧机停轧。

(9)冷床发生故障时,立即通知轧机停轧,防止浪板发生。

7.2.6　冷却缺陷及其预防

钢板在冷却过程中,由于冷却设备不完善,操作不当等原因造成各种不同性质的钢板缺陷。

7.2.6.1　钢板瓢曲

产生原因:主要是由于浇水量过大(冷却速度过快),或上下表面冷却不均造成。

特征:钢板在纵横方向同时出现同一方向的板体翘曲或呈瓢形。

处理方法:适当增加矫直机的压下量,反复矫直,瓢曲严重的报废;若数量较大,也可以采用常化炉加热后再矫直。

预防措施:严格执行工艺标准,严格控制上下喷水量,使钢板表面冷却均匀,减少上下表面温度差。

7.2.6.2　产生魏氏组织

特征:晶粒呈针状,彼此之间成60°或120°角分布,组织粗糙而且不均匀,综合性能较差。

产生原因:在终轧温度较高时,轧后冷却速度太快所致。

处理方法:采用完全退火或正火处理。

7.2.6.3　混号

冷却操作造成的混号事故主要是在床面上推混,即把两个炉号的钢推在一起,或在下床收集时造成,另外,跑号工没有盯住每炉钢的最后一根也能造成混号。

一旦发生混号时,冷床应立即停止操作,迅速处理,如果混的不太严重,可以用前后数根数的方法查找。如果混的厉害,批量也多,则要先积压起来,需要取样化验才能确认。

为了防止精整混号,首先跑号工应该盯住每炉钢的最末一根,钢材上冷床之前,一边报告给冷床操作人员,一边眼睛看住钢材,确认上冷床无误以后才可离开。冷床上一个床子最好放同一炉钢,如果一床子同时放两炉钢时,应有明显的标记隔开并且通知收集入库人员。标牌工应及时检查标牌,做到牌与物相符。

7.3　矫直

7.3.1　概述

钢板在热轧时,由于板温不可能很均匀,延伸也存在偏差,以及随后的冷却和输送原因,不可避免地会造成钢板起浪或瓢曲。为保证钢板的平直度符合产品标准规定,对热轧后的钢板必须进行矫直。

中厚板的矫直设备可大致分为辊式矫直机和压力矫直机两种。如图 7－7 所示,辊式矫直机上下分别有几根辊子交错地排列,钢板边通过边进行矫直。压力矫直机有两个固定支点支撑钢板，压板施加压力而进行矫直。

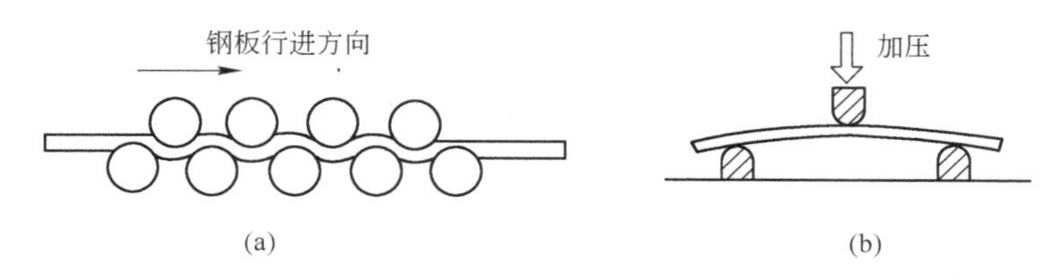

图7－7　矫直机
（a）辊式矫直机；（b）压力矫直机

一般在厚板厂使用的辊式矫直机有三种：热矫机、冷矫机、热处理矫直机。

热矫机设置在轧制线的轧机后方，它是矫直热钢板的。冷矫机在精整工序，矫直冷钢板。热处理矫直机通常设在热处理炉的出口侧，矫直经过热处理的钢板。

热矫直是使板形平直不可缺少的工序。用于轧制线上的中厚板矫直机有二重式和四重式两种。有些中板厂配备两台热矫直机，一台用来矫直较薄的钢板，一台用来矫直较厚的钢板。目前现代化中厚板厂为了满足高生产率和高质量的要求都改为安装一台四重式热矫直机。几种二重式与四重式热矫直机的矫直辊布置如图7－8所示。

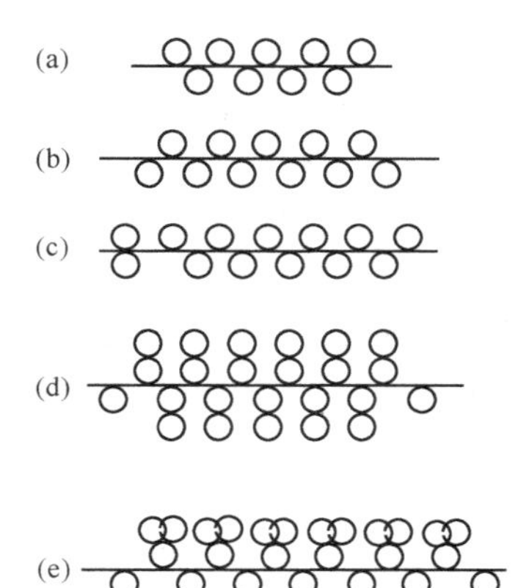

图7－8　热矫直机矫直辊布置图
（a）、（b）二重式热矫直机的矫直辊布置；（c）带送料辊的二重式热矫直机的矫直辊布置；（d）支撑辊与矫直辊布置在同一垂直轴线上的四重式热矫直机；（e）支撑辊与矫直辊不在同一垂直轴线上的四重式热矫直机

矫直机辊数多为9辊或11辊。矫直终了温度一般在600～750℃，矫直温度过高，矫直后的钢板在冷床上冷却时还可能发生翘曲，矫直温度过低，钢的屈服强度上升，矫直效果不好，而且矫直后钢板表面残余应力高，降低了钢板的性能，特别是冷弯性能。

为了矫直特厚钢板和对由于冷却不均等原因产生的局部变形进行补充矫直，在中厚板厂还设有压力矫直机，可以矫直厚度达300mm的钢板，矫直压力5～40MN。为矫直高强度钢板还设置了高强冷矫机，可以矫直到50mm厚、4250mm宽的钢板。

随着控轧控冷工艺技术的应用，终轧与加速冷却后的钢板温度偏低（450～600℃），而钢板的屈服强度提高很多。因而对热矫直机的性能提出很高的要求，即在低温区对厚板能进行大应变量的矫直工作，从而促进了热矫直机向高负荷能力和高刚度结构发展。为提高矫直质量，而且要求矫直的板厚范围也扩大了许多。所以，出现了所谓第三代热矫直机，其主要特点是高刚度、全液压调节及先进的自动化系统。以MDS制造的热矫直机为例，由计算机控制的矫直辊缝调节系统可根据钢板厚度设定调节上辊组的开口度，入、出口方向和左右方向的倾斜调节，上辊组可以快速打开、关闭、上矫直辊的弯曲调节用以纠正钢板的中间浪和左右边浪，每个上辊和下辊组的入、出口辊可以单独调节。MDS为迪林根厚板厂制造的一台重型九辊式热矫直机，最大矫直力为30000kN，矫直钢板厚度为（5）12～110mm，据介绍，最大矫直厚度为300mm。

三菱重工为水岛厂制造并于1988年投产的十五辊矫直机，入、出口各4个小直径的矫直辊、中间主体部分为7个大直径的矫直辊，其矫直钢板厚度为4.5～80（265）mm，最大矫直力为41000kN。当矫直厚规格时，入、出口各2个小辊抬起，矫薄规格时15个矫直辊全部投入，此时轻型与重型矫直辊之间形成最大为 1100kN 的能力。

SMS 设计的新型高性能九辊式厚板热矫直机，最大特点是矫直辊数和辊距可变，从而可扩大矫直的板厚范围，如矫直辊从九辊式可改为五辊式，矫直的板厚范围为 5 ~ 120mm，最大宽度为 4500mm。另一个特点是所有的矫直辊（上、下）为单独传动和单独调节。

7.3.2　辊式矫直机的结构

辊式钢板矫直机主要由主电动机、传动部分、矫直机本体组成。在现代化的中厚板车间中，有些矫直机还配有快速换辊装置。

主电动机采用直流或交流均可，大多只用一台，因传动箱的配置的要求也可采用两台电动机。

矫直机本体由机架、矫直辊、支撑辊和调整机构组成。矫直机的用途不同，它们的结构（特别是调整装置的具体结构）也各不相同。

7.3.2.1　主传动

主传动部分包括减速机、齿轮座和联轴器等。

某厂 11 辊矫直机主传动减速机与齿轮机座为一个整体结构，减少了传动部件，结构紧凑，占地少，其主传动示意图如图 7 - 9 所示。由于矫直机的第三辊受的矫直扭矩最大，且采用多道矫直，因此，矫直机的第三辊（包括另一端的第三辊）由减速机的一根出轴经齿轮座直接传动，以减轻齿轮座的负荷。在矫直机的功率中，由于轴承摩擦损耗占的比重较大，所以减速机、齿轮座和矫直机本体一般均采用滚动轴承。在齿轮座与矫直辊之间的连接，一般采用滑块式万向接轴。

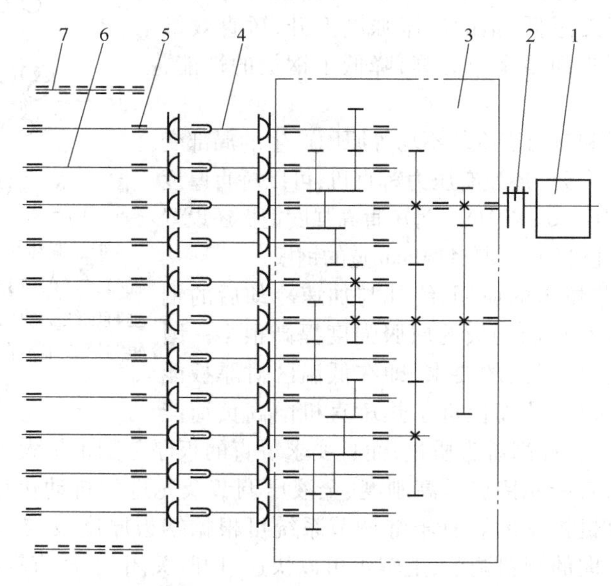

图 7 - 9　11 辊矫直机主传动示意图

1—电动机；2—安全齿接手；3—减速齿轮箱；4—万向接轴；5—输入输出辊；6—矫直辊；7—支撑辊

7.3.2.2　矫直机本体

A　机架

辊式钢板矫直机机架结构，一般分两类，即牌坊式和台架式。

a 牌坊式

牌坊式机架多见11辊,特别是9辊以下的矫直机。它又分开式和闭式两种。

图7-10为平行辊列式9辊矫直机(开式),该矫直机特点是支撑辊与矫直辊布置在同一垂直轴线上。中厚板的矫直要求矫直辊具有较大的强度和刚度,矫直辊辊径较大。采用垂直布置有利于排落氧化铁皮,防止氧化铁皮卷进支撑辊与矫直辊之间,从而保持辊面光洁,延长辊子的寿命。

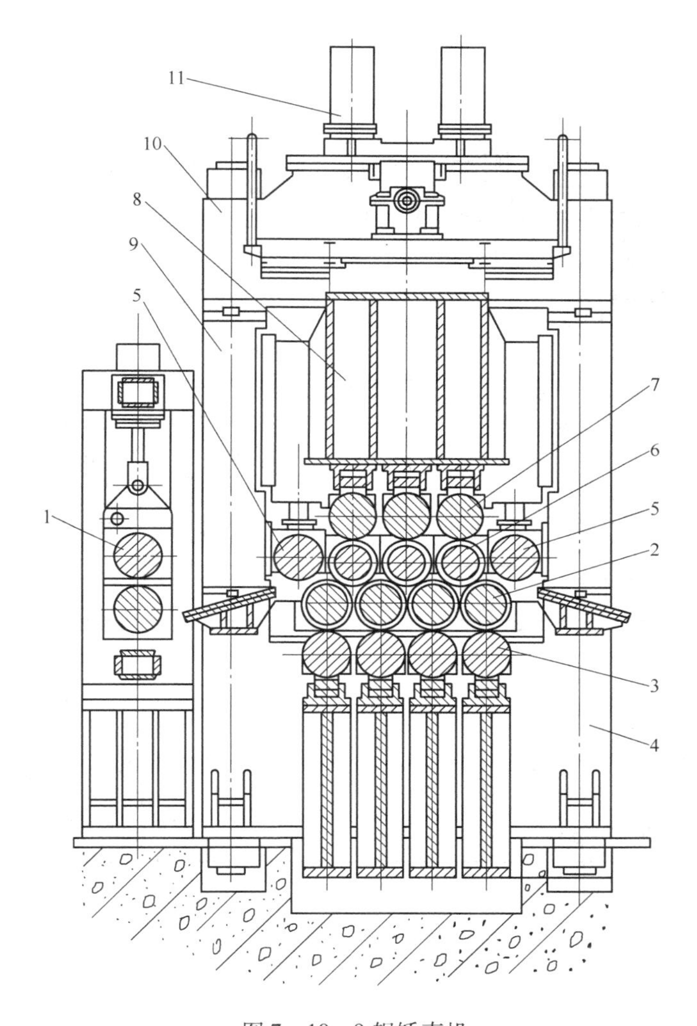

图7-10 9辊矫直机

1—送料辊;2—下矫直辊;3—下支撑辊;4—机架;5—导辊;6—上矫直辊;7—上支撑辊;8—活动横梁;9—立柱;10—上盖;11—压下装置

图7-10中,送料辊1用气缸调整开度;下矫直辊2与下支撑辊3用滚动轴承座固定在机架4中;导辊5、上矫直辊6和上支撑辊7都装在活动横梁8上;压下装置11装在上盖10上,它使活动横梁8沿立柱9上的导槽上下滑动,以调整上排矫直辊与下排矫直辊之间的开度;导辊5的高度可由装在活动横梁8上的机构分别地单独进行调整。

机架、立柱、上盖用贯通式锻钢螺杆紧固在一起组成开式机座。

支撑辊辊数取决于矫直辊受弯条件、矫直辊轴承的承载能力和支撑辊本身的结构尺寸。图

7－10 所示的矫直机采用了两列支撑辊，上排矫直辊共有 6 个支撑辊，下排矫直辊共有 8 个支撑辊。在结构尺寸允许的情况下，也可以只采用一列尺寸大些的支撑辊。

b　台架式

台架式矫直机多见于 11 辊以上的矫直机。这种机架又由上台架、下台架和立柱 3 个主要部分组成。立柱同时也是压下螺丝，通常固定在下台架上；螺母和平衡螺母位于上台架，通过它们的转动可以调整上、下台架间的相对位置，从而也就调整了矫直机的压下量。如图 7－11 所示，

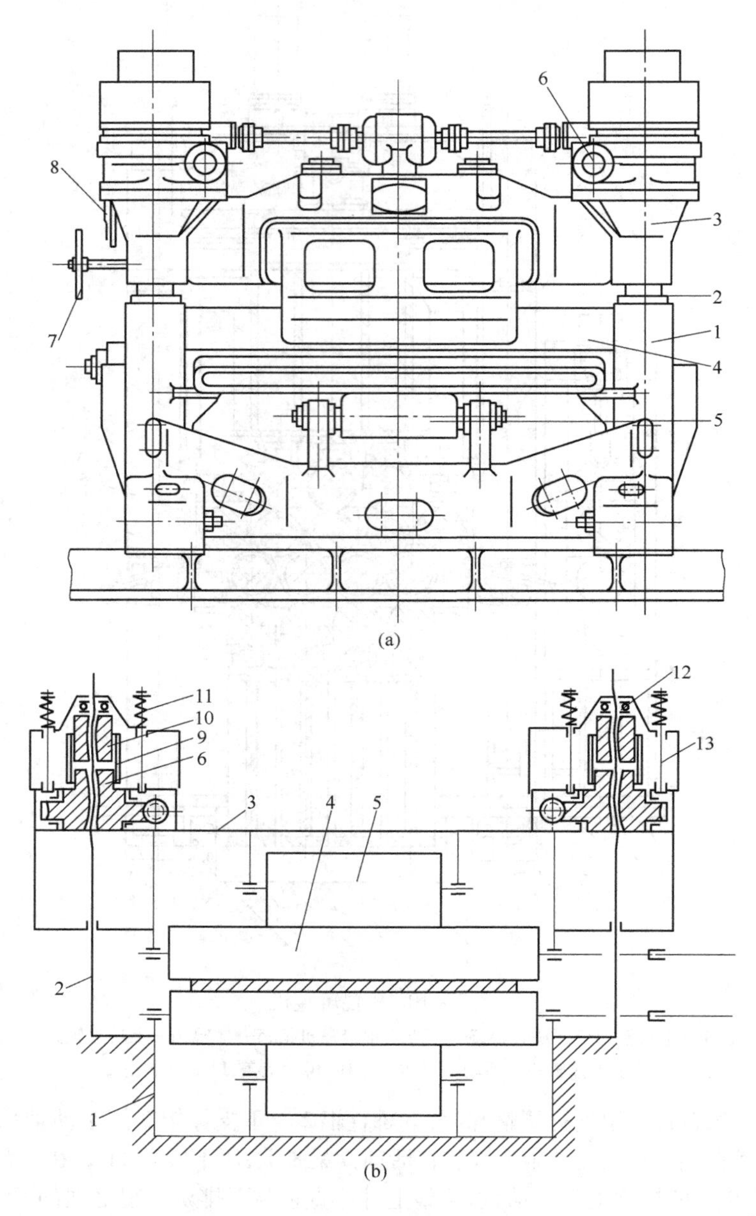

图 7－11　台架式矫直机外形图和结构图

(a)外形图；(b)结构图

1—下台架；2—立柱；3—上台架；4—矫直辊；5—支撑辊；6—压下螺母；7—手轮；8—压下指示装置；9—内齿套；10—平衡螺母；11—平衡弹簧；12—推力轴承；13—拉杆

矫直机上排辊基本上是整体平行调整(出、入口处的工作辊可以通过手轮7单独调整),压下螺母同时也是压下减速机的蜗轮。为了消除压下螺母和螺丝之间的间隙,装设了同步弹簧平衡装置,平衡弹簧11在托盘上通过拉杆13平衡整个上台架及上面机件的重量。压下螺母6与平衡螺母10由内齿套9连接(压下螺母和平衡螺母带外齿),托盘通过推力轴承12支托在平衡螺母10上,这种装置可使平衡弹簧11随着台架升降。在调整压下量时,弹簧16不产生附加变形。每个工作辊内部均有轴向通孔,以便热矫直时通水冷却。

由于台架式矫直机的结构比较简单,因此应用比较广泛。但因平衡是用弹簧,故在使用时容易发生振动而影响了矫直的质量。新设计的矫直机已采用液压缸平衡装置。

在中厚板车间,大多数都布置在生产的流程线上,用来热矫直钢板。为了提高钢板的矫直质量,对热钢板可以往复进行矫直,一般3~5次。

B　工作辊和支撑辊

工作辊与钢板直接接触,在中厚板生产线上的矫直机,工作辊还要接触温度很高的钢板,为了减少辊子过快磨损和保证矫直质量,对工作辊的要求如下:

表7-1　矫直机工作辊、支撑辊辊面硬度范围

矫直状态	辊面硬度/HRC		矫直状态	辊面硬度/HRC	
	冷　矫	热　矫		冷　矫	热　矫
工作辊	60~65	48~55	支撑辊	55~60	40~45

(1)辊面应有较高的硬度,其范围见表7-1。

(2)辊面要有较高的加工精度。

(3)有较高的抗弯和抗扭强度。

(4)常用材料结合我国资源情况,目前工作辊多采用以下材料。

冷矫时,当工作辊径 $D<60$mm 时,采用60CrMoV;当 $D=60\sim200$mm 时,采用90CrVMo;当 $D\geqslant200$mm 时,采用9Cr。有时当 $D\leqslant90$mm 时,采用58CrV4。

对于热矫直机常用60SiMn2MoV或55Cr。

C　调整机构

调整机构包括辊列调整机构和辊形调整机构。

辊列调整即辊缝的开度和纵向、横向倾斜度的调整。纵向倾斜指上矫直辊列在矫直机的前后方向对下矫直辊列的倾斜。横向倾斜指上矫直辊列在矫直机的左右方向对下矫直辊列的倾斜。

通常压下装置即能完成辊列调整的任务。平行辊列矫直机压下装置传动系统大都采用集中驱动,某厂11辊压下、指示装置传动示意图如图7-12所示,输入、输出辊分别由一台电机传动,传动示意图如图7-13所示。

辊形调整是在垂直方向调整支撑辊迫使矫直辊按某一预定的曲线发生弯曲。对中厚板矫直机来说,要保证矫直辊在矫直过程中的直线性,就必须调整支撑辊使矫直辊发生一个适量的预弯曲;对新型矫直机来说,更重要的是要求按照板材的板形情况调整支撑辊,以使矫直辊按预定的曲线弯曲,因而后者的辊形调整是沿矫直辊长度方向分组进行的。辊形调整机构可以采用手动、电动或液压驱动,调整方式采用上下矫直辊同时进行调整或只调整下矫直辊辊形。

支撑辊手动调整装置如图7-14所示。支撑辊的两个轴承座可以同时移动,也可以单独移动。当离合器闭合时,转动手轮,螺杆旋转,螺杆两端螺纹方向相反,使两个楔形块同时相向(或

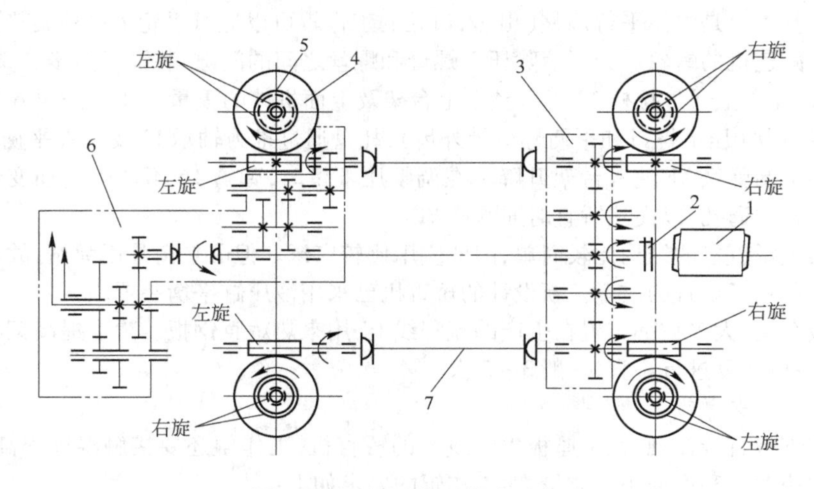

图 7－12　压下装置传动示意图

1—电动机；2—接手；3—减速机构；4—蜗杆蜗轮机构；5—螺杆机构；6—指示系统；7—万向接轴

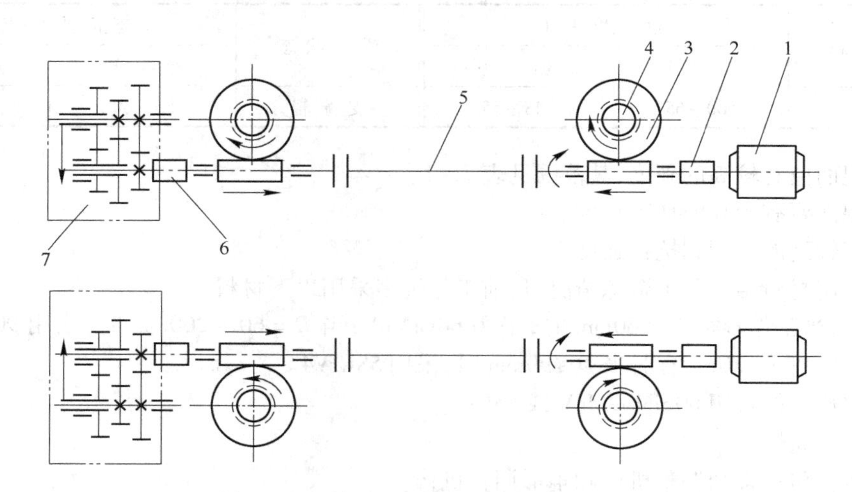

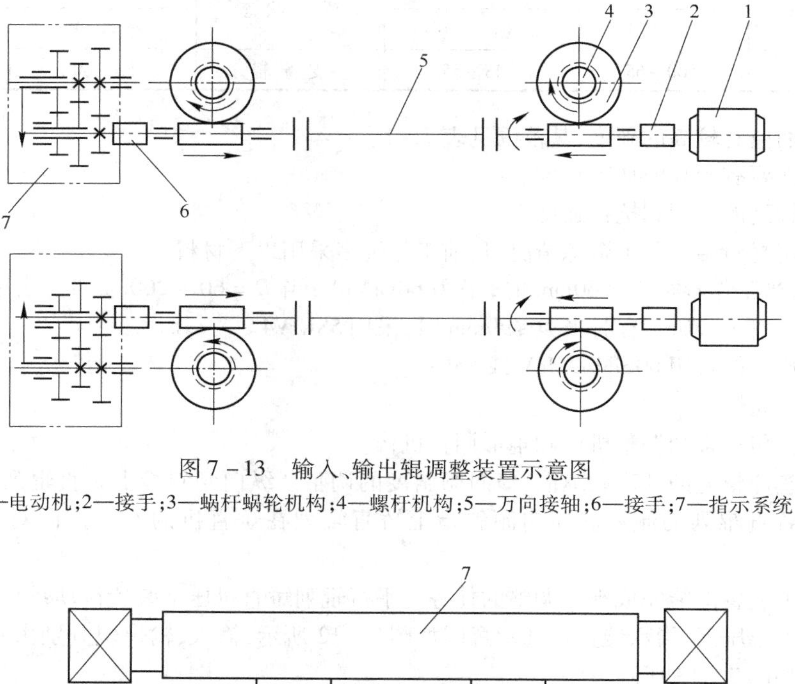

图 7－13　输入、输出辊调整装置示意图

1—电动机；2—接手；3—蜗杆蜗轮机构；4—螺杆机构；5—万向接轴；6—接手；7—指示系统

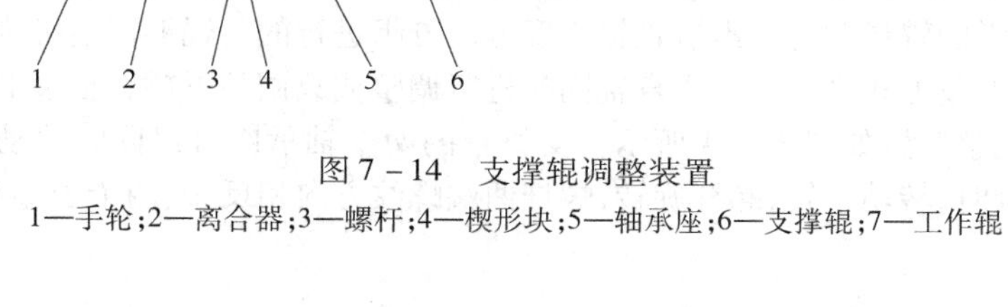

图 7－14　支撑辊调整装置

1—手轮；2—离合器；3—螺杆；4—楔形块；5—轴承座；6—支撑辊；7—工作辊

相背)移动,支撑辊抬高(或降低)。当离合器分开时,转动手轮,只有靠近手轮的楔形块移动,使支撑辊一端抬高或降低,来调整支撑辊中心线的水平度,使支撑辊的中心线与工作辊的中心线保持平行。

上支撑辊的调整装置和调整方法,与下支撑辊大同小异,不再另叙。

除用楔形件调整的结构之外,还有采用螺旋调整结构的。

7.3.3 辊式矫直机的主要参数

辊式矫直机的主要参数,是指矫直辊的直径 D、辊距 t、辊身长度 L、辊数 n 以及矫直速度 v 等。正确的选择和确定这些参数,对于保证钢板的矫直质量和矫直机结构等,都具有重要的意义。

7.3.3.1 辊距

辊距 t 对于钢板矫直的精确度和作用于辊子上的压力有很大的关系。如果辊距 t 过大,就不能保证钢板矫直时所需要的精确度;辊距 t 过小,矫直时作用在辊子上的压力将增大,它不仅使矫直机的能量消耗增加,而且也将会使矫直机的结构复杂。

在实际生产中,对辊距 t 的选取应根据本车间轧制钢板的厚度,按经验公式确定,在一般情况下,辊距 t 与被矫直钢板的厚度 h 有如下式的近似关系:

$$10h < t < 120h$$

7.3.3.2 辊子直径

辊子直径 D 的确定主要取决于被矫直钢板的厚度和机械性能。如果辊子直径过大,作用在辊子上的压力也较大,使钢板得不到足够的塑性变形,因此矫直的精确度不高;如果辊子直径过小,则辊子强度不够。根据生产实践,辊径 D 与辊距 t 有如下关系:

$$D = (0.85 \sim 0.9)t$$

7.3.3.3 辊身长度

矫直辊的辊身长度 L,主要取决于所矫直钢板的最大宽度。一般比钢板最大宽度大 100 ~ 300mm,即:$L = B_{max} + (100 \sim 300)$ mm

7.3.3.4 矫直机的辊数

矫直机的辊数 n,从不同的角度出发有不同的要求。从钢板矫直的精确度要求出发,则期望辊数越多越好。但由于辊子数目增多,不仅使矫直机的结构复杂而庞大,还会增加矫直过程中的能耗。因此,在保证钢板的矫直质量的前提下,辊数越少越好。因为钢板宽度和厚度不同,钢板所产生的原始曲率的大小程度也不同,所使用的矫直机辊数也应不同。在一般情况下,随着钢板宽厚比(b/h)的增加,所产生的原始曲率就越显著,为了矫直这种大的原始曲率,就需要在矫直过程中,进行多次反复弯曲,才能保证钢板的平直度符合标准要求。中厚板矫直机常采用的辊数为 9 ~ 11。

7.3.3.5 矫直速度

矫直机的矫直速度 v 是根据轧钢机的生产率来决定的;同时还应考虑被矫直钢板的规格,材质、温度以及质量要求等。在生产中,一块钢板在热矫直机上的矫直周期时间比轧制一块钢板的时间短，因此，当矫直次数确定后，就可以确定矫直速度的大小。

7.3.4　矫直原理

7.3.4.1　变形概念

当某一物体受到外力作用以后，其形状或多或少要发生一些变化，这种情况就叫变形。变形按其实质说来有两种：一种叫弹性变形；一种叫塑性变形。所谓弹性变形就是当外力消失后，物体能自动地恢复原有的形状和尺寸的变形。所谓塑性变形就是当外力消失后，变形物体不能恢复原有的形状而保持变形后形状的变形。

钢铁材料的应力－应变曲线如图 7－15 所示。

OA 段、O_1B 段为弹性变形，超过材料屈服点后的变形属于塑性变形。塑性变形时，材料的加载与卸载（弹复）过程是不同的。第一次加载时，应力与应变沿 *OAB* 曲线变化，并在 *A* 点超过屈服极限。当外负荷消除而卸载（弹复）时，应力、应变将沿直线 BO_1 变化，最终产生残余变形 OO_1。重复加载时，将沿 O_1BC 线变化。

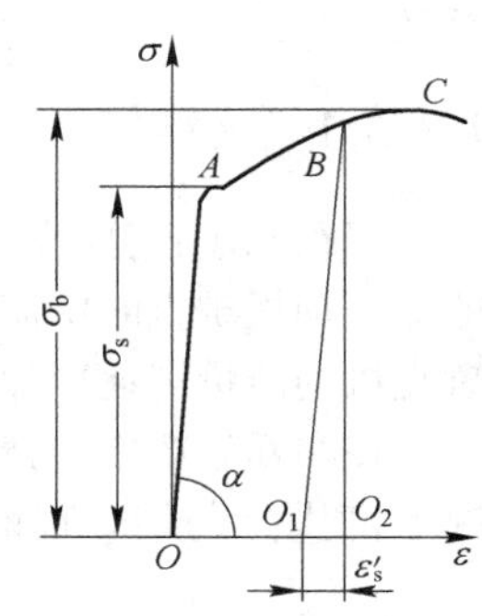

图 7－15　应力－应变曲线

显然，要把弯曲的钢材弄直，就必须使钢材发生变形，钢材在矫直过程中的变形，既有弹性变形又有塑性变形，两者同时存在。

当钢材进入矫直机时，矫直辊给予钢材一定的压力，上排辊的压力和下排辊的压力方向相反，因而使钢材产生反复地弯曲，然后逐渐地平直。钢材出矫直机后，即取消了压力，被矫的钢材由弯曲变为平直。所以整个矫直过程就是弹、塑性变形的过程。

7.3.4.2　弹塑性弯曲的基本概念

具有弯曲形状的轧件通过辊式矫直机后为什么能矫直呢？为了了解其矫直原因，先讨论单向弯曲情况下的矫直过程。如果要将一根只有单向弯曲的短钢丝弄直，生活经验告诉我们，只要使钢丝反向弯曲即可达到目的。

如果有一原始曲率为$\frac{1}{r_0}$的单向弯曲轧件，要使其矫直，应该将此轧件往原始弯曲的反方向弯曲到具有曲率$\frac{1}{\rho_0}$（见图 7－16），当除去外载荷后，反弯的曲率$\frac{1}{\rho_0}$被轧件本身弹复力所消除。

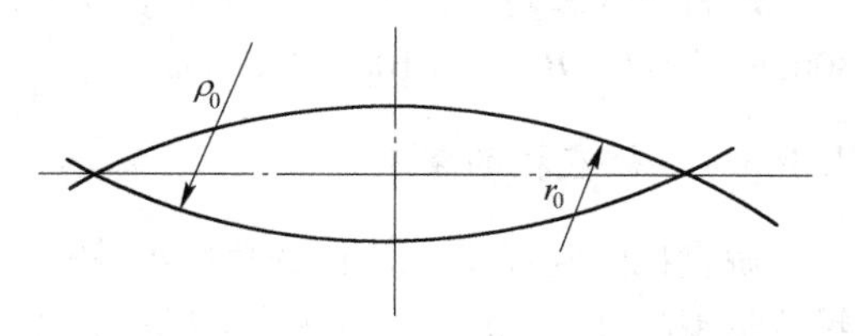

图 7－16　矫直原理示意图

“矫枉必须过正”，轧件由弯曲被矫直的实质正是如此。矫直过程中的“枉”就是轧件的原始弯曲曲率$\frac{1}{r_0}$，“过正”是往反方向弯曲到曲率$\frac{1}{\rho_0}$。

可见，轧件从弯曲到矫直，说明轧件必然产生塑性变形；而从一定的反向弯曲，卸载后回复到平直状态，这又说明轧件的弹复部分产生弹性变形。

因此，在压力和辊式矫直机矫直过程中，轧件产生弹塑性变形。

轧件变形程度的大小一般用曲率来说明，所以轧件在被矫直前、后弯曲情况的变化，可以用以下几个曲率表示。

A　原始曲率$\frac{1}{r_0}$(见图7－16)

轧件在矫直前所具有的曲率称为原始曲率,以$\frac{1}{r_0}$示之,其中r_0是轧件的原始曲率半径。矫直前的轧件有的向上凸弯,有的向下凹弯,而有的没有弯曲(平直的)。为了讨论方便,以$+\frac{1}{r_0}$表示向上凸,以$-\frac{1}{r_0}$表示向下凹,而$\frac{1}{r_0}=0$时,表示轧件平直。当轧件具有最小原始曲率半径$r_{0\min}$时,其原始曲率为最大。所以轧件的原始曲率是在$\left(0\sim\pm\frac{1}{r_{0\min}}\right)$范围内变化。

B　反弯曲率$\frac{1}{\rho_0}$

将具有原始曲率为$\frac{1}{r_0}$的轧件,向其反向弯曲后轧件所具有的曲率称为反弯曲率,以$\frac{1}{\rho_0}$示之(见图7－16)。

C　残余曲率$\frac{1}{r_i}$

当除去外载荷,轧件经过弹性恢复后所具有的曲率称为残余曲率。图7－16所示轧件被矫直,则残余曲率$\frac{1}{r_i}=0$。如果反弯曲率选择不当,则可能轧件未被矫直(见图7－17),这时轧件所具有的曲率称为残余曲率,以$\frac{1}{r_i}$示之。

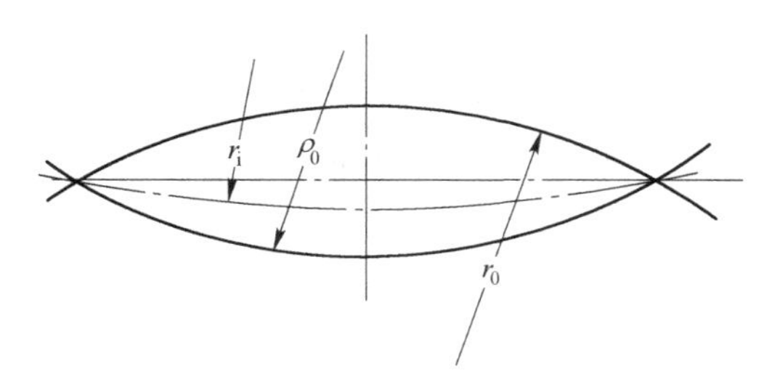

图7－17　弹塑性弯曲时的曲率变化

D　弹复曲率$\frac{1}{\rho_y}$

在弹性恢复阶段,轧件得到弹性恢复的曲率称为弹复曲率,以$\frac{1}{\rho_y}$示之。它是反弯曲率与残余曲率的代数差,即:

$$\frac{1}{\rho_y}=\frac{1}{\rho_0}-\frac{1}{r_i}$$

7.3.4.3　辊式矫直机的矫直过程

如果轧件只有单向弯曲并且原始曲率$\frac{1}{r_0}$严格不变,那么轧件只要用三辊矫直机就能矫直,但实际上轧件的各个断面弯曲情况都不同,有上凸也有下凹,并且原始曲率数值也不可能严格为一常数,因此轧件不可能只在3个矫直辊间得到矫直。为了保证矫直质量,必须增加矫直辊的数量。辊式矫直机一般至少要5个工作辊。

图7－18表示了原始曲率为$0\sim\pm\frac{1}{r_0}$的轧件在辊式矫直机上的矫直过程。

(1)轧件通过第一辊时无变形,因此进入第二辊的原始曲率不变,仍为$0\sim\pm\frac{1}{r_0}$。

(2)轧件进入第二辊的原始曲率为$0\sim\pm\frac{1}{r_0}$,对于$+\frac{1}{r_0}$(上凸部分)第一次受到弯曲,被反向

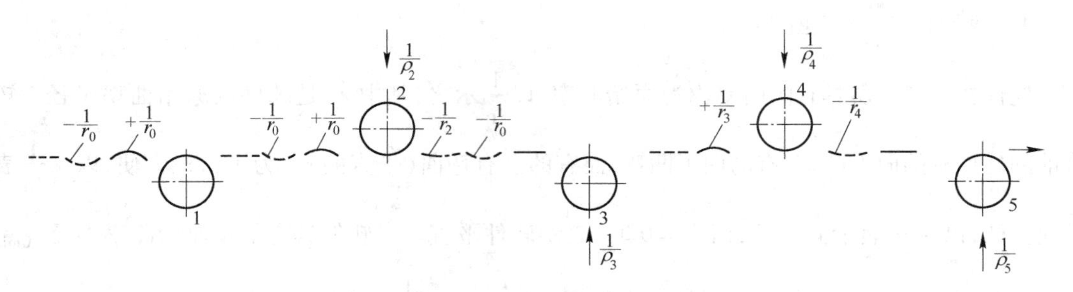

图 7－18　辊式矫直机的矫直过程

弯曲到$\frac{1}{\rho_2}$,反弯曲率$\frac{1}{\rho_2}$的数值,是根据使上凸的$\frac{1}{r_0}$弯曲部分得到矫直的原则选择的,所以经过第二辊后,$+\frac{1}{r_0}$弯曲部分被矫直,即曲率由$+\frac{1}{r_0}$变为零。

对于$-\frac{1}{r_0}$(下凹部分),它受到同向弯曲,弯曲变形很小,只有弹性变形,所以$-\frac{1}{r_0}$部分被同向弯曲到$\frac{1}{\rho_2}$,卸载后又弹复到原始曲率$-\frac{1}{r_0}$。

对于轧件原来平直部分进入第二辊后,也被弯曲到$\frac{1}{\rho_2}$,当离开第二辊卸载弹复后产生残余曲率$-\frac{1}{r_2}$,如图 7－19 所示。

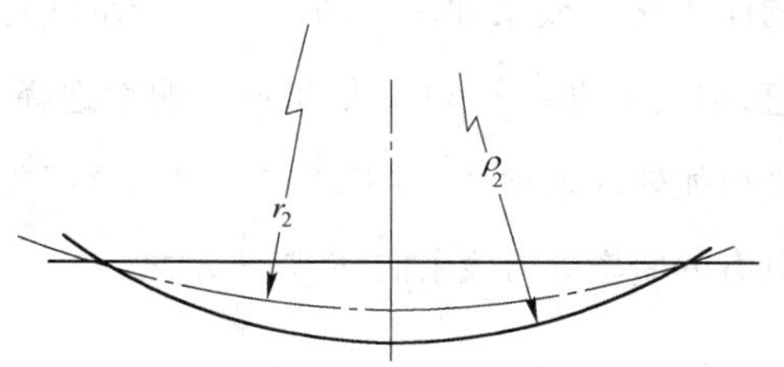

图 7－19　平直部分经第二辊后的残余曲率

(3) 轧件进入第三辊的原始曲率为 0 ~ $-\frac{1}{r_0}$。对于$-\frac{1}{r_0}$部分,被第三辊反弯到曲率$\frac{1}{\rho_3}$,第三辊的反弯曲率$\frac{1}{\rho_3}$是根据$-\frac{1}{r_0}$的弯曲部分得到矫直的原则选择的,它在数值上与第二辊的反弯曲率$\frac{1}{\rho_2}$相等,而方向则相反。所以经第三辊后,$-\frac{1}{r_0}$弯曲部分被矫直,曲率由$-\frac{1}{r_0}$变为零。

但轧件通过第二辊已被矫直的部分(曲率变为零的部分),进入第三辊时,也被弯曲到$\frac{1}{\rho_3}$,当离开第三辊卸载弹复后产生残余曲率$+\frac{1}{r_3}$。因此,经第三辊后的残余曲率,即为进入第四辊的原始曲率。

(4) 轧件进入第四辊的原始曲率为 0 ~ $+\frac{1}{r_3}$,第四辊的反弯曲率$\frac{1}{\rho_4}$是根据矫直$+\frac{1}{r_3}$的原则选择,故经第四辊后原始曲率$+\frac{1}{r_3}$弯曲部分被矫直。而原始曲率为零的部分,又被弯到$\frac{1}{\rho_4}$。卸载弹复后则产生残余曲率$-\frac{1}{r_4}$。

(5) 轧件进入第五辊的原始曲率为 0 ~ $-\frac{1}{r_4}$,应用同样的方法分析,经第五辊后,原始曲率

$-\frac{1}{r_4}$被矫直。而原始曲率为零的部分则产生残余曲率$+\frac{1}{r_5}$。

以后各辊用同样的方法进行矫直。图7－20表示了各个辊子下的最大残余曲率。其中虚线表示轧件原始曲率为$-\frac{1}{r_0}$下凹的弯曲部分，它在通过第三辊时才产生弹塑性变形。

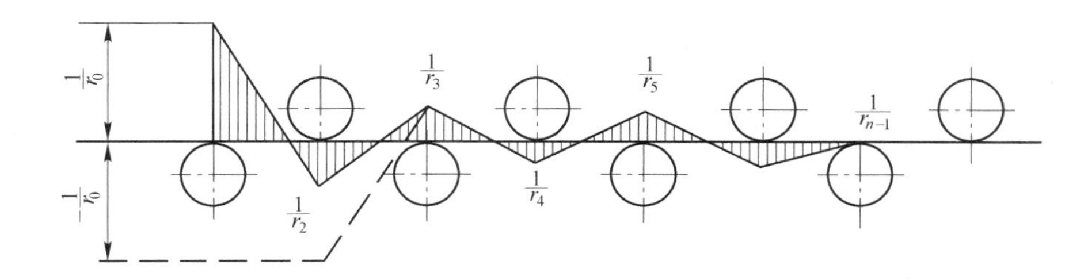

图7－20　在矫直时，各辊子下轧件的残余曲率

由上述矫直过程可得出以下结论：

（1）在辊式矫直机矫直轧件时，轧件经各辊后的残余曲率是逐渐减小的。可以认为，经第($n-1$)个辊子弯曲后，轧件的残余曲率将趋近于零。欲在辊式矫直机上得到绝对平直的轧件是不可能的，它只是将轧件的残余曲率逐渐减小，直至趋近于零。

（2）反弯曲率是根据轧件的原始曲率而定，由于各辊下的残余曲率逐渐减小，故各辊下的反弯曲率也是逐渐减小。在最初几个辊子上，反弯曲率较大，轧件弯曲变形剧烈，可以认为在这几个辊子下的轧件是纯塑性变形。以后各辊的反弯曲率逐渐减小，在最后几个辊子下的轧件弯曲变形最小，可以认为是纯弹性变形。

7.3.5　矫直原理的实际应用

在辊式矫直机上，按照每个辊子使轧件产生的变形程度和最终消除残余曲率的办法，可以有多种矫直方案，最基本的有两种矫直方案。

7.3.5.1　小变形矫直方案

所谓小变形矫直方案，就是每个辊子采用的压下量刚好能矫直前面相邻辊子处的最大残余弯曲，而使残余弯曲逐渐减小的矫直方案。由于轧件上的最大原始曲率难以预先确定与测量，因而，小变形矫直方案只能在某些辊式矫直机上部分地实施。这种矫直方案的主要优点是，轧件的总变形曲率较小，矫直轧件时所需的能量也少。

7.3.5.2　大变形矫直方案

大变形矫直方案就是前几个辊子采用比小变形矫直方案大得多的压下量，使钢材得到足够大的弯曲，以消除其原始曲率的不均匀度，形成单值曲率，后面的辊子接着采用小变形矫直方案。对于有加工硬化材料的轧件，在采用大变形矫正方案时，由于材料硬化后的弹复曲率较大，故反复弯曲的次数应增多（增加辊数）或加大反弯曲率值。

采用大变形矫正方案，可以用较少的辊子获得较好的矫正质量。但若过分增大轧件的变形程度，则会增加轧件内部的残余应力，影响产品的质量，增大矫正机的能量消耗。

对于上排工作辊整体平行调整的矫正机，矫正机上除第1与最后一个辊子外，其余各辊的压下量是相同的,使轧件多次反复剧烈弯曲,形成单值残余曲率;最后一个辊能单独调整,将此单值残余曲率矫平。第一辊适当减小压下量,以便于轧件的咬入。

7.3.6　矫直机操作

7.3.6.1　交接班检查

(1) 矫直机运转前,润滑系统运转正常,无泄漏。

(2) 矫直机内外冷却水量充足。

(3) 检查矫直机前后辊道,护板,如发现有凹凸不平不光滑的地方及铁皮杂物应立即采取措施,予以清除。

(4) 指针盘指示数字与实际应一致。

(5) 设备运转状态和转速正常,无异常杂音。

(6) 矫直机前后辊道工作是否正常。

7.3.6.2　压下零位调整

在钢板进入矫直机之前,首先要进行压下零位调整,即把各矫直辊调到恰好与板面接触而对板面无压力的位置。使辊缝间距与轧制钢板的名义厚度尺寸相等。

7.3.6.3　平头操作

由于轧钢操作不当造成钢板头部翘起时,不能进入矫直机。这时应用平头机将翘起的头部压平。平头机的结构简图如图 7－21 所示。首先将翘头输送到压辊的下面,然后启动平头机将压辊平稳放下,压辊恰好压在翘头的端部将翘头压平。翘头压平后把压辊抬起。

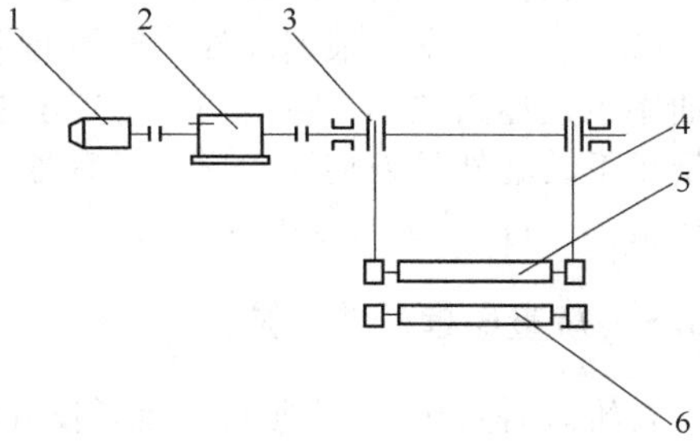

1　2　3　4　5　6

图 7－21　平头机的结构简图

1—电机;2—减速机;3—绳轮;4—钢绳;5—压辊;6—辊道

7.3.6.4　操作要点

(1) 启动润滑系统,润滑系统信号灯亮时方可启动主机。

(2) 矫直机工作辊辊身必须有足够的冷却水,防止受热变形或产生裂纹。

(3) 矫直机应根据钢板厚度规格及时调整辊缝,严防矫错规格,造成事故。

(4) 严禁带负荷调整压下。

(5) 刮框和气焊切割的钢板不得进行矫直。

(6) 不允许双张钢板或搭头钢板进入矫直机。

(7) 两台矫直机只使用其中一台矫直机时,如不能拉出停用的一台,应将上辊抬起,使辊缝间距大于钢板的最大厚度与一定的余量之和,过钢时开动主机空过。

(8) 钢板不得歪斜进入矫直机。

(9) 钢板进矫直机前,如有表面异物必须清除。

(10) 在逆转时,必须将控制器搬到零位稍停后再倒车。钢板在矫直时,辊道不得反转,避免纵向划伤。

(11) 正确调整导向辊,防止钢板翘头或扣头,影响下道工序正常操作。

(12) 矫直机卡钢时,立即关闭外冷水,并抬起压下。矫直6~8mm钢板时,可根据钢温,波浪情况关闭外冷却水。

(13) 禁止操作工单独下去处理设备事故。

(14) 不允许在矫直机前后输送辊道上停放钢板。

(15) 矫直机操作时,最大开口度不得超过限度,以防冒顶。

(16) 矫直机一般矫3~5次,压下量、矫直道次的选定以钢板瓢曲程度、厚度、温度、钢种,参照允许压下量,灵活调整压下量和矫直道次。

(17) 矫直钢板时,压下量一定要给合适,防止轧件在矫直机内打滑,造成工作辊辊面粘附物引起钢板压痕。

(18) 矫直机前后护板位置是否正常,发现翘起,固定不牢等情况立即通知调度处理。

(19) 停车时,应将控制器放在零位,并切断电源将电锁钥匙拔下。

(20) 冬季停车时,应将矫直机辊身冷却水管存水放净,防止水管冻裂。

7.3.6.5 矫直机压下量参考

根据轧制的钢质及轧后的板形、温度、钢板厚度和矫直机类型确定矫直机压下量。对板面浪形较严重,温度较低、厚度较薄的,应采用较大压下量。一般规定矫直中厚板的压下量范围是1~4mm。表7-2为不同辊数的矫直机矫直厚度和压下量的关系。对表中之压下量在使用时,如果没有将钢板矫直压平时,可适当增加1~2mm的压下量。

表7-2 几种热矫直机常用压下量与钢板厚度的关系

类别 板厚/mm	压下量/mm			类别 板厚/mm	压下量/mm		
	7 辊	9 辊	11 辊		7 辊	9 辊	11 辊
6~8	8~9	4~7	2	20~25	6~7		
8~12		4~5	1~2	25~30	4~5		
12~16		3~4	0~1	30~40	3~4		
16~20		2~3		40~50	2~3		

7.3.6.6 异常现象的判断和处理

A 压下量过大

由于辊式矫直机工作辊布置形式不同,压下量过大所产生的现象及其观察、判断和处理方法也不同,图7-22为两种类型的辊式矫直机简图。

(1) 采用图7-22(a)种类型的矫直机矫直钢板。当钢板的端部产生向下弯曲现象时,说明矫直机的压下量过大。

(2) 采用图7-22(b)种类型的矫直机矫直钢板。当压下量过大时,会产生两种现象。

一种是钢板的端部向上翘;另一种是钢板的端部向下弯曲。产生第一种现象的原因是矫直机的导向辊抬得过高;第二种现象是由于导向辊过低。

对发生上述现象的处理方法是迅速抬直起上工作辊,重新调整压下量直至钢板平直为止。

B 矫直辊两端间距不均

当钢板经矫直机反复矫直后,一侧出现波浪(不属于轧制时造成)的现象,这种说明矫直机两端间距不均。

对这种现象的处理方法是,将一块平直的钢板输入矫直机内,然后用塞尺测量两侧的辊缝间

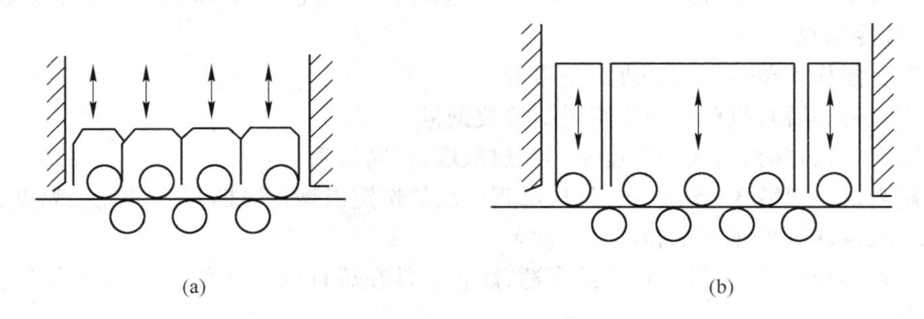

图 7－22　两种类型的辊式矫直机简图
(a)每个上辊可单独调整;(b)带导向辊的上辊调整

距,根据测量结果调整一侧辊缝间距,使两端一致。

C　矫直机辊压合

这种事故的现象是:矫直机工作辊和压下指针不转动,钢板夹在矫直机内不能移动。

事故发生原因:多数为钢板进入矫直机时调整压下量及多张钢板同时矫直,由于压下量过大所致。另一种原因是矫直温度低、强度大、瓢曲严重的钢板所致。

处理方法:用工具盘动压下电机对轮,使上矫直辊抬起,当稍用力对轮就能转动时,人员撤离,启动压下电机使上矫直辊继续抬高(若压下电机烧坏,需立即更换电机,切不可换完电机立即启动,以免再烧),至矫直辊与钢板之间有间距时,将钢板输出。然后检查设备是否正常,无异常时可继续生产。

7.3.7　矫直缺陷及其预防

7.3.7.1　矫直浪型

主要特征:沿钢板长度方向,在整个宽度范围内呈现规则性起伏的小浪形。

产生原因:钢板矫直温度过高,矫直辊压下量调整不当等因素造成。

处理方法:返回重矫或改尺。

预防措施:严格控制矫直温度,正确调整矫直压下量。

7.3.7.2　矫直辊压印

主要特征:在钢板表面上有周期性"指甲状"压痕,其周期为矫直辊周长。

产生原因:由于矫直辊冷却不良,辊面温度过高,使矫直辊辊面软化,在喂冷钢板时,钢板端部将矫直辊辊面撞出"指甲状"伤痕,反印在钢板表面上。

处理方法:对辊面有伤痕的部位进行修磨,钢板压印用砂轮打磨可处理掉。

预防措施:不喂冷钢板,并保证辊身有足够的冷却水,加强辊面维护。

7.4　翻板、表面检查及修磨

7.4.1　概述

钢板表面缺陷按其来源分为两类。一类是由钢锭、钢坯或连铸坯本身带来的,称为钢质缺陷，如结疤、夹渣等。一类是由钢锭或钢坯到成品钢板各工序操作不当或其他原因造成的，称为操作缺陷，如刮伤、压入氧化铁皮等。

冷却后的钢板，过去凭肉眼对上下表面进行检查（下表面要翻板后进行检查）。现在有的已开始改用反光镜与灯光检查，在操作室内就可发现钢板上下表面有无缺陷。近来由于板坯质量可靠、氧化铁皮清除干净、冷床设备的改进等使钢板表面缺陷已很少，因此国外个别工厂还取消了翻板检查工序，偶尔发现的缺陷可离线进行补救清理。

对发现的钢板表面缺陷可根据其严重程度分别采用修磨、切除等措施。

7.4.2　翻板机型式

中厚板厂在冷床后都安装有翻板机，翻板机的作用是为了实现对钢板上、下表面的质量检查。常见的翻板机有两种形式，一种是曲柄式（见图7－23），另一种是正反齿轮式（见图7－24）。两种方式中以曲柄式翻板机为好，它的优点是翻板平稳、噪声低、不会夹伤钢板，而且能双向翻板。

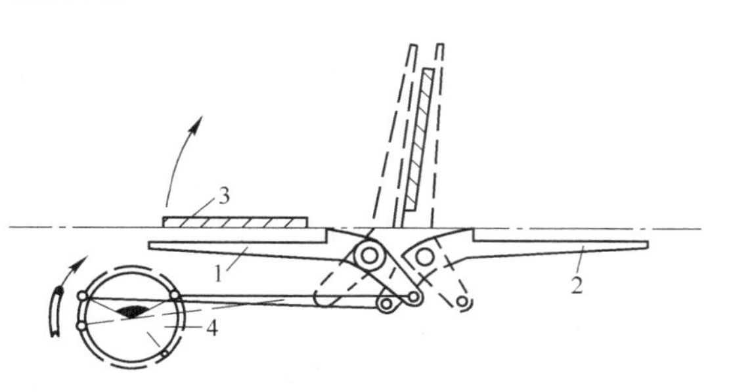

图7－23　带有曲柄连杆机构的翻板机

1、2—两组杠杆；3—钢板；4—曲柄

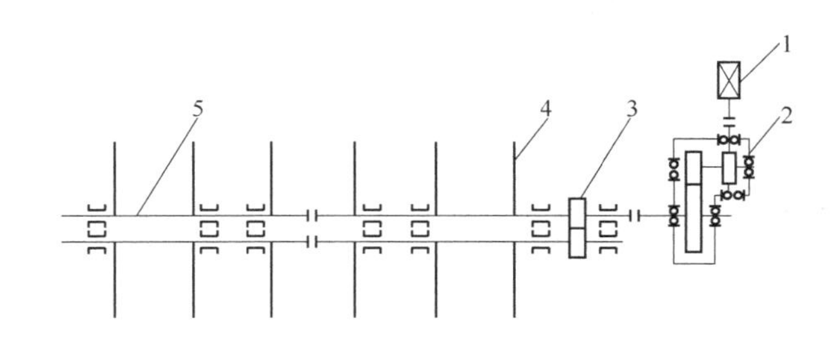

图7－24　正反齿轮式的翻板机

1—电动机；2—减速机；3—齿轮；4—托臂；5—长轴

使用曲柄连杆传动机构的，当一对曲柄机构转动360°时，用两组托臂使钢板翻转180°。由图7－23可以看出，当曲柄4按箭头方向转动时，托臂2便发生转动与托臂1靠近夹住钢板，当继续转动时，两组托臂和钢板一起竖起来，当距垂直面约5°～10°时，两组托臂便开始相互平行，这种平行继续保持到垂直面的另一侧约5°～10°时，钢板从托臂1翻到托臂2上（如图7－23的虚线所示）。从此时开始，托臂便逐渐回到原来的位置（如图中的实线所示）。

正反齿轮式的，当齿轮3转动其1/4周长时，使钢板翻转90°倾倒到另一侧托臂上，再将齿朝反方向转动其1/4周长时，使钢板落下，从而达到钢板翻180°的目的。

7.4.3　翻板操作

7.4.3.1　齿轮传动式翻板机操作

A　开车前的检查

（1）翻板机大轴传动齿轮，应达到润滑良好，无杂物。

（2）翻板机电闸松紧情况和闸皮磨损情况，应达到抱闸制动良好，闸皮厚度不小于4mm。

(3) 托臂起落位置应达到无阻碍,下落到位时托臂不高于辊道面。

(4) 托运机小车及钢绳应达到转动灵活,倒车时不刮钢板,钢绳紧固。

(5) 钢板输送辊道链条,应达到长度适当,转动灵活。

B 操作程序及作业标准

(1) 钢板输入。当钢板经矫直输出后,启动翻板机输入辊道输入钢板,并将钢板停在拖运机小车的中间位置。使拖运机小车两个推爪受力均匀,钢板不发生偏移。

作业标准:输入钢板到位准确。

(2) 拖运钢板。启动拖运机,让拖运机小车推爪先缓慢接触钢板,防止撞击时钢绳拉断,将钢板横移,使钢板侧边位于翻板机两组托臂的中心位置后停止。

作业标准:拖运钢板到位要准确。

(3) 翻板。启动翻板机。当钢板直立靠在被动托臂时,立即反向操作,将托臂缓慢落下。当托臂低于辊道面时停止,从而达到钢板翻转180°的目的。

作业标准:托臂起落位置适当,无撞击。

(4) 钢板输出。启动推钢小车将钢板推送到钢板输出辊道上,使一侧边与挡板靠齐,然后将小车退回原处。再启动输出辊道将钢板输送到划线台上停稳。

作业标准,推钢平稳不歪扭,到位准确。

C 操作注意事项

(1) 开车时应逐步启动,确认设备运转无障碍再完全启动。

(2) 钢板卡住时严禁用推钢小车撞钢板,以免钢绳撞断。

(3) 不准一次翻多张钢板。

(4) 翻板机托臂起落速度不要太快,避免产生很大的冲击力。

(5) 托臂下落时,其下面不准输入钢板,以免将托臂撞弯或折断,或托臂将钢板压坏。

(6) 不翻板时,托臂停留位置应低于辊道面。

(7) 运转时应保持电闸有正常的制动力,若发现电闸松动应及时调整。

7.4.3.2 曲柄连杆式翻板机操作要点

(1) 首先检查移送链条是否完好,运转是否灵活,翻爪是否处于同一平面。

(2) 翻板和移送钢板时,应严格执行按炉送钢制度,不得混号。

(3) 翻板时不得猛起猛落,要安全平稳。

(4) 翻板时,不得向翻板机送钢。

(5) 翻爪落下位置要低于移送链水平面,否则不准开动移送链。

(6) 未经检查人员许可,不得擅自送钢和翻板。

(7) 保持移送链轮和滑道上有足够的润滑油。

7.4.3.3 翻板操作缺陷及防止

A 钢板划伤

特征:在钢板表面有低于轧制面的横向直线沟痕,其长短和位置不一,但距离相同,并在伤口处有金属光泽。

产生原因:多为滑道辊道有棱角或突出的螺丝与钢板摩擦造成。

处理方法:划伤轻微不超标准规定允许范围的保留或修磨,严重的切除。

预防措施:要经常检查与钢板表面接触的部分是否有棱角,发现后应立即处理。

B 翻板机托臂压伤

特征:在钢板一个纵边有鲜明横向压印和弯曲变形,其变形程度边部大于中间。

产生原因:一种是由于翻板时托臂转动角度过火,造成两组托臂交叉对钢板产生压力,使钢板被压变形。另一种是在托臂下落时钢板输入,托臂落在钢板上表面将钢板压变形。

处理方法:轻微压伤可以用矫直机矫平,严重的切除。

预防措施:一是操作前检查翻板机电闸,应保证控制准确;二是翻板时注意观察托臂的起落位置,正确适时地输入钢板;三是提高操作技术水平。

7.4.3.4 翻板机操作事故及预防

在生产过程中,由于操作不当易发生托臂撞弯或撞掉事故。

事故原因:托臂停留位置高于辊道,或托臂下落时输入钢板,将托臂撞弯或将其根部撞开焊。

处理方法:将托臂被撞弯部位平整过来,撞掉的平直后焊上。

预防措施:托臂的停留位置必须低于辊道面,翻板时严禁输入钢板。

7.4.4 砂轮机

用于厚板修磨的砂轮机有如下几种:手推砂轮机、自动砂轮机、圆盘式砂轮机、手砂轮机、砂带修磨机、不摆头砂带修磨机、自动磨削机。

(1) 手推砂轮机。这是在厚板修磨中最常使用的一种砂轮机。如图 7 – 25 所示,在小型手推车上装上电动机,砂轮由三角皮带传动。作业人员手持砂轮机,边左右摆动砂轮边拉着手推车前进。

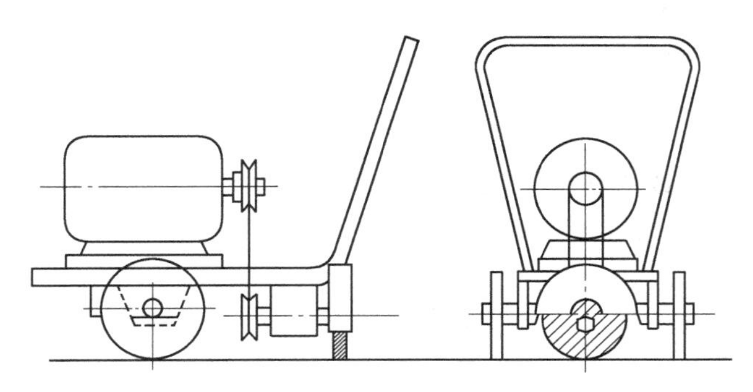

图 7 – 25 手推砂轮机

(2) 自动砂轮机。这是一种使手推砂轮机摆头和走行自动化的机械。在钢板上铺设钢轨和这种机械配套时,它就边磨削一定宽度边行走。可以不用人工修磨,一人即可操纵数台机械。因而适于大面积修磨,最近人们都喜欢用它。这种机械和手推砂轮机的大小大致一样,移动场地比较简单。

(3) 圆盘式砂轮机。这种型号也叫角砂轮,重量轻、体形小,一般用于狭小场所或从下方修磨钢板下表面等。

(4) 手砂轮机。这种型号使用扁平砂轮,其特点与圆盘式砂轮机相同。

(5) 砂带修磨机。这是一种用磨削砂带代替手推砂轮机的砂轮,使它在皮带轮上旋转的机械。使用方法与手推砂轮机相同。

(6) 不摆头砂带磨削机。这是一种使用磨削皮带的砂轮机,不是边使用边摆头,而是边修磨边前进。

(7) 自动磨削机。在沿着钢板长度方向敷设钢轨上走行的台车上,装载一台在台车上沿宽度方向走行的磨削机,如一台桥式起重机。将需要修磨的钢板放在两条钢轨之间,开动磨削机就可以修磨任何部位的缺陷。它能够自由确定磨削部位,指定磨削部分的宽、长,并且还能够遥控。

然而,由于修磨板的搬出搬入,修磨部位、修磨面积没有规律性等原因,目前还不能充分发挥其能力。

7.4.5 砂轮的选择

不同硬度的钢料选择砂轮的粒度不同,一般清理硬度高的钢料时选用软质砂轮,这是因为软质砂轮的黏合剂强度低,磨钝的砂粒易脱落,砂轮表面经常保持着新砂粒,砂轮的研磨效率较高。清理较软的钢料时,选用硬质砂轮,这是因为硬质砂轮表面的砂粒,磨钝的较慢,也有利于提高研磨效率。另外,还要注意选择合适的砂轮转速和掌握好砂轮对钢坯的压力,使清理中因摩擦而产生局部温升及时散去,防止清理后产生裂纹。

7.4.6 修磨操作要点

(1) 检查修磨小车的砂轮片直径不得小于极限尺寸,不得有裂纹,否则应立即更换。

(2) 检查小车的锁紧螺丝螺母是否松动,护罩是否完好、牢固,电缆线是否破损。

(3) 小车的砂轮转动是否平稳,确认无问题后,方可使用修磨小车。

(4) 关闭电锁后,在质检人员指定的缺陷部位进行修磨,修磨时小车应前后移动,保证修磨处平缓无棱角,必须将缺陷清理干净,修磨完后经质检人员认可。

(5) 修磨后,将修磨部位涂上清漆。

7.5 划线

为了将毛边钢板剪切或切割成合格的最大矩形,在剪切之前,应在钢板上先划好线,然后再按线剪切。这样做对提高产品质量和成材率都是十分必要的。

划线时应注意以下几点:

(1) 对用扁钢锭轧制的钢板,一定要合理地划出头部缩孔部位的长度,以便切尽。一般要求划在帽沿线下 50mm 处。

(2) 对有缺陷的部位、厚度不合格部位,要尽量让开,不得划入成品尺寸范围。

(3) 正常情况下,两侧边的划线宽度应基本一致。

(4) 要考虑温度的收缩量。

(5) 划线应依钢板形状而调整,力求获得最高成材率。

划线有人工划线,小车划线和光标投射等多种方法。

小车划线是利用架设在辊道上的有轨小车,在已摆正的钢板上,根据板形和钢板的宽度,用简易机械手划出纵横粉线。

利用光标投射装置(如激光发生器)将光线投射到钢板上“划出”两道“线”,再利用对线机移动钢板使其对线。

对于磁性钢板,用固定在对线机上的电磁铁进行对线,有钢板上表面吸附型和下表面吸附型两种,依靠丝杠、螺母、链条驱动等来进行移动。对于非磁性钢板,用拨爪或虎口推床,使钢板在辊道上横向移动。

7.6 剪切

7.6.1 中厚板剪切机的基本类型和特点

剪切机是用于将钢板剪切成规定尺寸的设备。按照刀片形状和配置方式及钢板情况，在中厚板生产中常用的剪切机有：斜刀片式剪切机（通称铡刀剪）、圆盘式剪切机、滚切式剪切机三种基本类型。其中，我国应用最多的是斜刀片式剪切机，其次是圆盘式剪切机。滚切式剪切机是近年来出现的一种新型剪切机，它在现代化的中厚板生产中将具有更多的优越性和更强的生命力。三种剪切机刀片配置如图7－26所示。

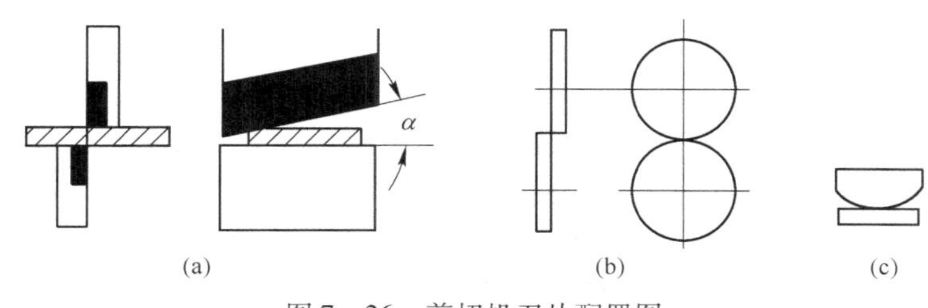

图7－26　剪切机刀片配置图
（a）斜刃剪；（b）圆盘剪；（c）滚切剪

对上述三种类型剪切机的特点分述如下。

7.6.1.1 斜刀片剪切机

这种剪切机的两个剪刃是成某一角度配置的，即其中一个剪刃相对于另一个剪刃是倾斜配置的。在生产中多数上刀片是倾斜的，其倾斜角度一般为1°～6°角，如图7－26(a)所示。其特点如下：

（1）适应性强。对钢板温度适应性强，既适用于热状态也适用于冷状态钢板的剪切；对钢板厚度适应性强，40mm以下的钢板均能剪切。

（2）剪切力比平行刃相对减小，能耗低。这是因为上刀片具有一定倾斜角，使刀片与钢板接触长度缩短，对同样厚度的钢板，其剪切力比平行刃大大降低了。

（3）斜刀片剪断机的缺点：一是剪切时斜刃与钢板之间有相对滑动；二是由于间断剪切，空程时间长，剪切速度慢，产量低。

7.6.1.2 圆盘式剪切机

圆盘式剪切机的两个刀片均是圆盘状的，如图7－26(b)所示。这种剪切机常用来剪切钢板的侧边，也可用于钢板纵向剖分成窄条。圆盘剪一般均要配有碎边机构。其特点如下：

（1）一般剪切厚度限于25mm以内；

（2）可连续纵向滚动剪切，速度快，产量高，质量好，对带钢的纵边剪切更能显示出它的优越性；

（3）对于小批量生产，规格品种多，钢板宽度变换频繁，则需要频繁调整其两侧边剪刃间的距离。

7.6.1.3 滚切式剪切机

滚切式剪切机是在斜刃铡刀剪的基础上，将上剪刃做成圆弧形，如图7－26(c)所示。上剪床在两根曲轴带动下，使上剪刃由一端开始向另一端逐渐接触，类似圆盘剪的间断剪切，可用来剪切钢板的头尾，也可用来剪切钢板的侧边。它的特点是：同斜刃剪相比钢板的滑动小，开口度两侧对称均匀，剪切质量好，钢板通过顺利，相同能力时，滚切剪设备重量轻。

7.6.2　中厚板剪切机的结构

7.6.2.1　斜刀片剪切机结构

斜刀片剪切机的种类比较多，按刀片在机架上的位置可分为开式和闭式；按剪刃运动特点又可分为上切式和下切式；按上刀片运动轨迹，又可分为垂直剪和摆动剪。我国使用最广泛的斜刀片剪切机是刀片垂直运动的上切式剪切机，如图 7－27 所示。

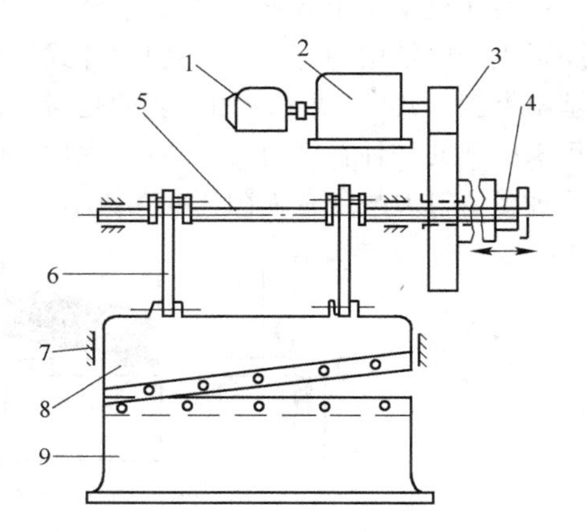

图 7－27　斜刀片剪切机简图
1—电动机；2—减速机；3—开式齿轮传动；4—离合器；5—曲轴；6—连杆；7—滑道；8—上刀架；9—下刀架

斜刀片剪切机一般由传动部分、离合部分、机架部分、曲轴或偏心部分、上下刀架（剪床）等组成。用带飞轮的异步电动机驱动，经减速机或皮带轮以及开式齿轮传动，带动曲轴（或偏心轴）使上剪床沿着机架的滑道垂直往复运动来完成剪切过程。刀架的动作由离合器控制，离合器有牙嵌式、摩擦片式，用脚踏杠杆、气缸或电磁阀操纵。下剪床固定在机架上。上剪床除与曲轴连接外，尚有平衡装置，平衡方式有重锤和气缸两种。

这种剪切机适用性强，寿命比较长，剪刃安装方便，对剪切钢板头尾和侧边都适用。但剪切尺寸精度不够，特别是由于间断剪切，回程时间较长，单位时间内的剪切次数不够多，剪切效率不太高。

7.6.2.2　滚切式剪切机的结构

滚切式剪切机剪切时，呈弧形的上刀刃在剪切时相对于平直的下刀刃作滚动（见图 7－28）。由于剪切运动是滚动形式的，与上刀刃倾斜的剪切形式相比剪切质量大为提高。其边部整齐，加工硬化现象也不严重，降低了剪切阻力，刀刃重叠量很小（超出下刀刃 1～5mm），在整个刀刃宽度上重叠量是不变的，因此避免了钢板和废边的上弯现象。由于滚切机的明显优点，20 世纪 70 年代初各国相继建造了各种用途与规格的圆弧滚切式剪切机。据不完全统计，自 1970 年到 1984 年各国已建有各种规格滚切式剪切机 20 台。当今无论是新设计还是老机组改造，都已选用滚切式剪切机了。

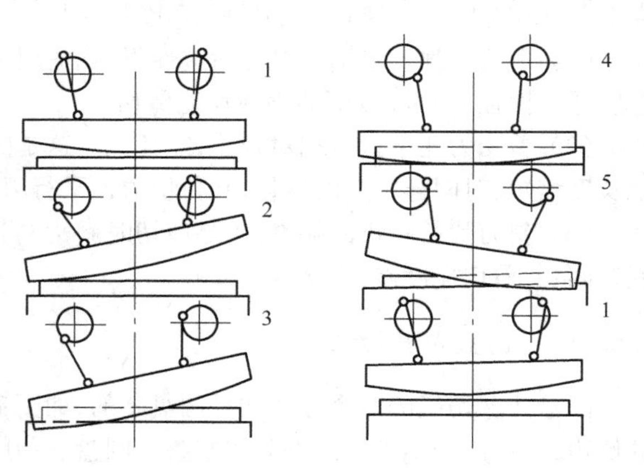

图 7－28　滚切式剪切机剪切过程示意图
1—起始位置；2—剪切开始；3—左端相切；4—中部相切；5—右端相切

7.6.2.3　圆盘式剪切机结构

圆盘剪主要由传动系统、机箱、机座、调整系统、剪刀片构成。图 7－29 为圆盘剪结构简图，

图 7－30 为碎边剪结构简图。圆盘剪的每个刀片均固定在单独的轴上，左右各有一个机架箱，其中一个是可以左右调整的，以适应不同的剪切宽度。

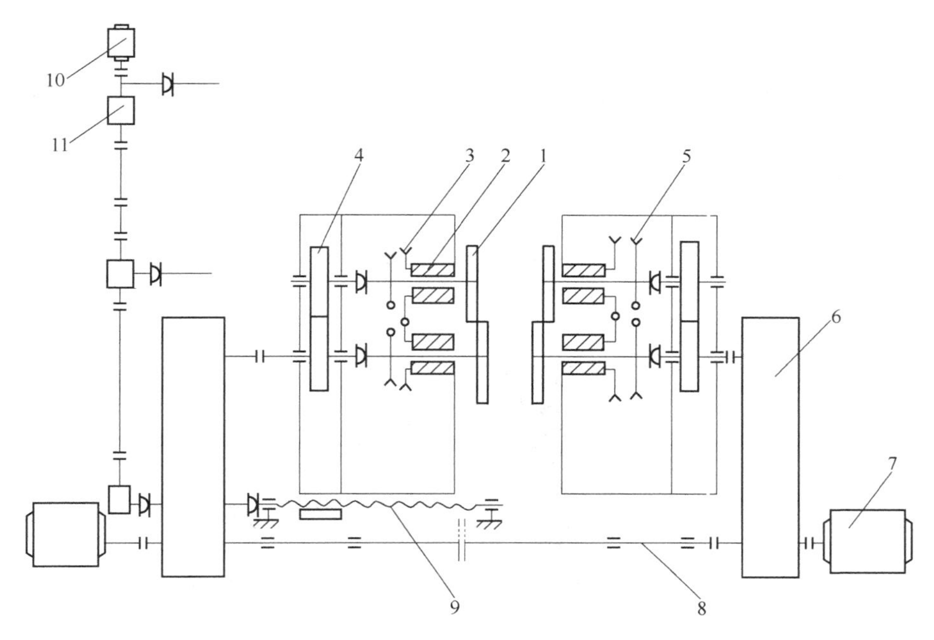

图 7－29　圆盘剪结构简图

1—刀片；2—偏心套；3—驱动偏心套的蜗轮蜗杆；4—减速机构；5—刀片间隙调整机构；6—主减速机；7、10—电动机；8—同步轴；9—传动丝杠；11—减速机

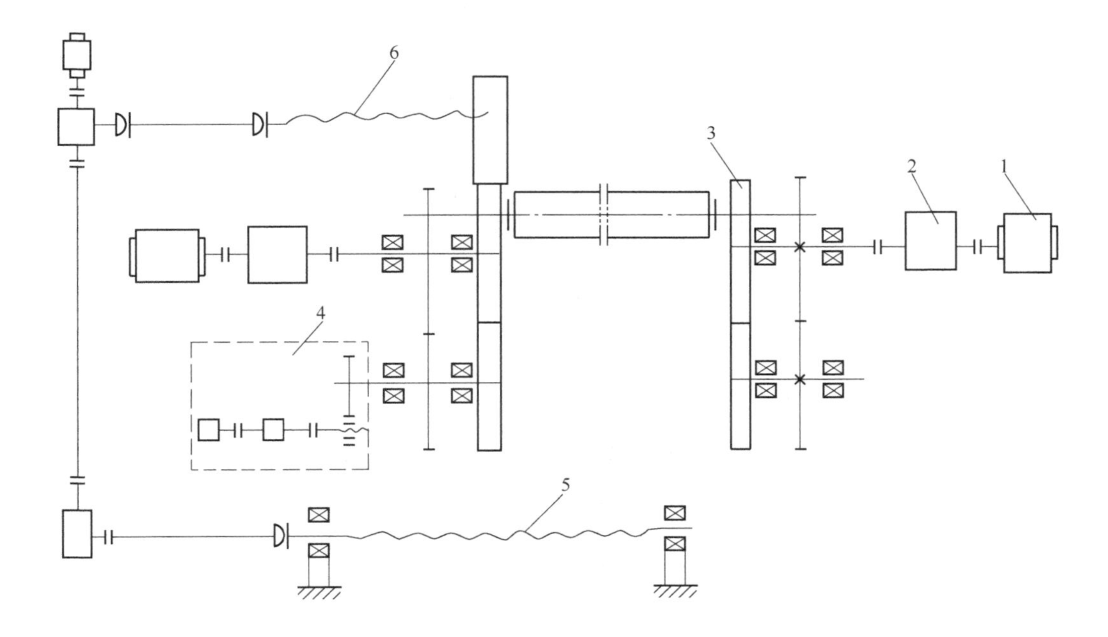

图 7－30　碎边剪结构简图

1—主传动电动机；2—主传动减速机；3—刀架；4—间隙调整；5—机架横移丝杠；6—侧导板横移丝杠

圆盘剪的调整系统包括左右机箱间距调整、上下剪刃重合量的调整、上下剪刃侧间隙的调整等。

7.6.3 剪切线的布置

1958 年以来中厚板剪切设备组成及布置上的变化如图 7－31 所示。主要布置形式有四类：中厚板圆盘剪剪切线；左、右纵剪布置的中厚板剪切线；双边剪中厚板剪切线；近接布置的联合剪断机厚板剪切线。

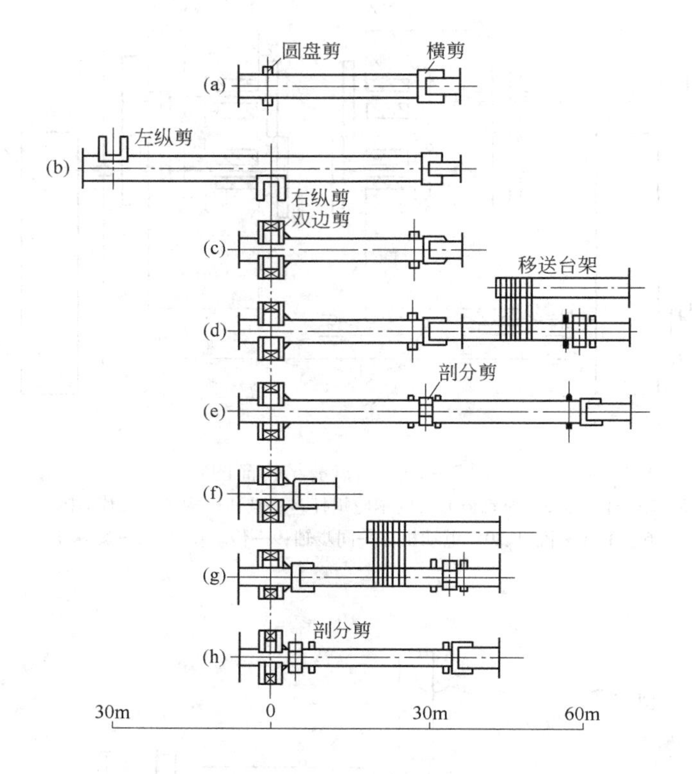

图 7－31 中厚板剪切线布置的变化

(a)中板圆盘剪剪切线；(b)左、右纵剪布置的中厚板剪切线(1963 年前)；(c)、(d)、(e)双边剪中厚板剪切线(1963 年后)；(f)、(g)、(h)近接布置的联合剪断机厚板剪切线(1968 年后)

7.6.3.1 中厚板圆盘剪切线

目前中厚板圆盘剪切线用来剪切厚度为 20mm 左右的中板。这种剪切线的优点有：剪切速度快、效率高、操作方便和适于剪切较长的钢板。剪切后钢板宽度公差小(±1mm)，板边平直而相互平行(10m 长度上的水平弧形小于 1mm)，达到很高的剪切质量。

为了提高圆盘剪的生产能力和改善其剪切质量，国外对圆盘剪的剪切工艺与剪切线做了一些改进。前苏联进行的一项试验证明：在轧件温度为 600～700℃条件下，用圆盘剪可剪切厚度为 36mm 的钢板。这样圆盘剪若按热剪布置，可减少设备重量与厂房面积。

美国曾试图用串联的双圆盘剪来剪切更厚的钢板。第一对圆盘剪刃在钢板上切槽，槽深为板厚的5% ~10%。第二对圆盘剪刃完成剪切过程。两对圆盘剪刃串联起来工作,在剪切机传动功率一定时,剪切薄钢板时,可用较高速度剪切,剪厚钢板时,可用较低速度剪切,这种剪切机能够剪切的钢板厚度范围与铡刀剪相同。

7.6.3.2 左、右纵剪布置的中厚板剪切线

左、右纵剪布置的剪切线既用来剪切厚度达20mm的中板,又可用来剪切厚度达40mm(或50mm)的厚板。其较新型的形式是由两台双立柱摆动剪(纵剪)所组成,它装备在辊道侧边,并且一台相对于另一台,其后还有一台双立柱横剪。纵剪之间的距离多半为30m,而第二个纵剪到定尺剪的距离也是30m。剪切线总长达60m,约是圆盘剪剪切线的一倍。在剪切线布置上有两种形式:一种是左、右纵剪在前,横剪在后;一种是横剪在前,纵剪在后。从综合分析来看前者为佳。

7.6.3.3 双边剪厚板剪切线

从1963年以来新设计的现代化高生产率的中厚板车间大都采用双边剪厚板剪切线来生产厚度达40mm(或50mm)的厚钢板。它的优点与圆盘剪剪切线相近,所不同的是它比单台圆盘剪能剪切更厚的钢板。双边剪有固定机架和可移机架,两者同置于一个整块的地脚板上。两台剪切机可由同步电机分别驱动(电机同步),或者由一台三相异步电机驱动(通过连接轴实现机械同步)。双边剪主剪刃上装有一个小横剪,用来将主剪刃剪下的切边进行分段(碎边)。双边剪具有很多优点:可剪切厚钢板,剪切效率高(大多数情况下为24次/min,并有增加到30次/min的趋势),剪切后成矩形,切边整齐,无中断痕迹,无划痕、刻痕和变形现象,公差范围小(±1mm),板边相互平行,在10m长度内的水平弧形量小于1mm,操作简便,免除了钢板划线和废边的切断,自动化程度高;装有快速换剪刃装置(换一次剪刃大约15min),与错开布置的斜刃剪相比投资费用降低30%,占地减少45%,维修费用降低50%。

双边剪结构最早采用斜刃式剪断机,以后采用摆动剪,最近采用滚动式剪切机。

7.6.3.4 近接布置的联合剪断机厚板剪切线

1968年在日本安装了第一台双边剪-横剪近接布置的所谓“联合剪断机”,使厚板剪切线在布置上又发展到一个新水平。这种近接布置的联合剪断机,不仅大大地节约了厂房面材(仅需要典型剪切线的15%),而且可使剪切过程广泛自动化。其区域的辅助设备有:带有执行机构的光对齐装置、切头、切边排出装置,碎边、取样剪,以及辊道和导向装置等。

与现代化的剪切机相配合的辅助装置还有剪切线板形形状测量装置(PSG)。PSG板形识别系统装在钢板流水线上。它是沿钢板的长度方向每隔一定距离用计数信号从测宽仪中得到钢板的测量值,并输入计算机。根据若干组长度和宽度的坐标在计算机内测定钢板的平面形状,然后送还给钢板指示数据进行定尺。PSG装置可以测定钢板自动喷印的位置、划线的位置、给联合剪头部发送切头长度指示、不规则材长度的确定、一次判断是否产生剩余材及掌握剩余板长,并向轧机操作室反馈定尺实际情况。PSG板形识别系统还可以与钢板平面控制方法配合在线控制钢板平面形状。

由于用剪切机来剪切厚度超过50mm的钢板是不经济的,因此超过50mm的钢板都用火焰切割器来剪切和定尺。

7.6.4　火焰切割

厚度大于50mm的厚钢板一般采用火焰切割，也叫氧气切割。中厚板厂的火焰切割机主要有移动式自动火焰切割机和固定式自动火焰切割机，其基本装置是氧气切割器，以及安装切割器的电动小车。在国外，已使用等离子切割新技术切割中厚板，其优点是切割速度快、切割引起的变形小、质量好。

影响火焰切割的因素有割嘴大小及形状、使用气体种类，纯度及压力、切割钢板材质与厚度及表面状况、切割速度、预热焰的强度，切割钢板的温度、割嘴与钢板间的距离，割嘴的角度等。

切割工艺大体如下：

(1) 应根据切割钢板的厚度安装适当孔径的割嘴。

(2) 将氧气和燃气压力调至规定值。

(3) 然后用切割点火器点燃预热焰，接着慢慢打开预热氧气阀，调节火焰白心长度，使火焰成中性焰，预热起割点。

(4) 在切割起点上只用预热焰加热，割嘴垂直于钢板表面，火焰白心尖端距钢板表面1.5～2.5mm。

(5) 当起点达到燃烧温度（暗红色）时，打开切割氧气阀，瞬间就可进行切割。

(6) 在确认已割至钢板的下表面后，就沿着切割线以适当速度移动割嘴而进行切割。

(7) 切割终了时，先关闭切割氧气阀，再关闭预热焰的氧气阀，最后关闭燃气阀。

7.6.5　轧件剪切过程分析

轧件的整个剪切过程可分为两个阶段，即刀片压入金属与金属滑移。压入阶段作用在轧件上的力，如图7－32所示。

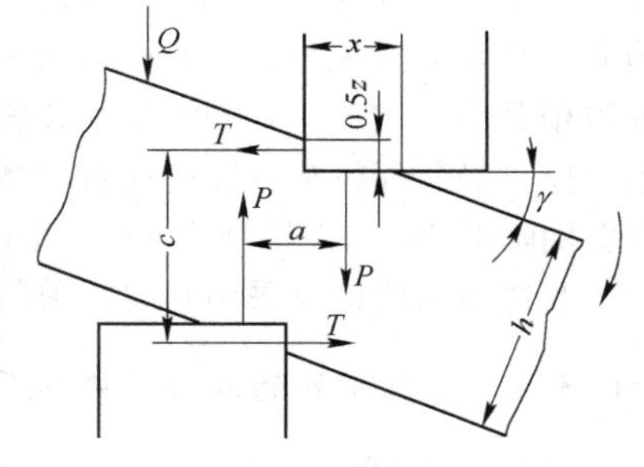

图7－32　平行刀片剪切机剪切时作用在轧件上的力

当刀片压入金属时，上下刀片对轧件的作用力 P 组成力矩 Pa，此力矩使轧件沿图示方向转动，而上下刀片侧面对轧件的作用力 T 组成的力矩 Tc 将力图阻止轧件的转动，随着刀片的逐渐压入，轧件转动角度不断增大，当转过一个角度 γ 后便停止转动，此时两个力矩平衡，即

$$Pa = Tc$$

轧件停止转动后，刀片压入达到一定深度时，力 P 克服了剪切面上金属的剪切阻力，此时，剪切过程由压入阶段过渡到滑移阶段，金属沿剪切面开始滑移，直到剪断为止。

假设刀片与金属在 xb 及 $0.5zb$ 的接触面上单位压力是均匀分布而且相等的，即

$$\frac{P}{xb} = \frac{T}{0.5zb}$$

式中　b——轧件宽度。

根据上式，P 与 T 的关系由下式确定

$$T = P\frac{0.5z}{x} = P\tan\gamma$$

由图7－32的几何关系可得

$$a = x = \frac{0.5z}{\tan\gamma}$$

$$c = \frac{h}{\cos\gamma} - 0.5z$$

将上述公式合并，可得刀片转角与压入深度 z 的关系

$$\frac{z}{h} = 2\tan\gamma \cdot \sin\gamma \approx 2\tan^2\gamma$$

或

$$\tan\gamma = \sqrt{\frac{z}{2h}}$$

由此可知，压入深度愈大，γ 就愈大，侧向推力 T 愈大，为了提高剪切质量，减小 γ 角，一般在剪切机上均装设有压板装置，把轧件压在下刀台上，图 7－32 中的力 Q，即表示压板给轧件的力。有关文献给出了 γ 和侧向推力 T 的经验数据。

无压板剪切时　　$\gamma = 10° \sim 20°, T \approx (0.18 \sim 0.35)P$

有压板剪切时　　$\gamma = 5° \sim 10°, T \approx (0.1 \sim 0.18)P$

从上面列出的数值看出，增加压板后不仅提高了剪切质量，使剪切断面平直，而且大大减小了侧向推力 T，从而减小了滑板的磨损，减轻了设备的维修工作量，提高了设备的作业率。

在大型剪切机上除弹簧压板外，采用液压压板较多，利用液压缸的力量把轧件压住。确定压板力的原则是使压板力对剪切面处产生的弯曲力矩等于或大于轧件断面塑性弯曲力矩，根据设计部门和有关文献的推荐，压板力一般取最大剪切力的 4% ～5% 左右。在采用固定弹簧压板时，由于结构上的限制，压板力只能按最大剪切力的 2% 来考虑。

在刀片压入阶段的剪切力 P 为 $P = pbx = pb\dfrac{0.5z}{\tan\gamma}$

式中　p——单位压力。

$$P = pb\sqrt{0.5zh}$$

当以 ε 表示相对切入深度，$\varepsilon = \dfrac{z}{h}$ 代入上式，则

$$P = pbh\sqrt{0.5\varepsilon}$$

滑移阶段的剪切力 P 为

$$P = \tau b\left(\frac{h}{\cos\gamma} - z\right)$$

式中　τ——轧件被切断面上的单位剪切阻力。

根据以上公式，P 力随 z 的增加将按图 7－33 所示之抛物线 A 增加，一直增加到由上式决定的金属开始沿整个断面产生滑移的数值为止。若 τ 为常数，则力 P 将根据上式按图 7－33 所示直线 B 减少。但实际上 τ 值是随 z 的增加而减少，因而力 P 将按曲线 C 更剧烈地减少。当切入达一定深度时，轧件断裂。

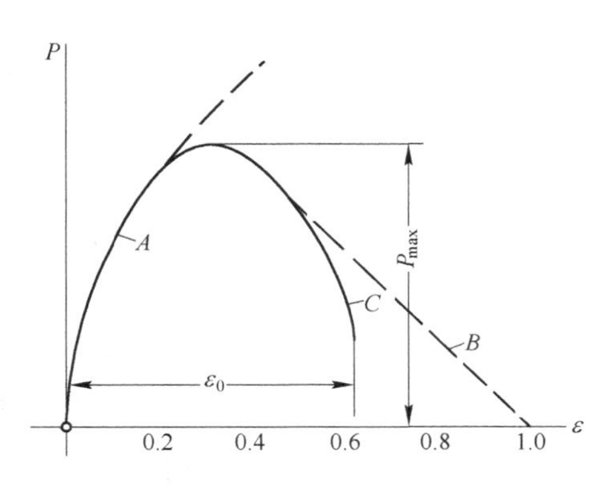

图 7-33　剪切力与相对切入深度的关系

近年来对平行刀片剪切机的研究表明，剪切过程可更详细地分为以下几个阶段：刀片弹性压入金属，刀片塑性压入金属，金属滑移，金属裂纹萌生和扩展，金属裂纹失稳扩展和断裂。

热剪时，刀片弹性压入金属阶段可以忽略。在

刀片塑性压入金属阶段,刀片和轧件接触面处产生宽展现象,常给继续剪切带来困难或缺陷,金属滑移阶段开始后,宽展现象才停止。由于热剪时金属滑移阶段较长,轧件断裂时的相对切入深度就较大。

冷剪时,刀片弹性压入金属阶段不可忽略,而且由于材料加工硬化,金属裂纹萌生较早,在刀片塑性压入金属阶段甚至在刀片弹性压入金属阶段就已产生裂纹,故金属滑移阶段较短,断裂时的相对切入深度就较小。

图 7-34 表示了某些前苏联牌号钢种在冷剪时的单位剪切阻力与相对切入深度曲线,其中包括三种有色金属。

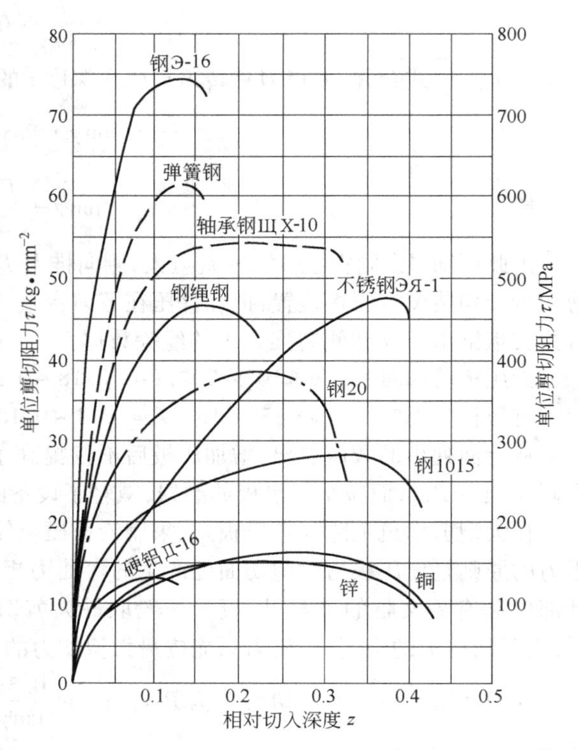

图 7-34　冷剪时的单位剪切阻力与相对切入深度曲线

7.6.6　剪切机重合量、侧向间隙的确定

以圆盘剪为例,刀片重合量 S 一般根据被剪切钢板厚度来选取。图 7-35 为某厂采用的刀片重合量 S 与钢板厚度 h 的关系曲线。由图可见,随着钢板厚度的增加,重合量 S 愈小。当被剪切钢板厚度大于 5mm 时,重合量 S 为负值,一般 S 可按下式计算

$$S = -(h-5)\times(40\% \sim 50\%)$$

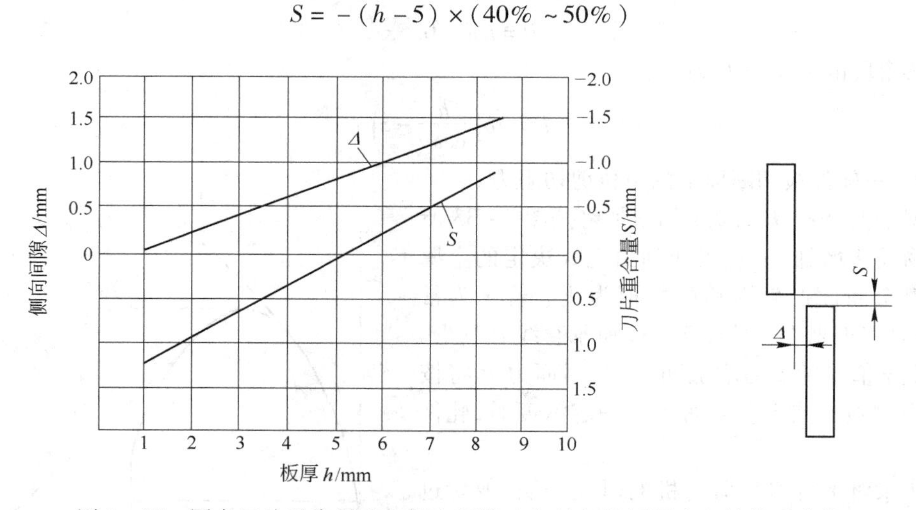

图 7-35　圆盘刀片重合量 S 和侧向间隙 Δ 与被切钢板厚度 h 的关系曲线

确定侧向间隙时,要考虑被切钢板厚度和强度。侧向间隙过大,剪切时钢板会产生撕裂现象。侧向间隙过小,又会导致设备超载、刀刃磨损快,切边发亮和毛边过多。

在热剪切钢板时,侧向间隙 Δ 可取为被切钢板厚度 h 的 3% ~5% 。在冷剪时,Δ 值可取为被

切钢板厚度 h 的 9% ~15%。

7.6.7 剪切作业评价

7.6.7.1 剪切断面的各部分名称

剪切断面的各部分名称如图 7-36 所示。各部分的说明如下。

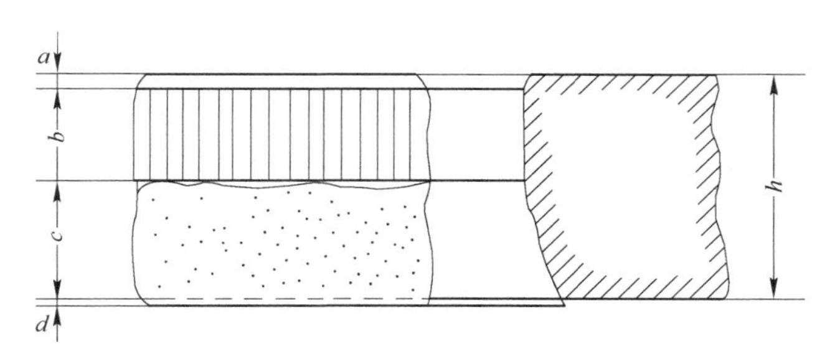

图 7-36 剪切断面示意图

a—塌肩；b—剪断面；c—破断面；d—毛刺；h—板材厚度

A 塌肩

在刀刃咬入时，在刃口附近区域被压缩而产生塑性变形部分，称为塌肩。这样，金属材料的边缘部分由原来的平面状态变成塌肩状。这个塌陷的程度当然越小越好。除了特别硬的材料外，在剪切过程中，多少总要出现一些。若希望减小塌肩部分，在不考虑刀刃质量的情况下，将间隙调整小些就行了。

B 剪断面部分

剪断面是一边受到刀刃侧面的强压切入，一边进行相对滑动的部分。这部分特点是断面十分整齐光亮，故也称之为光亮面。当然，光亮面要多些，切口状态就显得美观，但所消耗的能量也大，一般认为当切口上的剪断面占整个切口的 1/3 左右为最佳状态。而剪断面的量的大小和刀刃间隙的大小成反比例关系。也就是，间隙变大，光亮的剪断面变小；反之则光亮面变大。

C 破断面部分

破断面是产生裂缝而断开的部分，剪断面与破断面的量成反比例，剪断面增大了，则破断面减少。

D 毛刺

由于金属材料具有一定的塑性，在剪切断面上沿刀刃作用力的方向，带出部分金属，填充于两刀刃的间隙之中，这些完全异于原体形态的部分，称为毛刺。因为刀刃之间总是有间隙的，故产生微小的毛刺是避免不了的。间隙越大，毛刺也越大；刀刃变钝，毛刺也随之增加。当间隙达到一定值后，毛刺使断面的直角度达不到要求，也会成为产品所不能允许的缺陷。

7.6.7.2 剪切评价

人们通常说的剪刃调整，就是指水平间隙和重合量的设定值的改变。对于剪切作业来说，这方面调整是整个剪切作业的关键，它决定剪切断面是否良好以及剪切用力是否最小。

这里必须说明一点的是，不仅对于不同设备即使是同一制造厂生产的相同剪切设备，各个剪切设备设定值都不会一样，要从实际生产中总结出来。方法是：在特定的条件下，通过适当调整得到最佳剪切断面，这时的剪刃间隙调整值是最佳的，可作为以后实际生产中初步设定时采用的可靠参考值。我们可通过观察剪切断面的质量来判断剪刃间隙调整是否合适。

A　剪刃间隙调整是合适的

如图 7 - 37(a)所示,裂缝正好对上,塌肩和毛刺都很小,剪断面约占整个断面的 15% ~35% (具体数值参考图 7 - 34),其余为暗灰色的破断面,很明显地表示出正确的剪切状态。这时,应及时记下各项调整后的数值。

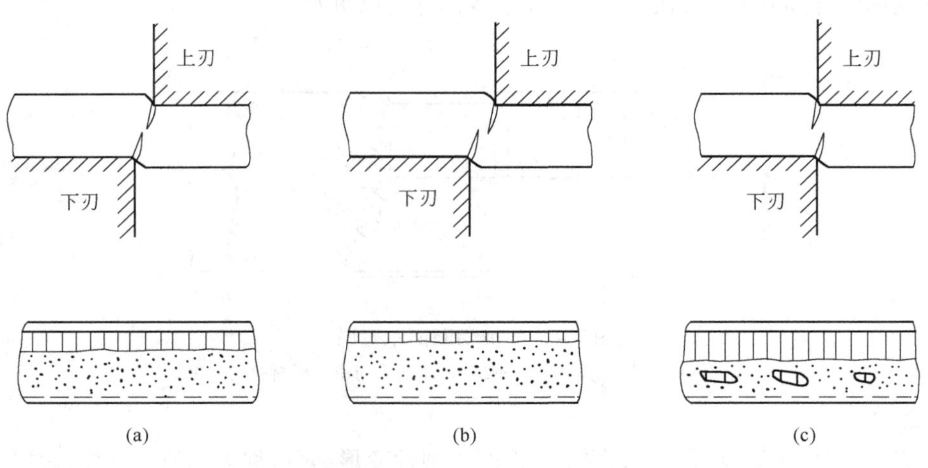

图 7 - 37　间隙与断面的关系
(a)间隙合适;(b)间隙偏大;(c)间隙偏小

B　剪刃间隙调整偏大时

如图 7 - 37(b)所示,裂缝无法合上,钢板中心部分被强行拉断,剪切面十分粗糙,毛刺,塌肩都十分严重。

C　剪刃间隙调整偏小时

如图 7 - 37(c)所示,裂缝的走向略有差异,使部分断面再次受刃侧面的强压入,即进行了二次剪断。因此,当剪断面上出现碎块状的二次剪断面时,就可以认为间隙偏小了。这种情况下,应把间隙朝大的方向调整一下,使二次剪断面消失。

剪切前剪刃间隙的调整,是一项很细致的工作,要在实际工作中不断总结经验。热轧钢板种类繁多,即使同一种钢,也会因化学成分的差异和加工工艺的差异而不同。在调整间隙时,一定要考虑到各方面的因素,作为初步设定值,在剪切 4.0mm 以下的薄板时,间隙取板厚的 5% ~9%;剪切 4.0mm 以上厚板时,间隙取板厚的 9% ~15% 为宜。

当经过反复调整,剪刃间隙达到最小限度,还不能得到满意的剪切断面时,就应该考虑更换剪刃,否则,无法保证产品质量和设备安全。

7.6.8　热剪操作

7.6.8.1　开车前检查项目

(1) 设备运转情况是否良好。
(2) 板头是否卡链板机。
(3) 剪床起落是否适当,剪刃间隙是否适当,剪刃螺丝是否松动。
(4) 各部位润滑情况是否良好,是否漏油。

（5）各联锁装置是否安全可靠，极限调整是否合适，主电机抱闸工作是否灵活可靠，剪子上下和前后辊道上是否有检修人员，确认无问题方可开车。

7.6.8.2　操作步骤

（1）检查完开车前，先启动链板机、液压泵、润滑泵。

（2）剪刃表面应保持清洁无杂物，剪切时要防止工具等杂物进入剪刃内。

（3）严禁用钢板撞压紧装置和上剪床，严禁一次剪切两张以上钢板，钢板停稳方可剪切。

（4）剪切过程中，不准开动剪前辊道。

（5）发生故障时，必须立即停车，与有关人员联系处理，不得擅自动电气和机械设备。

（6）剪切时，只能将头部不规整部分切掉，板形不好时，按定尺要求断开。

（7）发现剪刃磨损严重或出现崩裂时，应立即把剪刃更换或翻面。

7.6.8.3　换剪刃操作要点

换上剪刃时，卸下剪床上的紧固螺丝，剪刃和刀具组落在专用换剪刃的钢板上，然后移出钢板，更换下剪刃时，先把螺丝卸下，用液压缸将下剪刃顶起，然后落在专用换剪刃的钢板上，移出钢板。换剪刃时，要注意做到：

（1）新换剪刃是否符合图纸要求。

（2）垫片要平直，垫片长度必须和剪刃长度一致。

（3）剪刃要擦干净，并且要涂油。

（4）换完剪刃试车前，上剪床只准手动盘车，慢速下降，防止损坏设备。

（5）剪刃间隙调好后，方可剪切钢板。

（6）开车前，应消除剪床上面的全部工具及杂物。

7.6.9　圆盘剪、碎边剪操作

7.6.9.1　技术条件摘要与要求

（1）钢板宽度允许偏差应符合 GB 709—1988 规定或其他专用钢板标准规定，GB 709—1988 对宽度偏差的规定见表 7－3。

表 7－3　宽度偏差的规定

公称厚度 /mm	钢板宽度 /mm	宽度允许偏差 /mm	公称厚度 /mm	钢板宽度 /mm	宽度允许偏差 /mm
≤4	≤800	+6	4～16	≤1500	+10
	>800	+10		>1500	+15
			16～60	所有宽度	+30

（2）剪切后钢板侧面必须平直，不得弯曲，剪切断面不得有锯齿形撕裂掉肉等剪切缺陷。否则应立即调整剪刃间隙。剪刃间隙调小时，允许出现轻微贴肉现象。

（3）钢板剪切后应成直角，切斜和镰刀弯不得使钢板长度和宽度小于公称尺寸，并必须保证订货公称尺寸的最小矩形。

（4）剪切钢板温度：低合金小于 150℃，普碳板应小于 300℃，禁止蓝脆剪切。

7.6.9.2　检查与调整

（1）接班后应检查圆盘剪、碎边剪的干油泵、稀油泵，全部信号正常时方可开车。

（2）检查压送小车，链板机，皮带机，横移装置是否正常，夹持箱，导板，流槽各盖板是否良好。

（3）检查调整圆盘剪、碎边剪、剖分剪剪刃间隙。

（4）当发现剪出的钢板出现镰刀弯时，应及时调整剪后两侧的导向立辊，使外公切线与剪切线平行，两条外公切线之间宽度比剪切后钢板宽度大1～2mm。

（5）新换的两对圆盘剪刃的直径大小要一致，碎边剪剪刃的线速度应比圆盘剪刃的线速度大5%～8%，以防止出现卡钢事故。

（6）发现剪刃崩裂，磨钝影响钢板剪切质量时，应立即将剪刃翻面或更换，若剪刃上有粘接物时应清除。正常情况下，每剪切钢板3000t左右更换一次剪刃或随换辊周期更换剪刃。

7.6.9.3　操作要求

（1）宽度为10mm倍数的任何尺寸，按生产计划剪切钢板宽度，若发现钢板与计划要求不符合或板形不好，钢板宽或窄时，及时通知轧机和调度。

（2）根据钢板的实际厚度调整圆盘剪，碎边剪剪刃间隙，必须保证两侧间隙大小相等。

（3）当需要调整钢板剪切宽度时，在开动移动机架前先将圆盘剪，碎边剪锁紧打开。

（4）根据钢板厚度，选择圆盘剪剪切速度。

（5）根据圆盘剪的剪切速度，调整碎边剪的速度，且保证两侧碎边剪速度相同。

（6）剪切时要把肉眼可见的边部各种缺陷剪净，一次剪不净时，必须回剪，直至剪净为止。在退回钢板时，将机身打开至适当位置，以使钢板顺利退回，局部侧边未剪净，可先在定尺剪断开，未净部分退回圆盘剪回剪。

（7）侧边的剪切量以55～65mm为宜，最大不得超过100mm，在保证缺陷剪净的情况下，在标准范围和生产计划要求的范围内尽量少切。

（8）当发现剪前挡板磨损严重或挡板厚度不合适时，应及时更换。

（9）认真对线，摆正钢板位置，原则上保证两侧所剪的板边宽度基本相等。向圆盘剪输送钢板时，压送小车的压头必须压住钢板尾部，以防钢板左右窜动，快到小车极限时，及时抬起，防止小车压头与钢板发生滑动摩擦影响钢板剪切质量。

（10）移动机身时，必须保证圆盘剪和碎边剪同步移动。

（11）一张钢板未剪完毕，不许无故停车，不许倒车。

（12）当钢板卡住时，应立即停车，用火焰枪切割处理，切割时应注意不要烧损剪刃和其他零件。

（13）严禁上下剪刃咬刃。

（14）接班后，用盒尺检查前三块钢板的宽度尺寸，校正标尺或钢板的宽度尺寸变化时，用盒尺检查钢板剪切尺寸。

（15）当运送不切边钢板时，应打开圆盘剪和碎边剪机身，严防钢板擦伤剪刃。

（16）一张钢板在剪切过程中，禁止使用剪前横移装置横移钢板。

（17）禁止在操作过程中移动上机身。

（18）毛边板镰刀弯大时，先到定尺剪断开，再返回圆盘剪剪边。

7.6.9.4　换圆盘剪剪刃操作要点

（1）准备：

1）首先将符合图纸要求的剪刃放好备用；

2）将圆盘剪，碎边剪的移动端机身同步移到最大行程停止；

3）将圆盘剪的剪刃间隙调大；

4）停止供电。

（2）拆剪刃：

1）用电动扳手将六条紧固螺丝松开；

2）右手旋转固定盘，使拆装小孔对准紧固螺丝；

3）取出固定盘，放好备用；

4）将三条顶丝旋入刀片的顶丝孔中，用电动扳手均匀旋入，使刀片松动，并脱离刀架，旋出三条顶丝，将一条螺丝旋入顶丝孔中，并用天车将刀片轻轻吊出；

5）指挥天车将刀片放置在剪刃架中待磨。

（3）装剪刃：

1）用棉丝将刀架与刀片的配合部分擦拭干净；

2）将待装刀片擦拭干净后，在顶丝孔中旋入一条螺丝，用天车吊住，使刀片与刀片架的配合键对正装在刀架上，注意不得将配合键槽碰伤，此时在刀片上放置一专用垫板，用锤轻轻击打垫板，使刀片装入刀架，不得击打刀片和固定盘；

3）将固定盘左旋，使小孔对准紧固螺丝，并旋紧紧固螺丝；

4）紧固六条螺丝时，要对称均匀紧固，直至备紧到位；

5）新安装好的剪刃需紧靠机身，不得有空隙；

6）圆盘剪上刀轴轴向调整到位不能擅自调整。

7.6.9.5 换碎边剪剪刃操作要点

（1）将磨好的成套剪刃及垫片放好备用。

（2）将固定斜楔的螺丝松开。

（3）取出剪刃及垫片，然后放在固定位置待磨。

（4）将备好的成套剪刃及垫片装上，然后紧固斜楔的螺丝。

（5）根据剪切厚度，调整碎边剪剪刃间隙，保证两侧间隙一致。

7.6.10 定尺剪操作

7.6.10.1 技术条件摘要与剪切要求

（1）钢板长度允许偏差应符合 GB 709—1988 的规定或其他专用钢板的技术标准规定见表7－4。

表7－4 钢板长度允许偏差

钢板厚度/mm	钢板长度/mm	长度允许偏差/mm	钢板厚度/mm	钢板长度/mm	长度允许偏差/mm
≤4	≤1500	+10	16~60	≤2000	+15
	>1500	+15		2000~6000	+30
4~16	≤2000	+10		>6000	+40
	2000~6000	+25			
	>6000	+30			

钢板在不同温度下的收缩量：$\Delta L = \alpha L \Delta t$

式中　α——膨胀系数，当 $t < 300$℃时 $\alpha = 1.0 \times 10^{-5}$；

Δt——钢板温度与室温差；

L——钢板长度。

(2) 切边钢板应剪切成直角，切斜和镰刀弯不得使钢板长度和宽度小于公称尺寸并须保证订货公称尺寸的最小矩形。

(3) 长度为 50mm 倍数的任何尺寸，剪切前钢板应摆正，剪切钢板时，必须按照生产计划要求进行剪切，不得切斜切错。

(4) 剪切后钢板断面必须平直，不得弯曲，不得有锯齿形凹凸，否则应立即调整剪刃间隙和夹紧盘螺丝。

(5) 板头、板尾的剪切量以剪掉缺陷为准，在标准范围和在生产计划要求的范围内要尽量减少剪切量。

(6) 剪切钢板温度低合金应小于 150℃，普碳板应小于 300℃，避免蓝脆剪切。

(7) 当发现剪刃崩裂，磨钝影响钢板剪切质量时，应立即将剪刃翻面或更换。正常情况下，每剪切钢板 10000t 左右更换一次剪刃或一周更换一次。

7.6.10.2　操作要求

(1) 开车前，首先启动油泵，使各润滑点供油正常，检查压紧装置，拨爪液压系统工作是否正常。

(2) 当电动机启动后，尚未达到正常转数时，不准进行剪切。

(3) 剪切前，根据钢板厚度调整剪刃间隙。

(4) 上剪床起落要适当，下剪床不得松动，剪刃紧固螺丝不得有松动。

(5) 剪切前钢板应靠紧挡板，剪切过程中不准启动剪前辊道。

(6) 必须用压紧装置压紧钢板后才允许剪切，在剪切时，严禁用钢板撞压紧装置和上剪床，禁止一次剪切两张及两张以上的钢板。

(7) 压紧装置压紧后，根据钢板温度给定放尺量后，垂直钢板划线。

(8) 做到先划线，后剪切，剪切时须将激光线与石笔线对齐。

(9) 激光线应严格与下剪刃重合，如发生偏斜，应通知电修工段进行调整。

(10) 激光划线如长时间（超过 10min）不使用，应将旋钮置于“关”的位置，以防激光强度衰减。

(11) 接班后要求测量前三张钢板的长度和对角线，使长度偏差符合 GB 709—1988 或专用板标准要求。

(12) 当靠尺滑板的最薄处小于厚度的 1/2，即 75mm 时，必须更换。

(13) 对于厚度 $h > 14$mm 的钢板，都需用压平机压头，压尾，使不平度符合有关标准要求。

7.6.10.3　换剪刃操作要点

(1) 首先要关闭电源，准备好剪刃及所用的全部工具，并设有专人统一指挥。

(2) 新剪刃必须符合图纸要求。

(3)（装）卸上剪刃时，必须先用撬杠垫好，再（装）卸中间螺丝，后（装）卸两边，卸下后配套放好。

（4）抽出下刀架及卸下剪刃后，必须用棉丝将剪刃、刀架及附件、剪床擦干净，卸下的螺丝配套放好。

（5）装配下剪刃时，下剪刃表面应低于下刀架表面1～2mm，当剪刃高度不够时，在刀架的附件上加专用垫板调整高度，所加垫板要平直，垫板长度和剪刃长度要一致。

（6）紧固剪刃的螺栓要紧牢固，不得松动。

（7）下剪床与下刀架之间塞上适当的棉丝，防止氧化铁皮进入缝隙，保证能够顺利地调整下剪刃间隙。

（8）换完剪刃试车前，上剪床只准手动盘车慢速下降，用塞尺检查剪刃间隙大小要适当，且在长度方向上大小要一致。

（9）开车前，应清除剪床上全部工具及杂物。

7.6.11　剪切缺陷及消除

7.6.11.1　毛刺

在钢板头尾沿整个剪切线向上或向下突起的尖角称为毛刺。上毛刺一般发生在钢板尾部，下毛刺一般发生在钢板头部。

毛刺产生的原因：由于上下剪刃的间隙过大，或剪刃剪切面以及上表面的尖角磨损过大所造成，其产生过程如图7－38所示。

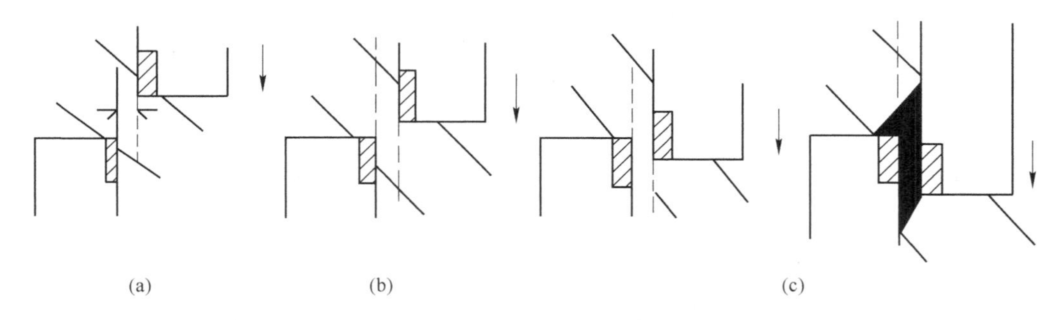

图7－38　剪刃间隙过大造成毛刺产生的过程
(a)刀片压入金属；(b)金属滑移；(c)金属继续滑移，断裂后金属拉延形成毛刺

消除方法：只要消除造成剪刃间隙过大的各种因素，毛刺即可减小或消除。

首先，要经常保持下剪床的固定螺丝和抽出下剪床的螺丝的紧固，不松动。

其次，上剪床的铜滑板要保持足够的润滑油，防止磨损，一旦磨损后立即加垫调整，使之保证与下剪床的距离不变。

再次，上下剪刃接触面磨损到一定程度后要立即更换。

7.6.11.2　钢板尾部拱形

特征：出现在钢板的板头和钢板末端，其断面呈圆弧形的弯曲如图7－39所示。h的大小与钢板厚度有关，钢板愈厚拱形愈小，反之钢板愈薄，拱形愈大。

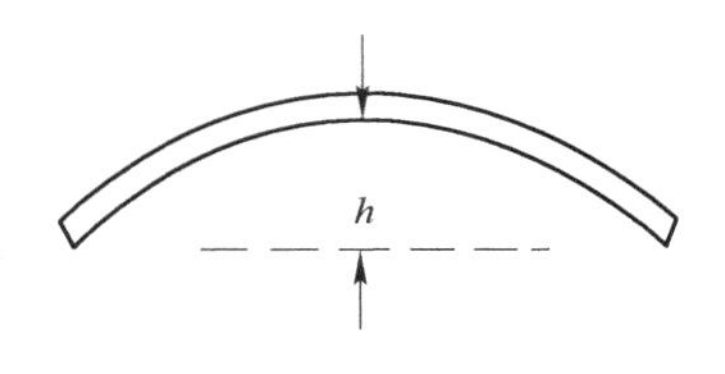

图7－39　拱形钢板断面示意图

产生原因：在剪切钢板头部时，板头被切开的一段受上剪床

向下的压力随之向下弯曲，直到板头全部被剪掉，整张钢板形成弧形。拱形形成的过程如图 7－40 所示。弧形的大小与上剪床之斜度有关，倾斜角愈大，弧形愈大，钢板愈厚，因为受到上剪床的压力后变形程度较薄钢板为小，故拱形较小，同理，在剪切钢板末端时，钢板尾留在下剪床上面没有弯曲，而成品钢板末端受上剪床的压力，故在剪口处就开始弯曲变形，直到全面剪断后钢板末端就形成拱形。由于钢板体积比板头大，故变形程度也较板头小得多。

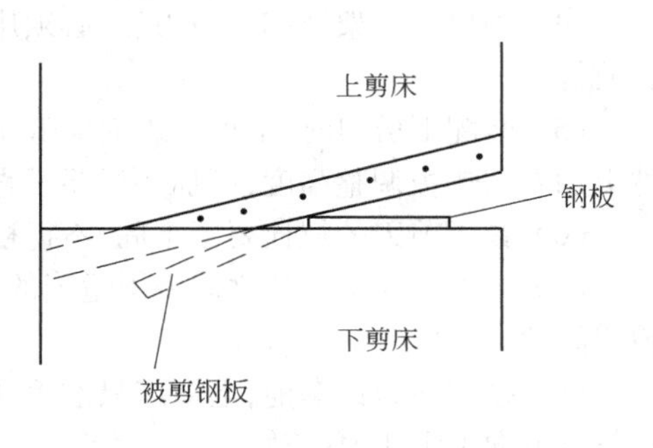

图 7－40 拱形断面的形成过程示意图

7.7 喷丸清理和涂漆

7.7.1 喷丸设备

厚板喷丸装置有立式与卧式两种。虽然它们在本质上没有区别，但立式的在喷丸工序的前后要将钢板竖起放倒。还有，钢板的传送也有问题，现在多采用卧式装置。

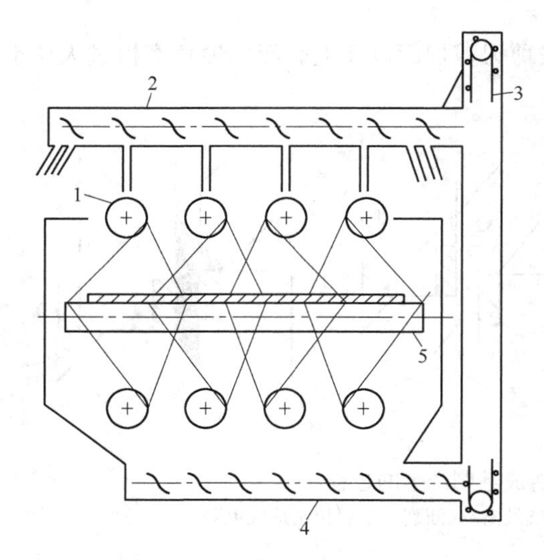

图 7－41 喷丸装置示意图

1—喷射机；2—上部螺旋式输送机；3—链斗式输送机；4—下部螺旋式输送机；5—辊道

图 7－41 为卧式喷丸装置的示意图。钢丸由高速旋转的喷射机的叶轮片尖端喷射出去，轨迹呈漩涡状，以非常高的速度清扫钢板以去除钢板上的氧化铁皮。

散落在钢板上的钢丸由刮板和压缩空气扫入抛射室下部的漏斗内，在漏斗下部装有一个过滤网，使大块破片不会卷进下部的螺旋式输送机。钢丸循环在进入螺旋式输送机之前，通过风选式分选机，利用气流将清除掉的氧化铁皮，不能使用的钢丸以及其他异物分离开来。此外，也有安装旋转式分离器的。经过分离后，将能够使用的钢丸通过螺旋式输送机将它送到边侧，再用链斗式输送机送往上部，供各喷射机使用。

抛射室用钢板围起来，里面铺上一层碳钢铸件，在直射部位还要装上耐磨性能好的铬制垫板，在检查孔的部位上特别铺上一层橡胶内衬，如果密封不严密就容易漏钢丸。在漏斗侧面装有钢丸补给口，以便在运转中也能补给。

抛射室内有乱弹射的钢丸，传送钢板用的辊子容易磨损，因此一般使用耐磨钢或使用衬胶辊。喷丸机内的辊子间距一般为 700～800mm，如间距过大，当通过薄板时有掉进两个辊子之间的危险。如辊子与侧板之间的密封不严密，也会造成漏钢丸。

7.7.2 喷丸和涂漆

造船、桥梁、大型油罐等用厚板作原料的大型钢结构物，其坯料的保管、半成品的保管及安装等多在室外进行，且多数工期很长，因此，必须注意防锈。喷丸清理和涂漆就是为满足这种要求而采用的手段,其主要目的是把钢板最初生成的氧化铁皮去掉,进行首次防锈处理,以防止加工过程中生锈,便于进行成品完工后的防锈和涂漆。这种喷丸清理和涂漆工作过去都是由桥梁厂和造船厂进行的,后来逐渐过渡给钢板生产厂进行。其原因一方面是由于桥梁、造船厂的喷丸能力不足,另一方面由钢板生产厂作喷丸处理时,在去掉氧化铁皮的同时,很容易发现表面缺陷,有利于充分清理,对确保质量有好处。而且,在用无氧化炉进行热处理时,也必须预先除掉氧化铁皮。

喷丸处理使用的喷射材料有砂粒、切碎的钢丝及钢球等,通常采用直径为1.0mm的钢球。在喷丸处理中,为了除掉氧化铁皮,需要把这些喷射材料以60m/s的高速度喷到钢板表面上,因此钢板表面会产生微小的凹凸不平,并引起轻微的加工硬化。

表面加工硬化层深度应限于表面层1.0mm以内,最深可达2.0mm。硬度的提高程度和硬化层深度,随板厚与材质而变化。由于加工硬化,延伸率有很大的降低。表面发生凹凸后会使弯曲性能变坏。

涂漆作业是用手动或自动喷雾器把用户指定的涂料按照规定的干燥涂膜厚度均匀地喷涂到钢板上。涂漆板的涂膜厚度不均和过厚,对气体切割性和焊接性有影响,所以,对涂膜厚度要进行限制,在确保发挥防锈效果的前提下,涂膜厚度越小越好。

7.8 碱酸洗

钢板进行碱酸洗的主要目的是清除氧化铁皮,不同钢种有不同的氧化铁皮。碳素钢,低合金钢的氧化铁皮主要是铁和碳的氧化物,对于这类氧化铁皮,一般采用酸洗就可以清除,而铬钢、铬镍不锈钢的氧化铁皮主要是铁、铬、镍的氧化物,由于这一类的氧化铁皮,很难溶解于酸,单纯酸洗很难清除,必须采取碱洗、酸洗结合的办法,才能加以清除。

7.8.1 碱洗原理

碱洗钢种主要是铬,铬镍不锈钢。碱液由氢氧化钠[$w(NaOH)=70\%\sim80\%$]和硝酸钠[$w(NaNO_3)=20\%\sim30\%$]组成,碱洗温度为400~600℃。

当钢板浸入高温碱液中时,氧化铁皮和基体金属要产生膨胀,二者膨胀系数不同,势必产生应力,当产生的应力大于氧化铁皮强度时,产生破裂,使氧化铁皮产生疏松。碱液从氧化铁皮裂纹中渗入,FeO和Fe_3O_4均变成Fe_2O_3,而Fe_2O_3的体积与FeO、Fe_3O_4不一样,体积变化导致氧化铁皮层进一步疏松。当钢板碱洗完之后,立即投入冷水槽中进行急冷,利用急冷时的收缩和爆炸力,迫使黏在钢板表面上已疏松的氧化铁皮脱落,尚未疏松的铁皮也产生裂纹,为酸洗提供了条件。

更重要的是,通过一系列复杂的化学反应之后,使一些难溶于酸的铬、硅之类的氧化铁皮发生分解,一部分被碱液所吸收,一部分溶解于水,另一部分成为能溶于酸的钠盐。

经碱洗后的钢板表面上,虽然仍残留有黄色、黑色的氧化铁,氧化镍等不溶于碱液的氧化物,但这些氧化物却溶于酸,待酸洗时加以清除。

7.8.2 酸洗原理

中厚板常用的酸洗种类,按酸液不同可分为以下几种:硫酸酸洗、盐酸酸洗、硝酸酸洗、氢氟酸酸洗以及两种以上酸混合酸洗。

采用硫酸酸洗时,因硫酸与Fe_2O_3、Fe_3O_4的反应特别慢,与FeO的反应速度快。因此酸洗之前,最好经机械破鳞装置使部分氧化铁皮脱落并使氧化铁皮层产生龟裂,以确保H_2SO_4直接接触 FeO 而加快酸洗速度。

经碱洗后的铬钢、铬镍不锈钢表面的氧化物与硫酸反应，生成能溶解于水的硫酸盐，同时，基体金属中的铁和合金元素也与硫酸反应，生成硫酸盐和氢。采用硫酸酸洗，废酸不能完全回收，钢的损耗也较大。

盐酸能同时溶解三种氧化铁皮，酸洗速度快，表面质量好，且酸洗反应产物的亚铁盐易溶于水，在酸洗槽内没有氧化铁皮的积存，钢板表面容易冲洗干净。此外，盐酸几乎不侵蚀带钢基体，不易发生过酸洗和氢脆现象；易于回收再生，且资源丰富。因而盐酸酸洗应用愈来愈广泛。

一般情况下不单独采用氢氟酸酸洗，常与硝酸混合成硝氟酸用来酸洗高铬镍不锈钢及钛板，用这种硝氟酸酸洗时化学反应非常剧烈，一般铁和合金元素及其氧化物在硝氟酸中很快就溶解，对于一些难溶元素的氧化物也能很快溶解。

硝酸酸洗主要用于铬和铬镍不锈钢板的钝化处理，又称发白处理。所谓钝化处理就是将经过碱洗－酸洗后的铬和铬镍不锈钢板，浸入硝酸溶液中酸洗，反应生成一层很薄的，致密的，银白色的富铬氧化薄膜，它覆盖在钢板表面上，起着防护基体金属不再受氧化的保护作用，由于钝化后的钢板表面呈银白色，故又称发白处理。

7.8.3　酸碱洗缺陷

7.8.3.1　氢脆

硫酸与铁作用产生氢气，氢对氧化铁皮能起机械剥离作用，但氢向金属基体内扩散后，使金属内部应力增加，产生氢脆。

（1）产生氢脆的原因：当酸液的浓度，温度过高，酸洗时间过长，氢向金属基体内扩散的机会多，产生氢脆的可能性大，对高碳钢板酸洗不当时，更容易产生氢脆。

（2）防止氢脆的措施：严格控制酸的浓度，温度和时间，适当增加缓蚀剂。

7.8.3.2　欠酸洗

酸洗后在钢板局部表面上仍然残留有未洗净的氧化铁皮，称为欠酸洗。

（1）产生欠酸洗的原因：造成大面积欠酸洗的主要原因是酸洗时间过短，温度偏低，浓度不够，或硫酸亚铁含量过高。造成局部欠酸，可能是钢板表面有油污，局部氧化铁皮过厚，或碱洗时铬的氧化物未洗净所致。

（2）处理方法：对欠酸洗的钢板采取重新酸洗，重新酸洗时，要密切注意未欠酸洗的板面变化，掌握好时间，温度与浓度，防止过酸洗产生。

7.8.3.3　过酸洗

过酸洗是酸洗工序常见的恶性质量事故，钢板过酸洗之后，表面粗糙呈暗色、有针孔。

（1）产生过酸洗的原因：酸的浓度、温度过高，酸洗时间过长。

（2）过酸洗后果：一旦发生过酸洗，无法挽救，只能当废品。

7.8.3.4　锈蚀

酸洗后，钢板表面上有残留酸液和氧化物，造成板面锈蚀，留有黄色痕迹。因此，酸洗后，一定要清洗干净，板面要烘干，防止残酸和水印造成锈蚀。

7.9 热处理

对机械性能有特殊要求的钢板还需要进行热处理。近年来中厚钢板生产中虽然已经广泛采用了控制轧制、控制冷却新工艺，并收到了提高钢板的强度与韧性、取代部分产品的常化工艺的效果。但是控制轧制、控制冷却工艺还不能全部取代热处理。热处理仍然用于一些产品的常化处理和低合金高强度钢的调质处理。并且热处理产品仍然具有整批产品性能稳定的优点。因此现代化的厚板厂一般都带有热处理设备。

7.9.1 热处理工艺流程

中厚板生产中常用的热处理作业有常化、淬火、回火、退火四种。下面举例说明钢板热处理工艺流程。

7.9.1.1 奥氏体不锈钢板

热处理再经酸洗交货，典型的热处理方法为固溶处理。其流程为：收料→排生产计划→装炉→加热→保温→冷却（水冷或空冷）→矫直→取样→垛板→标号→交酸洗。

7.9.1.2 马氏体不锈板

热处理之后再经酸洗交货，典型的热处理方法是退火。其流程为：收料→排生产计划→装炉→扣罩→加热→保温→炉冷→吊罩→出炉→矫直→取样→垛板→标号→交酸洗。

7.9.1.3 低合金钢

正火状态交货，其流程为：收料→排生产计划→装炉→加热→保温→冷却（空冷）→矫直→取样→垛板→入库。

7.9.1.4 调质板

调质状态交货，其流程为：收料→排生产计划→装炉→加热→保温→冷却（通常水冷）→矫直→垛板→标号→装炉→加热→保温→冷却→矫直→取样→垛板→标号→入库。

其他处理方法如高温回火，用辊底炉处理和正火工艺流程相同，用罩式炉处理和退火工艺流程相同。

7.9.2 热处理设备

中厚钢板热处理炉按运送方式分，有辊底式、步进式、大盘式、车底式，外部机械化室式及罩式等六种。按加热方式分，有直焰式和无氧化式两种。淬火处理用的淬火机有压力式和辊式之分，淬火用介质有水和油两种。

7.9.2.1 热处理炉

A 按运送方式分类

a 辊底式炉

辊底式炉可用于钢板的正火、调质、淬火及回火等热处理。这种炉子产量和机械化、自动化程度高，得到广泛应用。

辊底式炉结构由炉墙、炉顶、炉底辊及炉门所组成。炉墙一般均用轻质硅和绝热砖砌筑，炉墙外面护有钢板和钢构件。炉顶有拱顶与吊顶两种,拱顶有固定式和可卸式之分。炉底辊穿过两侧墙伸到炉体外部,炉墙上砌有与辊端形状相应的辊颈砖。砖孔与辊颈之间的间隙要保证炉底辊受热膨胀时和辊颈砖产生位移时,不致妨碍炉底辊的转动,且尽量减少热损失。炉门用卷扬或液压升降,关闭要严密,升降及时。当用保护气氛时,需用密封炉门。中厚钢板辊底式热处理炉如图 7 – 42 所示。

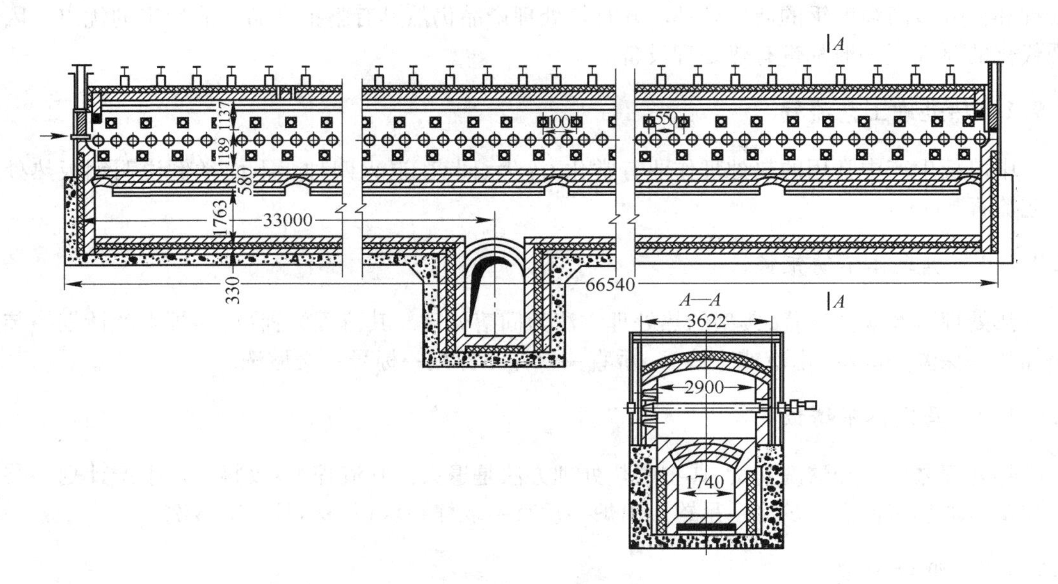

图 7 – 42　中厚板辊底式热处理炉

炉底辊常用结构有空腹辊和带水冷通轴辊两种。空腹辊有圆筒形和可拆卸盘形之分。

带水冷通轴的炉底辊负荷由水冷轴来承担,如图 7 – 43 所示。腹内填入耐热混凝土起绝热和承重的作用。水冷通轴多数用一端进水,另一端出水的形式,其效果较好。

在水冷轴上套上若干个耐热钢圆盘,将盘焊在轴上,盘间捣打以隔热材料,如图 7 – 44 所示。为了减少隔热材料内外温差,在其轴上缠有绝热层。这种方式可节省投资,但隔热材料在高温下容易剥落。

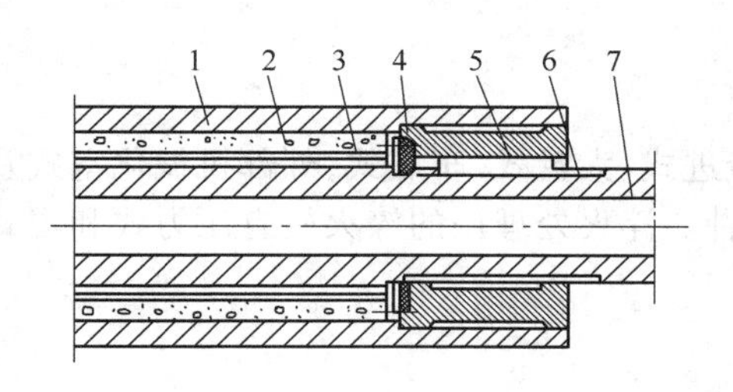

图 7 – 43　带水冷通轴的炉底辊

1—辊套;2—耐热混凝土;3—空气层;4—石棉档;5—塞头;6—合金钢层;7—水冷轴

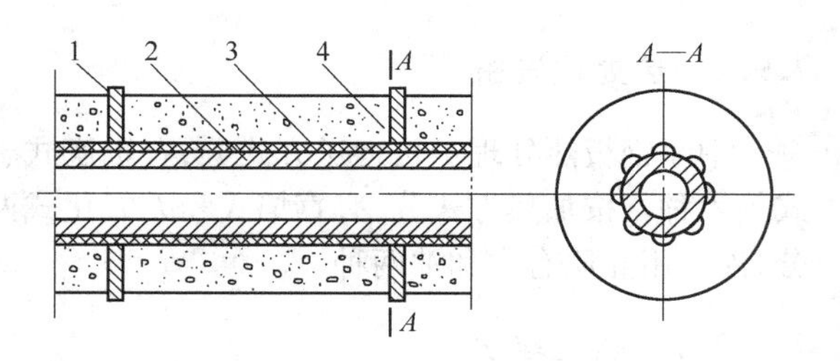

图 7 – 44　圆盘式水冷辊

1—圆盘;2—水冷轴;3—隔热层;4—耐火材料

炉底辊的传动方式分为单独和分组传动两种。电机有交流与直流两种,由于钢板在炉内调速的要求,交流传动以变频电源供电。

b 步进式炉

步进式炉是靠专用的步进机构使工件在炉内移动的一种机械化炉子。步进式炉如图7－45所示，步进梁处在下面最低位置*A*点，此时钢板处在固定梁2上。然后步进梁1垂直上升超过固定梁时，将钢板托起到*B*点，并水平位移到*C*点。步进梁垂直下降至*D*点，将钢板放在固定梁上，步进梁后移回到*A*点。如此循环步移，钢板达到热处理制度要求后，由出料机运出。步进式炉主要优点是没有黑印和划伤，但投资大、维护要求高。步进梁有耐热钢和耐火材料梁两种。耐热钢一般为Cr30Ni20、Cr26Ni14等，使用炉温低于1150～1200℃。耐火材料梁是在型钢框架上砌绝热砖和耐火材料，优点是炉温高，节省大量耐热钢，缺点是比较笨重。步进式炉用于特厚板热处理有一定的优点，目前使用很少。

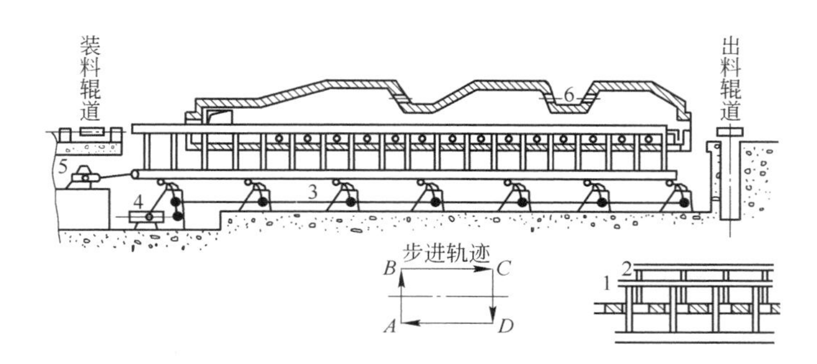

图7－45 上下加热步进式炉示意图

1—步进梁；2—固定梁；3—连杆；4—升降用液压缸；5—平移用液压缸；6—烧嘴

c 大盘式炉

大盘式炉是用扇形块组合成圆盘，每一排轴上用数个圆盘配成，圆盘数量根据炉宽而定，前后两排交叉配置，以减少加热时由于钢板与大盘接触而造成黑印。操作时以摆动方式来保证加热与保温的时间。当扇形块由炉膛转入炉底下时，温度下降，这样反复加热与冷却，因此使用寿命较低，需经常更换。这种炉子无下加热，对热处理质量有一定的影响，但造价较低。最高炉气温度为1050～1100℃，炉后设有11辊热矫直机和压力淬火机各一台。

B 按加热方式分类

热处理炉按加热方式有直焰式和无氧化式之分。直焰式是燃料在空气中燃烧直接加热，钢板易氧化，但比较经济，使用也比较广泛。无氧化式是在氮气气氛中通过辐射管间接加热，钢板不会氧化。但炉底辊辊颈、辐射管及两端炉门均需密封，造价较高，适合于一些重要用途钢板的热处理。

7.9.2.2 淬火机

淬火方式有浸淬式和喷淬式两种。浸淬是把钢板浸入水中或油中进行淬火，因冷却速度不均匀，容易瓢曲，主要用于厚板的淬火。喷淬是将钢板上下面进行喷水淬火，用水量比较大。淬火机一般有压力式和辊式两种。压力淬火机是将钢板用许多压头压住，然后上下喷水冷却，压力淬火机的压力为1～25MN，多数为10MN左右。由于压头处钢板淬火容易造成死区，淬火不均匀，钢板容易瓢曲，目前已很少采用。辊式淬火机是一种连续淬火装置，如图7－46所示，将加热好钢板先经两对大辊子平整，然后送入高压喷淬段使钢板宽度和长度方向均匀淬火，再送入低压喷淬段淬火以确保钢板性能。辊子速度根据板厚和品种的不同进行调整，必要时还可进行摆动操作。这种辊式喷淬生产钢板性能比较均匀，瓢曲也比较小，因此，目前使用比较广泛。

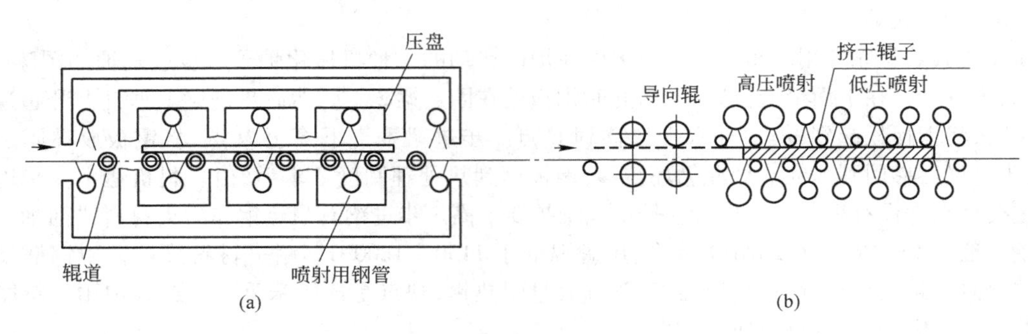

图 7 - 46 厚板淬火装置的示意图

(a)压力淬火装置;(b)连续淬火装置

7.10 钢板标志

7.10.1 钢板标志的内容和目的

在钢板入成品库时,钢板表面必须标有明显的产品标志。标志的内容为:供方名称(或厂标)、标准号、牌号、规格及能够跟踪从钢材到冶炼的识别号码等。有关标志的具体要求,均按 GB/T 247—1997 或相应的标准以及协议规定执行。钢板标志的目的是为了便于识别,防止钢板在出厂后的存放、运输和使用时,造成钢质混乱,不利于合理地使用钢板。

7.10.2 钢板标志的方式

7.10.2.1 喷字

喷字是在钢板端部的上表面放上用薄钢板(或合金铝板等)制成的漏字板,摆上所需要的漏字,然后用喷枪喷涂白色的高温涂料或油漆。由于换字速度较慢,作业环境较差,故有的企业已研究使用自动喷字机。

7.10.2.2 打印

由于钢板在长期储存和吊运过程中,其表面相互摩擦或与其他物体摩擦,以及酸洗、喷丸、锈蚀等原因,造成喷字变得模糊不清,因此还要在钢板表面的一角打上钢印,通常只打钢号、生产批号(或炉罐号)。打印是利用高强度的钢字,使用压力或冲击力将钢字印在钢板表面上。通常使用的打印方式有:手工打印,液压滚字机,打印机等。

7.10.2.3 贴标签

事先将标记内容写在标签纸上,然后将标签纸贴在钢材的端面或侧面上,这种方法既简单又可靠。

7.10.3 喷字、打印、贴标签操作

7.10.3.1 操作前的检查

(1) 喷字操作前的检查:

1）检查喷字所用的工具，做到字板、字漏、喷枪完整和清洁；

2）检查风管、开闭器、水管达到无泄漏，转动灵活。

（2）打印操作前的检查：

1）检查和保证钢字齐全，字盘、备帽转动灵活；

2）检查和保证液压滚字机各油路畅通、无泄漏，光电管及照明灯完好，手动系统正常。

7.10.3.2 喷字、滚字、贴标签操作

A 手工喷字操作程序

（1）用高温涂料（或白调和漆）搅拌均匀后，倒入喷字壶内，拧紧壶盖，接上风带，然后打开风管开闭器使风压达到1.5～4个大气压；将需要的字漏在字板上排好。

（2）当推床将钢板推送到位停稳后，将漏字板平放在距头部50～100mm，毛边板距头部200～300mm，钢板宽度的中间板面上，然后用喷枪将高温涂料（或白调和漆）均匀喷在漏板上，再均匀喷一遍清漆。以保证留在板面上的标志清晰、洁净，喷后将字漏撤下，准备对下块钢板喷字。

（3）回剪钢板要做好标记，以便归队。

B 滚字机操作

（1）液压滚字机如图7－47所示，其操作方法如下：

首先，启动滚字机油压泵，打开光电管控制开关，将油路开闭器打开，再将滚字机转向开关扳向自动位置，用手遮挡光电管光源，使滚压机压辊下落。同时观察油压表指针，当油压压力过高（或过低时），用手调整油压开关，根据轧制钢坯的材质和厚度调整压力，一般轧制低合金或普通板时采用2～3.5MPa。当钢板通过滚字机时，便可实现自动打印。需更换钢字时，首先扳动推床的安全控制开关，使推床停止推送钢板；然后关闭滚字机油泵。再用扳手把滚字盘的螺丝备帽拧下，卸下滚字盘并打开压盖，根据所轧制钢板的钢种、年号、批号（炉罐号），按排列次序将钢字装上，并注意排列钢字的次序及方向不能颠倒。然后扣紧压盖安装上，拧紧备帽螺丝，再启动油泵电机，打开推床的安全控制开关，便可继续打印。

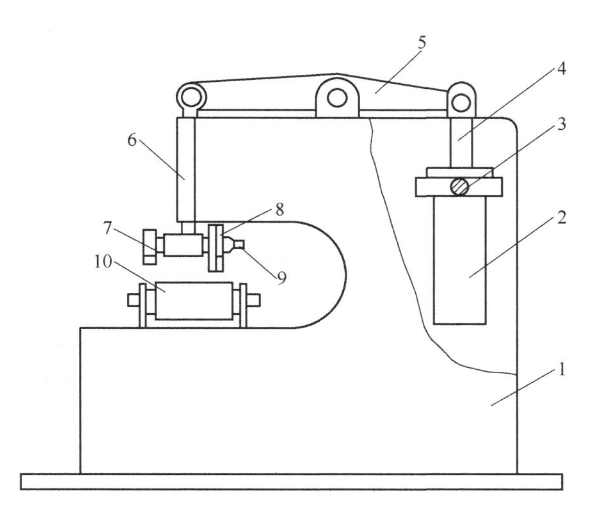

图7－47 液压滚字机示意图

1—牌坊；2—液压油缸；3—油管；4—拉杆；5—杠杆；6—滑板；7—平衡锭；8—钢字盘；9—备帽；10—托辊

（2）操作要点：

1）按照生产计划在要求打钢印的钢板上逐块打印。打印内容按要求打印齐全，如船板打印内容：锚印，船级社标志，批号等。

2）钢印要求清晰齐全，不得错打，漏打。

3）钢印位置：距头50～100mm，距左侧1/4宽度。

4）当更换批号，更换钢种时，应及时更换字头。

5）打印机不能打印时，及时通知有关维修人员，立即修复。

（3）操作注意事项：

1）在滚字机滚字过程中，输出辊道不得开动；

2）在换钢字之前，必须先关闭冷床推床的安全控制开关，关闭打字机油泵开关；

3）滑动支点及活动支点每班应注 1 ~2 次 30 号机油。

C　全自动喷印、打印机

现代化的标志机械通常采用计算机控制的全自动喷印、打印机，其优点如下：

（1）储藏字符多，有 0 ~9 数码，A ~Z 字母及各种符号。

（2）字符变换十分容易。

（3）字符的大小，钢印点的深浅均可调整，以满足用户需要。

（4）因由计算机控制，可以联机，实现钢号、炉罐号等跟踪。若在作业线设置长、宽、厚检测仪表，可实现全自动标志作业。

（5）还可实现计重、磅单、生产数据统计等工作的自动化，并可提高分析的准确性，还可进行实时处理。这给企业的管理带来极大的好处。

（6）大大减轻标志工的劳动强度。

D　贴标签操作要点

（1）不同钢质的钢板贴不同颜色的不干胶条，如某厂规定：

1）普碳系列：白色胶条；

2）低合金系列：绿色胶条；

3）船板系列：红色胶条；

4）废品：蓝色胶条；

5）特殊情况按有关要求。

（2）每块钢板所贴标签须与钢板实际情况相符合，标签内容：钢质，批号，厚度 × 宽度 × 长度。

（3）要求标签用碳素墨水笔书写，字体用仿宋体。要求规范，整齐，内容齐全。

（4）标签贴在每张钢板侧面端部，再刷一遍清漆。毛边板，标签贴在头部剪切断面上，要求标签粘贴牢固，不得脱落。

7.11　分类、收集

7.11.1　钢板分类、收集的目的和任务

凡经剪切机剪成各种长宽尺寸规格，并检查判定合格的钢板，都必须按照钢质、炉罐号、批号、尺寸规格以及每吊钢板所允许的最大重量等，进行分类、收集。其目的在于防止钢质和规格混乱，便于吊运和成品管理，合理使用钢材。

这项工作的主要任务是：将不同炉罐号、钢质、批号、尺寸规格的钢板进行分类；将各类钢板运送到适当场地，进行垛板。

7.11.2　垛板的形式

成品钢板的厚度不同，所采用的垛板装置也不同。中厚板的成品收集装置有电磁吊式、斜坡

式、推钢式等多种形式。如图7-48、图7-49所示,为两种形式的垛板装置。

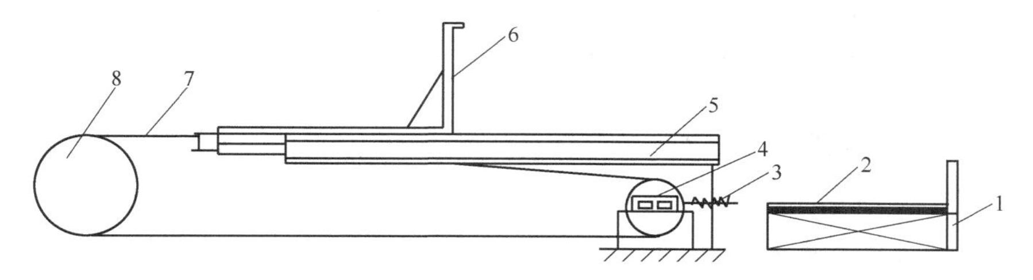

图7-48 推钢式垛放机示意图

1—垛板架;2—钢板;3—调整螺丝;4—从动绳轮;5—滑边;6—推爪;7—钢绳;8—主动绳轮

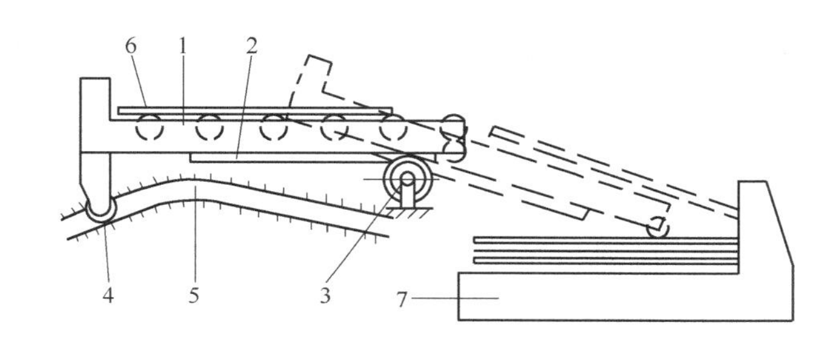

图7-49 滑坡式垛板机示意图

1—滑架;2—齿条;3—齿轮;4—导轮;5—导轨;6—滚轮;7—垛板架

7.11.3 垛板机操作

7.11.3.1 推钢式垛板机操作

A 操作前的检查

(1) 检查垛板机钢绳磨损情况,应达到无严重起刺和严重断股现象;

(2) 检查垛板机推爪是否在一条直线上,发现不正应及时调整;

(3) 检查垛板挡桩是否牢固,发现开焊时应立即加固;

(4) 检查垛板架是否磨损严重或断裂,发现断裂应及时更换。

B 推钢式垛板机操作程序

钢板进入垛板辊道后,观察板面标志,根据钢质、炉罐号、批号、生产计划要求的尺寸规格进行分类。按照钢板的尺寸规格分类有两种:一是计划产品,即钢板的厚度、长度、宽度尺寸符合生产作业计划要求;另一种是非计划产品,即钢板的厚度、长度、宽度尺寸不符合生产作业计划要求。通常符合生产作业计划要求的钢板垛在一起,厚度非计划品垛在一起,宽度和长度非计划品垛在一起,当下架钢板出现偏斜时,下架工要用鹰嘴钳将钢板别正,应保证同垛钢板头端一侧面整齐。

作业标准:分类准确,垛板整齐。

C 操作注意事项

(1) 垛板操纵工应与下架工互相配合,以防钢板碰人,撞坏垛板挡桩及垛板架。

(2) 辊道在输送钢板时,不允许开动推床或将推床推爪傍在辊道中间,以免将推爪撞坏。

（3）在处理辊道传动链掉链子或断链子时，应先把操纵台的电锁锁好，再去处理链子。

（4）当检查人员卡量厚度或观察断面时，不准移动钢板。

（5）冷床上的钢板要单张推送，不得重叠或连续推送（采用步进式）。

（6）当钢板表面有缺陷标记时，严禁输送到成品跨。

（7）不同宽度堆垛在一吊的钢板，应宽的在下，窄的在上，下面的宽钢板不少于三张（块数少于五张的除外）。

7.11.3.2　电磁吊垛板操作要点

（1）电磁吊必须听从挂吊工的指挥，允许后方可起吊。

（2）电磁吊上下启动要平稳，不得猛启猛落。

（3）电磁吊运送钢板要平稳，不得来回摆动。

（4）垛板时，必须单定尺、双定尺和不同钢种分开堆放，并且保证钢板一侧边平齐。

7.12　取样、检验

7.12.1　检验

7.12.1.1　钢板质量检验

对钢板质量检验的目的是验证钢板能否满足有关技术条件的要求，并正确评价其质量水平。钢板质量检查的内容包括力学性能和工艺性能检验、内部组织检验、外形尺寸检验、表面质量检验和内部缺陷的无损探伤等。其中力学、工艺性能检验和内部组织检验都要先在钢板上按规定取试样后再进行检验，其他项目则无需取样检查。各类钢板的具体检验项目由该类钢板的标准规定。

目前由于用户对钢板质量要求越来越高，并要求加强对产品的质量控制，一些产品如桥梁板等要求对钢板进行探伤检查。而且有扩大探伤产品品种和逐张进行探伤的趋势。现代化厚板厂普遍安装离线连续超声波探伤仪。采用多通道组成，包括微处理机装置，有全部自动功能，如自动矫正、自动诊断、连续探伤，横向扫描探伤等。探伤温度在100℃以下，探伤速度最大为60m/min。钢板缺陷分为Ⅰ、Ⅱ、Ⅲ三级，按级进行处理。

我国中厚板厂的钢板探伤目前基本上是人工离线操作。一般在钢板上按100mm间距纵横划格分段检查和边缘四周扫查。人工手动探伤不仅劳动强度大，而且难以保证超声波波束100%的覆盖钢板表面，从而会不可避免地产生漏探和误探；而且，手动探伤速度慢，难以适应现代化生产的需求。

柳州钢铁集团公司中板厂，成功地研制出60通道在线自动探伤设备，并采用独特技术，解决了“在高温下不能进行在线超声波探伤”这一困扰国内中厚板在线自动探伤的技术难题，探测厚度可达6～60mm，其“中板在线超声波自动探伤技术”已获得国家专利，其主要技术措施如下。

A　选用高性能探头

中厚板探伤常用双晶探头，柳钢使用5PZ20×8型双晶探头。而目前一种5P10×24FG10Z型双晶探头性能更稳定，更适用于中厚板的探伤。

B　增添自动探伤功能

采用计算机和一些自动控制器件，使探伤设备实现自动探伤，即每探测完一块钢板，计算机显示该钢板的模拟形状;如有缺陷,则把缺陷的分布位置显示在该模拟形状的对应位置,并计算缺陷的指示面积,依据有关标准来判断钢板的等级。探伤设备的自动探伤功能,避免了因人为因素造成漏探或错探,提高了探伤结果的可靠程度和精确度。

C 加装探头跟踪装置

柳钢中板厂采用接触法探伤。由于没有探头跟踪装置,在探伤过程中,当钢板表面存在轻微的起伏不平时,会出现探头抖动现象,从而导致两种可能:

(1) 探头与钢板表面的耦合情况发生变化,导致杂乱无章的反射波,造成误探。

(2) 超声波不能传入钢板,造成漏探。为此,设计了一套独特的探头跟踪装置,如在探头上加装弹簧,使探头能随钢板表面起伏而上下移动,始终保持与钢板良好的耦合,避免了误探和漏探。

D 采用多功能的数字式探伤系统

数字式探伤系统的主要功能有:

(1) 自动监测60通道的探伤信号,实时显示缺陷波以及缺陷在钢板中的分布;

(2) 实时显示报警通道及报警类型;

(3) 自动计算缺陷位置、指示长度、指示面积;

(4) 自动设置衰减、抑制、进波报警闸门和失波报警闸门,并可存储回调;

(5) 可随时诊断系统各硬件接口电路工作是否正常;

(6) 自动存储探伤结果;

(7) 可在网络上打印探伤报告;

(8) 按国家标准对钢板进行参考评级。

该60通道在线自动探伤系统性能指标见表7-5。

表7-5 柳钢60通道在线自动探伤系统性能

性能	测量值	性能	测量值
电噪声/%	<30	动态范围/dB	30
水平线性/%	<0.1	分辨率/dB	34
垂直线性/%	<6	探测范围/mm	6~60
灵敏度余量/dB	40	探头有效声束宽度/mm	16~18
探测钢板最大宽度/m	2.4		

采用探伤后,钢板质量异议率由1.01%降到0.05%。

7.12.1.2 检验规则

(1) 钢板和钢带的质量由供方技术监督部门进行检验和验收。

(2) 交货钢板和钢带应符合有关标准的规定,需方可以按相应标准的规定进行复查。

(3) 钢板和钢带应成批提交检验和验收,组批规则应符合相应标准的规定。

(4) 钢板和钢带的检验项目、试样数量、取样规定和试验方法应符合相应标准的规定。

(5) 复验。当某一项试验结果不符合标准规定时,应从同一批钢板或钢带中任取双倍数量的试样进行不合格项目的复验(白点除外)。复验结果均应符合标准,否则为不合格,则整批不得交货。

供方对复验不合格的钢板和钢带可以重新分类或进行热处理,然后作为新的一批再提交检验和验收。

7.12.2 批的概念

标准中所指的批，是指一个检验的单位，而不是指交货的单位。通常一批钢或钢材的组成有下列几种不同的规定（详见有关标准）：

第一种：由同一炉罐号、同一牌号、同一尺寸或同一规格（有的还要求同一轧制号）以及同一热处理制度（如以热处理状态供应者）的钢材组成。

第二种：由同一牌号、同一尺寸及同一热处理制度的钢组成。与第一种的区别在于可由数个炉罐号的钢组成。如普碳钢、低合金钢可以组成混合批，但每批碳含量之差应不大于0.02%，锰含量之差应不大于0.15%。一般用途普通碳素钢薄钢板等均属这种情况。

第三种：其他均与第一或第二种相同，但尺寸规格可由几种不同尺寸组成，例如普通碳素钢和低合金钢厚钢板标准规定，一批中钢板厚度差根据厚度不同规定为3mm或2mm的钢板可组成为一批进行检验。检验批和交货批不是一回事，检验批是进行检验的单位，而交货批是指交货的单位。当订货数量大时，一个交货批可能包括几个检验批；当订货数量少时，一个检验批可能分成几个交货批。

7.12.3 钢材力学及工艺性能取样

7.12.3.1 样坯的切取

（1）样坯应在外观及尺寸合格的钢材上切取。

（2）切取样坯时，应防止因受热、加工硬化及变形而影响其力学及工艺性能。

1）用烧割法切取样坯时，从样坯切割线至试样边缘必须留有足够的加工余量，一般应不小于钢材的厚度，但最小不得少于20mm。对厚度大于60mm的钢材，其加工余量可根据双方协议适当减小。

2）冷剪样坯所留的加工余量可按表7－6选取。

表7－6 冷剪样坯所留加工余量

厚度/mm	加工余量/mm	厚度/mm	加工余量/mm
≤4	4	20～35	15
4～10	厚　度	>35	20
10～20	10		

7.12.3.2 样坯切取位置及方向

（1）应在钢板端部垂直于轧制方向切取拉力、冲击及弯曲样坯。对纵轧钢板，应在距边缘为板宽四分之一处切取样坯。对横轧钢板，则可在宽度的任意位置切取样坯。

（2）从厚度小于或等于25mm的钢板上取下的样坯应加工成保留原表面层的矩形拉力试样。当试验机条件不能满足要求时，应加工成保留一个表面层的矩形试样。厚度大于25mm时，应根据钢材厚度，加工成GB 228中相应的圆形比例试样，试样中心线应尽可能接近钢材表面，即在头部保留不大显著的氧化铁皮。

（3）在钢板上切取冲击样坯时，应在一侧保留表面层，冲击试样缺口轴线应垂直于该表面层。

（4）测定应变时效冲击韧性时，切取样坯的位置应与一般冲击样坯位置相同。

（5）钢板厚度小于或等于30mm时，弯曲样坯厚度应为钢板厚度；大于30mm时，样坯应加工成厚度为20mm的试样，并保留一个表面层。

（6）硬度样坯应在与拉力样坯相同的位置切取。交货状态钢材的硬度一般在表面上测定。

7.12.4 成品化学分析取样

7.12.4.1 成品分析

成品分析是指在经过加工的成品钢材上采取试样，然后对其进行的化学分析。成品分析主要用于验证化学成分，又称验证分析。由于钢液在结晶过程中产生元素的不均匀分布（偏析），成品分析的值有时与熔炼分析的值不同。

7.12.4.2 取样总则

（1）用于成品分析的试样，必须在钢材具有代表性的部位采取。试样应均匀一致，能充分代表每批钢材的化学成分，并应具有足够的数量，以满足全部分析要求。

（2）化学分析用试样样屑，可以钻取、刨取，或用某些工具制取。样屑应粉碎并混合均匀。制取样屑时，不能用水、油或其他润滑剂，并应去除表面氧化铁皮和脏物。成品钢材还应除去脱碳层、渗碳层、涂层、镀层金属或其他外来物质。

（3）当用钻头采取试样样屑时，对小断面钢材成品分析，钻头直径应尽可能的大，至少不应小于6mm；对大断面钢材成品分析，钻头直径不应小于12mm。

（4）供仪器分析用的试样样块，使用前应根据分析仪器的要求，适当地予以磨平或抛光。

7.12.4.3 成品分析取样

A 纵轧钢板

钢板宽度小于1m时，沿钢板宽度剪切一条宽50mm的试料。钢板宽度大于或等于1m时，沿钢板宽度自边缘至中心剪切一条宽50mm的试料。将试料两端对齐，折叠1～2次或多次，并压紧弯折处，然后在其长度的中间，沿剪切的内边刨取，或自表面用钻通的方法钻取。

B 横轧钢板

自钢板端部与中央之间，沿板边剪切一条宽50mm、长500mm的试料，将两端对齐，折叠1～2次或多次，并压紧弯折处，然后在其长度的中间，沿剪切的内边刨取，或自表面用钻通的方法钻取。

思　考　题

7－1　叙述中厚板精整工艺流程。
7－2　冷床的结构形式有哪几种？
7－3　冷却的目的及主要方式是什么？
7－4　冷却时有哪些常见缺陷，如何防止？
7－5　钢板矫直的目的是什么？
7－6　矫直缺陷产生的原因、特征、处理方法和预防措施。
7－7　辊式矫直机的结构由哪几部分组成？
7－8　辊式矫直机的主要参数有哪些？
7－9　矫直原理在现场是如何应用的？
7－10　矫直机的操作要点是什么？
7－11　翻板的目的是什么？
7－12　叙述现场翻板机的工作原理。
7－13　翻板易发生的操作事故如何防止？
7－14　修磨时应注意哪些事项？
7－15　中厚板剪切机有几种类型？
7－16　分析轧件剪切过程。
7－17　如何评价剪切作业的效果？
7－18　如何消除剪切时的缺陷？
7－19　简单叙述热处理工艺流程。
7－20　钢板标志的内容和目的是什么？
7－21　滚字机操作应注意的事项？
7－22　划线的目的及工作任务？
7－23　划线操作应注意的事项？
7－24　钢板分类、收集的目的及工作任务是什么？

8　车间经济技术指标

8.1　成材率及提高的措施

8.1.1　成材率概念

用一吨原料轧制出合格产品重量的百分数称为成材率。它反映了轧钢生产过程中金属的收得情况，其计算公式为：

$$b=\frac{Q-W}{Q}\times100\%=\frac{G}{Q}\times100\%=\frac{1}{K}\times100\%$$

式中　b——成材率，%；

Q——原料重量，t；

W——各种原因造成的金属损失量，t；

G——合格产品重量，t；

K——金属消耗系数。

影响成材率的主要因素是生产过程中的各种金属损失。因此，提高成材率的途径就是减少这种损失。

8.1.2　金属平衡分析

金属消耗是轧钢车间生产中最重要的消耗，通常它占产品成本的一半以上，降低金属消耗对节约金属，降低产品成本有重要意义。金属消耗指标通常以金属消耗系数表示，它的含义是生产一吨合格钢材需要的钢锭或钢坯量，其计算公式如下：

$$K=\frac{W}{Q}$$

中厚板生产过程中金属损失有两种类型：一是物理损耗，包括：切头、切尾、切边、过程废品、取样损失、改尺损失、成品放尺损失等。二是化学损耗，包括：倍尺连铸坯在高温切割时的割渣、钢坯在加热过程中表面氧化产生一次氧化铁皮、高温轧件在空气中产生的二次氧化铁皮等。

为了研究金属消耗情况，任何轧钢车间都要按期进行金属平衡分析工作，对该期间金属消耗诸因素进行统计分析，找出金属消耗变化的影响因素，采取切实可行的对策、措施，尽力降低金属消耗，提高车间的综合经济效益。

有些轧钢车间金属平衡趋近于百分之百，有些不足百分之百。有些生产技术水平先进的车间，金属平衡总是大于百分之百，有明显的经济效益。

烧损与加热时间、加热温度、炉气气氛、钢的化学成分等因素有关，实践证明，加热温度越高，在高温下停留时间越长，炉内氧化气氛越强，金属的烧损就越多。

影响切头、切尾、切边损失的因素有：钢材品种、坯料种类及坯料尺寸的精确度等。在成品钢材中钢板要切边，其切损量大于型钢的切损，一般在10% ~15%。

表面清理损耗主要与钢种、清理方法以及对成品钢材的要求有关，例如同一种钢坯用砂轮研磨清理的损耗为1%，而且火焰清理的损耗可达2% ~3%。

通常，在同样条件下，生产优质合金钢材的金属消耗比生产普通钢材的金属消耗要高。

各轧钢厂的金属消耗系数，因其产品品种、生产工艺、技术操作、管理水平等不同而不同。某中厚板车间某年某月生产总的金属平衡竟达到104.67%，详见表8－1。

表8－1　某中厚板车间某年(1~8月)金属平衡表

项目＼数量	原料投入量/t	产品产出量/t	轧钢总废品量/t	烧损总量/t	切损总量/10^3kg	金属平衡
数量	226294	203937	621	3312	29014	236884
比例/%		90.12	0.27	1.46	12.82	104.67

从上表中可以看出，该车间原料投入量只有226294t，成材率达到90.12%，金属平衡仍达到104.67%，其经济效益是十分可观的。分析其原因主要是车间生产工人技术操作水平高，负偏差利用率达到40%左右。可见大力推行负偏差轧制、降低轧制废品是十分重要的。

8.1.3　提高成材率的措施

8.1.3.1　加强原料管理，实施精料方针

(1) 把住原料验收关，堵塞漏洞，减少金属损失。凡入厂的钢坯严格按有关标准严格验收。在验收处理过程中，凡表面质量规格不合、钢质不合的废品和亏重情况，都要严格把关，按规定做好退料工作。

(2) 选用合理的板坯规格，在现有供坯条件下，在供料方面采取有力措施，增加大规格板坯的数量，使原料的选择更有利于提高成材率。如某厂轧制10mm钢板所用钢坯单重由938kg改为1063kg，轧制12mm钢板所用板坯单重由1035kg改为1247kg，单品种成材率比原有水平提高2.24%，综合成材率提高0.20%，提高产量7.9%，经济效益十分显著。增大原料单重，一方面受供坯的限制，另一方面也受到工艺条件的限制，如钢板过长在吊运及运输方面也有困难。但只要条件允许，尽量增大钢坯单重，可明显地提高成材率。

(3) 提高钢坯处理质量。切料、配尺和火焰切割等作业程序的工作质量，直接影响产品质量和钢板成材率。

8.1.3.2　提高加热质量

钢坯加热温度均匀，达到轧制要求，可提高钢板厚度的精确性，可降低麻点、过热、过烧等废品。因此，应当坚决贯彻加热技术操作规程，采用电子计算机控制烧钢，对降低烧损，减少麻点提高加热质量有很大益处。

8.1.3.3　认真贯彻轧制工艺制度，大力推行负偏差轧制

实践证明，这是提高成材率的重要措施。据某中厚板车间调查表明，1985年度负偏差利用率达到40%，普及率达到90%以上，全年成材率达到89.6%，其中负偏差轧制增加成品钢材8251t，提高成材率2.62%，多增加经济效益578万元。1986年负偏差利用率提高到41%，普及率达到99%，全年负偏差轧制提高成材率达到2.84%，比1985年又提高0.22%，在推行负偏差轧制的同时，还应努力提高轧钢技术操作水平，减少轧钢操作废品。

8.1.3.4　加强精整管理

钢板精整对提高成材率也是至关重要的。合理的划线和配尺，提高剪切质量，减少回剪量，特别是钢板剪切的宽度和长度要精确，防止超宽超长，造成金属损失。

8.2　产品合格率

8.2.1　轧钢废品及其分析

轧制过程中，从原料到成品各工序操作不当，往往造成成品缺陷，主要有：性能不合格、表面缺陷、断面尺寸不合等。还有因原料质量或原料处理质量不高造成的钢质缺陷，如气泡、结疤、裂缝、折叠、夹杂、分层等。所有这些缺陷统称为轧钢废品，在成品交库前都要进行判别和处理。现将各种缺陷产生的原因及处理方法分析如下。

8.2.1.1　钢质废品

A　分层

特征：钢板断面出现局部的缝隙，使钢板断面形成局部层状。

处理：切除。

B　气泡

特征：钢板表面局部凸起或酸洗后局部发亮，内有气体使该处分为两层。

产生原因；原料不正常有严重气泡。

处理：切除。

C　表面夹杂

特征：钢板表面呈明显的点状、块状或长条状的非金属夹杂物，有明显直线条状的疤坑。其颜色为红棕色、淡黄色或灰白色。

产生原因：原料本身带有非金属夹杂物，或加热时耐火材料粘结在原料表面后形成。

处理：小块的深度浅的可修磨。夹杂缺陷较深时应当切除。

D　发纹

特征：钢板表面有深度不大的发状细纹，长短和形状不一，断续或密集分布。钢板断面上出现断续的灰白色发状小细纹（或称毛缝）。

产生原因：原料皮下气泡未焊合，轧后暴露，厚钢板在蓝脆温度剪切时更容易产生断面发纹。

处理：切除。

E　裂纹

特征：钢板表面有不同形状的破裂，其方向和部位因纵横轧制方法不同而异。单个的裂缝可以在任意一个部位产生。密集的裂缝则更多在钢板的边角部位产生，如皱纹状或鱼鳞状。

产生原因：原料的表面气泡暴露或原料表面清理质量不好。

处理：切除。

8.2.1.2　操作废品

A　凸包

特征：钢板表面有周期性的局部凸块。

产生原因:轧辊表面掉肉或表面硬度不够,如冷边钢板轧入造成辊面压痕,或其他异物落到钢板上使轧辊表面硌坑。

处理:不超过允许偏差范围内可以修磨或降级,严重时更换轧辊。

B　麻点

特征:黑麻点——钢板表面局部呈黑色蜂窝状粗糙面凹坑,多为小块状或密集的麻面,叫黑麻点(或焦油麻点)。

光麻点——钢板表面呈局部块状和连续的粗糙平面,或局部块状和连续的灰白色凹坑,叫光麻点(或氧化麻点)。

产生原因:钢坯(钢锭)加热时,燃料喷滴侵蚀表面,或氧化严重。轧制时氧化铁皮全部或部分脱落形成麻点或凹坑。

处理:轻微的可不处理,稍重的可以修磨,严重的应当切除。加热炉要控制炉温波动和高温氧化阶段。轧制时应加强除鳞。

C　划伤

特征:钢板纵横方向有划痕沟,其沟痕长短不一,部位也不固定,高温下的划伤沟痕内有氧化现象,低温下划伤伤口,有明亮金属光泽。

产生原因:纵向划伤。多为轧制时导卫板、辊道、花辊、矫直机进出口挡板等有尖锐棱角而划伤运行中的钢板造成的,多数是钢板下表面,翻板后检查可以发现处理。横向划伤,主要是钢板在冷床上或翻板机叶翅上有尖棱处,当钢板横向运行时划伤下表面,横向划伤一般在精整作业区产生。

处理:轻微的可以保留或修磨,严重时要切除,在轧制过程中发现划伤应及时停车检查,按划伤部位跟踪查找原因,并及时加以清除。检修后开始生产前,应检查护板、花辊和平辊等,有否砸伤或有堆焊焊肉的尖棱处,检查出应及时消除。

D　折叠

特征:钢板表面形成局部折合的双层金属,外形与裂缝相似。

产生原因:辊型与压下量配合不当,形成大的波浪,再轧后压合形成折叠,轧钢操作不当,造成"刮框",或卷头后,再轧易产生折叠。加热不均呈双鼓形的端边,轧薄后形成折叠。原料表面清理不当,宽深比不合,轧后易产生折叠。

处理:深度不超过负偏差范围的,可用砂轮修磨清除,超过允许范围时应改尺切除。

在轧制过程中严格控制轧件宽度,钢板要走正,防止产生"刮框"。加强温度控制,使轧件内外表面温度均匀。加强原料表面清理工作,控制好宽深比,减少产生折叠的因素。

E　压痕

特征:钢板表面呈大小和不同形状的凹坑,有的呈规律性分布。

产生原因:工作辊辊面上粘有垃圾、焊渣、氧化铁皮等,或在钢板轧入前有其他异物掉在板面上被压入钢板形成凹坑。

处理:轻者修磨,重者切除。保持辊面清洁,发现掉在钢板上异物及时扫掉,及时清除轧机上部走台上的杂物,防止因震落掉在钢板上形成压痕。

F　结疤

特征:钢板表面局部呈现联结的块状或片状金属。

产生原因:原料清理的深宽比不合适,或漏检造成轧后结疤,或清理后毛刺未铲掉而轧后留在钢板上。

处理:轻的薄片状的可以修磨,个别严重的要切掉改尺。加强原料清理和检查,加强加热温度控制,不轧低温钢。

G 浪形板

特征:钢板表面沿长度方向呈现高低不平起伏状的波浪形弯曲。波浪出现在宽度方向的中心部位叫做中间波浪;出现在两个侧边部位的叫侧波浪,出现在一侧的叫单侧波浪。

产生原因:辊缝凸度太小(辊型凸度太大)时。最后几道压下量控制不当,常出现中间浪形。辊缝凸度太大(辊型凸度太小),最后几道次压下量控制不当,常出现两侧波浪形。辊缝调整不当,送钢不正,两侧钢板延伸不均匀时,常出现一侧浪形。有时钢坯加热不均匀也可能产生浪形。

处理:可根据产生的原因调整压下量和辊缝,严重的浪形板只有切除或全部报废,轻微的浪形可通过矫直机矫平。

H 弯曲

特征:钢板的长度方向在水平面上向一边弯曲(或称镰刀弯)。

产生原因:辊型不正确,辊缝调整不当,或某侧轧辊轴承磨损严重,以及严重的温度不均匀,都可造成钢板的镰刀弯。

处理:需及时调整辊缝或更换某侧轴承。缺陷严重只有改规格或者判废。弯曲不严重时,可在中间断开划线剪切,减少损失。

I 瓢曲

特征:钢板在纵横方向同时出现同一方向的板体翘曲呈瓢形。

产生原因:多为薄规格钢板或低合金、合金钢板。在轧制时或冷却矫直过程中,因矫直工艺不合理,或操作不当,或钢板卡矫直机,浇水量过大也会引起钢板局部瓢曲。

处理:轻微者可以重矫,严重时只有切除或整张判废。在轧制薄规格钢板时,必须严格控制冷却水量和冷却方法,减少表面温度差。在精整发生事故或堵塞时,应及时停车,防止因钢板堵塞矫直机造成钢板瓢曲。

J 厚度不合格

特征:钢板的某一断面出现厚度超过标准允许的正负偏差的范围。

产生原因:轧辊调整不好,轧辊窜动,检修轧辊安装质量不合格,辊缝与压下量控制不当,轧件温度不均或辊道送钢不正时,都可能造成厚度不合格。

处理:出现厚度不合格时,只能改尺或改判,两边厚度严重偏延时判废。根据产生厚度不合格的原因,及时进行调整辊缝和压下量。如果属于辊形不合理时应采取果断措施,及时更换合适轧辊,以补偿轧辊磨损。

K 剪坏(包括剪斜、剪窄、剪短、毛边等)

特征:钢板剪切后不成规则的矩形,切斜度超过标准规定的范围,钢板宽度和长度小于标准或计划规定的范围。

产生原因:画线放尺量不足,画错规格。画短,剪切时长宽定尺机械控制不当,剪刃太钝,剪刃间隙大,压紧器失灵,以及人工操作扳手没有把住,或剪切送钢时没走正,都会造成各种剪切缺陷。

处理:这些缺陷应当回剪或改尺处理。加强画线剪切工人操作责任心,减少失误,检修日正确更换调正剪刃,保证剪切质量。

8.2.1.3 钢板性能不合格

表示钢板性能的指标很多,其中常见的有抗拉强度(σ_b)、屈服强度(σ_s)、延伸率(δ_5、δ_{10})、断面收缩率(ψ)、硬度、冷弯、冲击(α_K)等。对某些特殊要求的钢板除上述性能外,还要对金属内部组织结构和缺陷进行低倍组织或高倍组织的检验和评定。

低倍组织检验也叫宏观检验,是以肉眼观察为主,也可借助于低倍率(不大于30倍)放大镜观察金属内部缺陷和组织结构。低倍组织检验包括断口法、酸蚀法、塔形车削法、硫印法等。一般中厚板常见的是前两种,即在断口试样上直接观察肉眼可见的缩孔、疏松、裂缝、偏析、夹杂、白点、层状和石状断口以及脱碳层,晶粒度等并按有关标准评定级别。

高倍组织检验也叫微观检验,是借助于显微镜对经过特殊加工和处理的试样放大到100倍以上(通常100~500倍),观察金属内部极微小的缺陷和组织结构的一种方法。高倍组织检验可以观察和评定微观的孔隙、夹杂、白点、脱碳层深度、带状组织、游离渗碳体,奥氏体晶粒度、珠光体和铁素体的原始晶粒度等。

由于钢质不良或轧制工艺制度不落实,钢板的性能和组织方面的检验项目可能不合格,如16Mn系钢板化学成分C、Mn偏低,或终轧温度过高,轧后冷却条件不好,可能造成屈服点和抗拉强度达不到标准要求。

处理:机械性能和金属高倍组织不合格的原因是多方面的,产生后可以按标准进行改判级别或改判钢种。报废的虽然不多,但影响该品种的原品种合格率。

8.2.2　产品合格率

成品钢板的质量是用内在质量、表面质量和尺寸精度来评价的,钢板的质量形成过程与钢板生产各工序有直接的联系,也与炼钢过程的质量有密切联系。为了不断降低生产消耗,降低成本,高效率地生产满足用户需要的优质产品,不断增加企业的经济效益,应当加强生产过程的质量管理,努力提高钢板质量。为此,企业建立了质量考核指标——合格率。

8.2.2.1　合格率

轧制出的合格产品数量,占产品的总检验量与中间废品量总和的百分比叫产品合格率。计算公式为:

$$合格率 = \frac{合格产品数量}{产品总检验量 + 中间废品量} \times 100\%$$

合格产品数量是轧制的产品经检验合格后入库的数量。

中间废品量是指加热、轧制、中间热处理过程中烧坏、轧废以及生产过程中的掉队而未进行成品检验的一切废品量。

总检验量指轧制产品送至检验台上受检的总量,它包括合格品量及检验废品量,不包括判定责任属于炼钢厂的轧后废品量。

如果发生外部质量异议,因质量不合格办理了退货手续,要从发生当月的合格品数量中减去退货数量,然后再计算当月的合格率。

有些中厚板车间将检验废品量和中间废品量统称为废品量。因此,总检验量为全部合格产品量与废品总量之和,其合格率计算公式为:

$$合格率 = \frac{合格产品数量}{总检验量} \times 100\%$$

$$= \frac{合格产品数量}{合格产品数量 + 废品总量} \times 100\%$$

总废品量指生产过程中经检查监督部门按产品标准和工艺条件判为废品的所有数量，如：轧废、结疤、厚度不合、剪废、性能不合、废品等。

例如，轧制一罐16MnR钢，投入钢坯量为98.56t，轧制出合格产品数量为88.70t。轧制过程中产生结疤废品0.14t，厚度不合格品0.17t，刮框废品0.15t，刮伤废品0.56t，剪窄废品0.24t。试计算该罐钢的合格率和成材率。

解：

总废品量 = 0.14 + 0.17 + 0.15 + 0.56 + 0.24 = 1.26t

总检验数量 = 合格品量 + 总废品量 = 88.70 + 1.26 = 89.96t

$$合格率 = \frac{合格产品数量}{总检验量} \times 100\% = \frac{88.70}{89.96} \times 100\% = 98.60\%$$

$$成材率 = \frac{合格产品数量(t)}{投入坯料数量(t)} \times 100\% = \frac{88.70}{98.56} \times 100\% = 90\%$$

8.2.2.2　提高产品合格率的措施

提高产品质量应分析影响产品质量的各种因素，从质量要求的目标入手，抓住主要矛盾，关键问题，进行工序分析，找出影响产品质量的关键因素，制定提高产品质量的措施。

从某中厚板车间废品统计可以看出，操作废品占总废品量的比例最大。其中，原料的处理不良，即结疤废品量占63%，其次是厚度不合占10%，轧废占2%，麻点废品占2.9%，刮框废品占3%，浪板废品占1.8%，剪废占17.1%，其他废品0.2%。由此可见，应将钢坯质量和钢坯处理质量作为重点来抓。实行精料方针是提高合格率的主要措施之一。

(1) 贯彻精料方针。必须从原料准备开始，加强质量管理，提高原料处理质量。减少结疤等轧后缺陷。在原料验收和清理过程中，对检查出的各种缺陷进行认真清理，铲掉铁渣。

(2) 认真贯彻工艺制度。中厚板车间生产的品种较多，不同品种有不同的生产工艺制度。为了提高各品种钢板的表面合格率和性能合格率，对各品种生产过程中的特殊规定一定要认真执行。

(3) 落实经济责任制，坚持废品归户制度。为了消除各种废品，增加职工质量意识，把产生废品的责任落到车间、工序、机组（班组）、个人，实行废品归户，由调度落实废品归户责任。

根据综合质量月报，上级技术质量监督部门对厂进行经济责任制考核。根据车间、工序质量月报，厂主管质量部门对车间、工序、班组进行经济责任制考核。车间、工序对机组（班组）或个人进行经济责任制考核。

在进行废品归户的同时，应及时进行工序质量分析。对不合格产品或产生的大量废品，及时地准确地查明原因，明确责任，制定改进措施，认真防止是完全必要的。

(4) 加强工序质量检查和技术监督。目前，许多中厚板车间自动检测手段不够建全或完善，因此有必要加强对钢板生产过程的技术监督和质量检查。尤其是生产现场的质量检查，不仅要做好事后判断检查把关工作，而且要做好生产的中间工序、环节的技术监督和检查工作，制止不合理操作出现，预防不合格品的产生，进行技术监督，加强工序质量检查，使生产过程质量控制趋于稳定状态，即可预防质量事故的发生。

(5) 努力应用新技术开发新产品。产品质量的提高要不断采用新的工艺和技术，特别是开发新的产品，以满足广大市场对钢材的需要。

8.3　品种指标

轧钢车间应按作业计划规定的内容，最大限度地使轧制出产品的规格和数量满足生产订货合同的要求。为此,对产品品种有特殊的考核指标,如定尺率、正品率、厚度合格率等。

8.3.1　厚度合格率

合格产品的总数量减去厚度非计划的合格产品的量与合格产品总数量的比率数,叫厚度合格率,其计算公式为:

$$厚度合格率 = \frac{合格产品数量 - 厚度非计划的合格产品的量}{合格产品数量} \times 100\%$$

厚度非计划的合格产品的量是指轧制成品厚度不符合生产作业计划要求厚度的合格产品数量。

厚度合格率是衡量机组操作人员技术水平的重要指标,提高厚度合格率的主要途径是:

(1) 提高轧钢压下工的技术操作水平。压下工的技术过硬,轧出的钢板厚度合格率就高。

(2) 提高轧辊安装质量。换工作辊或检修后,在开轧前或换品种前都要检查调整轧辊辊缝,保证轧辊两侧辊缝差符合要求,防止厚度连续不合格现象的发生。

(3) 加强厚度热卡量工作。要及时向压下工反馈厚度测量信号,正常生产时每隔五块钢板卡量一次,在生产特殊品种时,应两侧同时卡量。

(4) 及时检查调整。发现调整轮、斜铁和其他影响厚度因素的零件发生异常或损坏时,应及时调整更换。及时排除压下系统机械和电气方面的隐患。

8.3.2　定尺率

是考核16MnL和造船板等要求定尺交货钢板的宽、长指标。其定义为:凡是钢板厚度、宽度、长度符合生产作业计划要求的合格产品量与总产量之比率称为定尺率。其计算公式为:

$$定尺率 = \frac{合乎定尺的钢板产量}{合格产品的数量} \times 100\%$$

定尺量即合乎定尺的钢板产量,也就是合乎生产计划规定的厚度,宽度,长度的钢板数量。

提高定尺率可以保证用定尺钢坯轧出合乎合同要求的钢板数量,减少补轧和重复要料,提高经济效益。提高定尺率的措施:

(1) 提高轧钢技术操作水平。各操作岗位应密切配合,协调一致。特别是对宽展道次,要求压下及其他岗应要互相配合,保证钢板不轧窄,不超宽,板形要正,减少斜角、刮框,提高钢板宽长达标水平。

(2) 块量宽度,发现宽度不合及时通知操作人员纠正。

(3) 合理组织生产。每罐钢中所轧产品规格应根据订货要求进行合理搭配,如轧大梁板时,除主要规格外,应搭配稍短一点规格的大梁板,减少表面改轧品量。

(4) 精整要提高划线和剪切质量。严防切废、剪坏,不许将够宽长的钢板改尺。

8.3.3　正品率

正品率是产品正品量占原料数量的百分比率,其表达式为:

$$正品率 = \frac{正品量}{原料数量} \times 100\%$$

正品量是指符合产品标准要求钢板的数量。

厚度合格率、定尺率、正品率这三项指标,都是为了提高轧制原品种合格率而制定的考核指标,有的是专为考核难轧品种而制定的,各车间要求不尽相同,不应强求一致,应根据自己生产特点制定相应的考核规定，为提高经济效益服务。

8.4 轧机作业率

轧机作业率是重要的经济技术指标之一。

8.4.1 轧机作业率

8.4.1.1 日历作业时间

日历作业时间是指日历上全年、全季或全月的小时数。

平均的全年日历作业时间为：24 × 365 = 8760h。

平均季日历作业时间为：8760/4 = 2190h。

平均月日历作业时间为：8760/12 = 780h。

8.4.1.2 计划工作时间

任何一个机组或轧机，实际上不可能做到全年连续工作，都要有计划大修，定期中小修，换辊及交接班检查等停机时间。对于实行连续工作制度的轧机，其计划工作时间可用下式计算：

$$T_{计划} = (365 - T_{大修} - T_{中小修} - T_{换})(24 - T_{接})$$

式中 $T_{计划}$——全年计划工作时间，h；

365——全年天数；

$T_{大修}$——年计划大修时间，d；

$T_{中小修}$——年计划定期中小修时间，d；

$T_{换}$——年计划换辊时间，d；

$T_{接}$——每天规定的交接班时间，h；

24——一天的小时数。

对实行非连续工作制度的轧机，年计划工作时间则用下式计算：

$$T_{计划} = (365 - T_{大修} - T_{中小修} - T_{换} - T_{节})(24 - T_{接})$$

式中 $T_{节}$——每年国家规定的节假日天数。

上述 $T_{计划}$ 为轧机一年最大可能的工作小时数，但实际上由于技术上和生产管理上的原因，如设备发生事故、断辊、非计划换辊、待热、待料、停电等，往往造成轧机非计划停工。上述原因造成的时间损失很难准确计算，通常用时间利用系数表示，这样，轧机一年实际工作时间往往小于年计划工作时间，两者之间的关系如下式：

$$T_{实际} = T_{计划} \cdot K_{有效}$$

式中 $T_{实际}$——全年实际工作时间，h；

$K_{有效}$——轧机的时间利用系数，即轧机有效作业率。一般为 0.79 ~ 0.95。

8.4.1.3 轧机日历作业率

任何一个机组或轧机，在实际上都要有一定的停轧时间，如处理故障时间，定期检修时间，交接班时间，换辊时间等，不可能全年连续不断地工作。这样就使轧机的实际工作时间小于日历时间。实际工作时间是指轧机实际运转时间，其中包括试轧料时间和生产过程中轧机空转时间，以实际工作时间为分子，以日历时间减去计划大修时间为分母，求得的百分数叫做轧机的日历作业率，即

$$轧机日历作业率 = \frac{实际生产作业时间(h)}{日历时间(h) - 计划大修时间(h)} \times 100\%$$

计划大修时间因情况不同而各不相同。加之各种轧机的技术操作水平和生产管理水平不一样,其日历作业率相差是很大的。

轧钢机日历作业率是国家考核轧钢企业的日历时间利用程度的指标。轧钢机的日历作业率越高,轧钢机的年产量也越高。

8.4.1.4 轧机有效作业率

各企业轧机工作制度不尽相同,有节假日不休息的连续工作制和节假日休息的间断工作制度,在作业班次上也有三班工作制、四班工作制;两班工作制和一班工作制之分。因此按日历作业率考核不能充分说明轧机的有效工作情况。为了便于分析研究轧钢机的生产效率,企业内部一般用轧机有效作业率来考核轧机实际生产作业的程度。

实际工作时间占计划工作时间的百分比叫轧机的有效作业率,即

$$轧机有效作业率 = \frac{实际生产作业时间(h)}{计划工作时间(h)} \times 100\%$$

计划工作时间根据本企业的轧机工作制度,作业班次,计划检修时间,计划换辊时间,交接班时间以及其他的具体情况确定。

8.4.2 提高轧机作业率的措施

千方百计地增加轧机的工作时间是提高轧机作业率的有效途径,其有效措施如下:

(1) 减少设备检修时间。在保证设备安全运行的情况下,做好维护工作,延长轧机与机组零件寿命,减少检修次数。在检修时采用成组成套更换零部件的检修方法,缩短检修时间。

(2) 减少换辊时间。更换轧辊占用时间较多,要搞好轧辊标准化管理,减少换辊次数和换辊时间,主要有如下几方面:

1) 提高轧辊质量,减少轧辊掉皮,延长轧辊使用时间和寿命。

2) 提高生产专业化程度,合理安排生产作业计划,按辊型变化规律合理安排轧制的品种和规格,减少换辊次数。

3) 每班做好备辊准备工作,为下一班备好辊型合适的工作辊,检修前按计划备好检修用辊和其他备品。

(3) 落实事故和工艺调整时间归户工作,并将其纳入经济责任制考核范围。减少和消除机、电设备故障,减少操作事故时间。

(4) 间断工作制改为连续工作制,适当减少交接班时间,增加轧机工作时间。

(5) 加强生产管理与技术管理,减少和消除待热、待料时间。

8.5 负偏差轧制

8.5.1 负偏差轧制的概念

8.5.1.1 负偏差轧制的概念及其对成材率的影响

在生产实践中,即使操作水平很高的工人,使用现代化设备,也不能达到规定的公称尺寸的

钢板。因此,冶金产品标准中规定了允许的正负偏差值。负偏差轧制,即将钢板的实际尺寸,控制在它的负偏差范围内,负偏差轧制的钢板是产品标准规定允许的,这不仅不降低其使用功能,而且能节约大量金属,降低钢板重量。由于钢板厚度控制在负偏差范围内轧制,在原料单重不变的条件下,轧出的钢板长度加长,从而增加成品钢的数量,提高了钢板成材率,对提高经济效益有显著作用。

设单张钢板成材率为 X;单张钢板按负偏差轧制所提高的成材率的值为 ΔX,可按如下公式计算:

$$\Delta X = \frac{\text{该张钢板负偏差轧制增产钢板量}}{\text{原料量}} \times 100\%$$

假若原料为常数,H_0 为钢板公称厚度(名义尺寸);H_1 为按负偏差轧制轧出钢板厚度,则 $(H_0 - H_1)/H_0$ 为负偏差轧制节约系数。因此单张钢板负偏差轧制后提高成材率的值等于该张钢板设定成材率值 X 与负偏差轧制节约系数的乘积:

$$\Delta X = X \times \frac{H_0 - H_1}{H_0}$$

若 $H_0 - H_1 = 0$,说明该钢板正好按公称厚度轧制;若 $H_0 - H_1 < 0$,说明该钢板按正偏差轧制,成材率下降。只有 $H_0 - H_1 > 0$,钢板才是按负偏差轧制。

上述公式是单张钢板负偏差轧制后提高成材率的计算公式。此公式普遍适用于厚度尺寸按负偏差轧制,所提高的成材率计算。

掌握了单张钢板按负偏差轧制提高成材率计算方法,对于不同规格,数量的钢板用叠加的办法,把它们归纳如下:

设 ΔX_n 为不同规格钢板负偏差轧制提高的成材率,那么

$$\Delta X_n = \frac{\text{增产钢板量的总和}}{\text{总的原料量}} \times 100\%$$

$$= \sum_{i=1}^{n} \frac{\frac{H_0 - H_1}{H_0} \times \text{钢板理论合格量}}{\text{总的原料量}} \times 100\%$$

上述公式就是按负偏差轧制不同规格钢板时计算提高成材率的公式,是计算负偏差轧制经济效益的重要工具,应当很好地掌握。

8.5.1.2　负偏差的利用率

深化负偏差轧制,提高负偏差的利用率,即提高钢板的实际负偏差值与它的极限负偏差值之比。

$$PH = \frac{H_0 - H_1}{H_0 - H_{min}} \times 100\%$$

式中　PH——负偏差利用率。

当钢板实际厚度达到极小值时,也就是钢板实际厚度 $H_1 \to H_{min}$ 时,$(H_0 - H_{min})/H_0$ 为负偏差轧制节约系数的极限值,用 $\delta(\%)$ 表示。

表 8－2 中列出了几种不同规格的钢板负偏差轧制节约系数极限值,可供参考。

表 8-2　钢板负偏差轧制节约系数极限值

钢板宽度/mm	钢板厚度/mm	标准允许的厚度偏差		负偏差轧制节约系数的极限值 δ/%	正偏差轧制损失系数的极限值 δ/%
		负偏差/mm	正偏差/mm		
1500 ~ 1700	6 ~ 7	0.6	0.4	10 ~ 8.56	0.33 ~ 7.14
1500 ~ 1700	8 ~ 10	0.8	0.35	10 ~ 8.0	5.0 ~ 4.0
1500 ~ 1700	11 ~ 25	0.8	0.4	7.2 ~ 3.20	3.6 ~ 1.6
1500 ~ 1700	26 ~ 30	0.9	0.3	3.4 ~ 3.0	1.5 ~ 1.3
1500 ~ 1700	32 ~ 34	1.0	0.3	3.14 ~ 2.94	1.56 ~ 1.47

8.5.2　负偏差轧制的影响因素及相应措施

（1）原始辊型设计是否合理性对负偏差轧制的影响。圆度、圆柱体、同轴度等应达到要求，具体要求如下：

圆柱体不大于 0.05mm，圆度不大于 0.02mm，同轴度不大于 0.02mm。

如果原始辊型不合要求，如上下工作辊同向锥度较大，则很容易引起造成板型不好，同时增加轴向窜动的趋势。同轴度未达到要求，则增加钢板纵向同板差。

（2）辊型的磨损状况的影响。当中凸量过大时，钢板横向同板差明显增大很难实现负偏差轧制，此时应根据辊型变化和轧辊磨损情况，及时调整轧制钢板的宽度与厚度规格直至更换工作辊。

（3）钢板的厚度测量工具的影响。为保证负偏差轧制顺利实现，量具精度一定要保证，各种测量仪器要处于好的使用状态，以便取得准确及时的厚度反馈信息。加强厚度卡量，及时掌握厚度变化情况。为了提高负偏差利用率，使钢板厚度控制在负偏差的中下限，要求每班换辊后，轧第一块钢板时，两个热卡人员到辊道两旁卡量钢板两侧的厚度，向压下工准确报出所测得厚度值，并及时准确地调整辊缝，防止钢板两侧厚度不均。正常生产时，热卡人员应每隔 3 ~ 5 块钢板卡量一次厚度，并及时将卡量的厚度尺寸反馈给压下工。发现偏延，轧辊两侧辊缝显示差值过大时，应予及时调整。

（4）坯料温度的均匀性对负偏差轧制的影响。当同一块坯料温度严重不均时，轧出的钢板同板差大，这样很不利于负偏差轧制。同样不同坯料的开轧温度差异较大对实现负偏差轧制控制也会产生较大影响。因此不仅要保证单块坯料温度的均匀性，而且要保持每块坯料温度均在一个较小的范围内波动。

（5）辊身冷却对实现负偏差轧制的影响。为保证轧辊磨损均匀，以利于在较长时间内实现负偏差轧制，有条件的情况下应当适当调整横向冷却水的水流量，保证辊身冷却的均匀性。

（6）板形的影响。板形不好，会导致切损增加，实现负偏差轧制的钢板很大一部分被切成废钢，其效果无法体现。因此要改善板形状况，减少切损，提高负偏差轧制效果。充分利用每周八小时检修时间，合理安装轧辊和检修其附属设备，确保轧机工作在最佳状态下，减小轧辊轴向窜动及水平摆动，减少钢板的浪形及镰刀弯。

（7）压下量分配的影响。实现负偏差轧制不能仅靠最后一道来实现，压下量的给定应采用在最后三道均进行适当调整的方法，以保证负差厚度目标的命中。

（8）操作工的水平对实现负偏差轧制的影响。提高压下工的技术操作水平，是提高负偏差轧制利用率的关键。因此要经过培训使得压下工的理论知识和技术操作水平有所提高，要求操作工必须熟练掌握不同温度不同厚度规格的钢板热缩量，调控板形的压下量分配方法和辊缝调整规律等知识，这样才可以很好的实现负偏差轧制。

思 考 题

8－1　试述成材率的概念及其计算公式。
8－2　影响成材率的因素有哪些？
8－3　试述提高成材率的措施。
8－4　产品合格率的概念。
8－5　提高产品合格率的措施有哪些？
8－6　什么叫厚度合格率？
8－7　什么叫定尺率？
8－8　什么叫正品率？
8－9　提高轧机作业率的措施有哪些？
8－10　什么是负偏差轧制？
8－11　影响负偏差轧制的因素有哪些？

9　轧制过程的计算机控制

9.1　概述

1960 年美国麦克劳思厂首先在热轧带钢轧机上采用设定控制,使人们认识到计算机控制对于提高产量和质量以及提高成材率是不可缺少的。20 世纪 60 年代在中厚板轧机上亦采用了计算机控制,至 20 世纪 70 年代在中厚板车间实现了全线计算机控制。

在轧制线上采用计算机的效果随各厂情况不同多少有些差别,一般可归结如下:

(1) 适应轧制规格的改变。当轧制规格改变时,相应地需要改变轧机设定,如能自动化设定,则所需要的时间可以大大地缩短。

(2) 减少轧制事故。如果发生事故,处理事故要浪费许多时间,物质损失也很大。采用计算机实现自动化,可以使事故发生率减少一半。

(3) 提高板厚精度。虽然通过提高 AGC 的功能能够大幅度地改善轧件的厚度精度,但像提高轧件头部精度、提高变规格和换辊时的产品精度这种高级功能,AGC 并不具备。计算机控制的目的之一就是力图提高这些方面的精度。

(4) 工厂条件的最优运用和信息管理。采用计算机还有一个目的,就是对资源和能源进行最合理的使用,并基于此来制订生产计划。因此,计算机系统由几个层次构成,最高层次的计算机对整个冶金厂进行运用和管理,每个车间的计算机控制系统则是基于生产计划对轧制工序进行最优控制。每车间的计算机系统又分为设定控制系统和 AGC 等直接计算机控制系统。设定计算机的主要作用是依据生产计划对每一块料进行轧机设定并为生产管理进行信息处理,除了工程数据存储之外,还进行生产信息存储和质量信息存储,并将这些信息传送到上一级计算机去。

此外,计算机控制的效果还有:轧件温度管理,外形(平直度、凸度,平面形状等)的改善,减轻操作人员的劳动等。

9.2　计算机技术的发展趋势

现代钢铁厂计算机系统多采用分散控制系统,就是用多台计算机作为控制器,分别控制多个子系统。控制信息由各控制器分别发出并传送给相应的子系统,而各个子系统的检测仪表所采集的信息,各自送至相应的控制器(计算机),用来确定所属子系统相应执行机构的动作。

分散式计算机控制是 20 世纪 70 年代中期初创,近些年迅速发展起来的。它以控制分散、管理集中为设计思想,采用分散递阶的模块化、分布式体系结构,是具有极强的信息处理能力和灵活方便、容易扩展变更的过程控制方式。

使用这种分散系统的计算机,伴随着半导体技术的进步,不但达到了高可靠性和优良的性能,而且正努力增大存储、提高运算速度。借此,实现了不受计算机性能限制的高水平的最优控制,并正在去除以轧制理论为基础的数学模型的限制。

特别是由于利用光导纤维来高速地传递计算机之间的信息,不仅一个工序内,而且钢铁厂的整个系统都有机地结合在一起使用。

此外,1970 年以来出现的微型机,开始时作为控制用能力不足,但随着高速度、高性能和高可靠性的实现,充实了软件,正广泛地用于轧机控制到信息处理这一广阔的领域中。

其次,计算机和人之间的人 - 机联系性能对系统的使用是非常重要的。关于这方面,由于高精度彩色显示器和声音输入、输出装置等的出现以及软件技术的进步,现正努力使它们便于使用,减少数据输入的错误并能正确地向操作人员传递信息。

9.3 中厚板计算机控制功能

全面计算机控制一般包括三级计算机控制系统:生产控制级,过程控制级和基础自动化级。

生产控制是由一台中央计算机实现的,它与厚板厂的操作控制系统相连,它根据订货要求编制计划和调度安排,并在数据收集的基础上进行生产和质量管理。操作控制系统由两台计算机组成,它对整个生产过程进行实时控制,其范围是从板坯库直到钢板最后发货为止。各个指令被传递到操作台的操作人员,过程控制计算机和自动化装置。并对操作数据加以收集,实现最佳在线调度。

过程控制由两个系统执行,即轧制线和精整线。

轧制线的过程控制系统包括一台过程计算机和多台由微处理机组成的分散控制系统。它控制从加热炉入口侧到冷床入口侧的整个过程,除板坯回转外,所有的操作都是自动控制的。该系统的功能包括:位置和顺序控制及轧件跟踪,加热炉控制,轧制过程控制和程序计算,轧机周围设备的预设定及修正,自动厚度控制,温度、速度及板形控制。

精整线的过程控制系统由多台微处理机来执行,该系统负责从冷床出口侧到成品库的自动操作,具有如下主要功能:剪切线的位置和顺序控制及轧件跟踪,厚板打印机和试样打印机的控制,辊道和运输机的自动控制等。

9.4 厚板轧制的计算机控制

对厚板轧制计算机控制系统来说,加热炉、粗轧机、精轧机、冷却设备、热矫直机等是主要的控制对象。

控制系统的构成如图 9 - 1 所示。从加热炉入口到热矫直机出口都是跟踪的范围。当加热炉装炉完毕时,由中央管理机送来的轧制信息与板坯互相对应,控制便开始了。

加热炉的燃烧控制的主要目的是决定板坯的在炉时间,并对炉温进行控制,使板坯在炉内这段时间内能以最少的燃料加热到既定的温度,以达到目标出炉温度及给定的板坯内外温度差。

当板坯出炉后,检测板坯温度的实测值,然后进行粗轧机的设定计算。为进行可逆轧制,每道次辊缝及速度模式要作为设定值设定。

轧制中,要基于每道次的实测数据,对设定误差进行修正,以给出下一道次设定值,这就是道次间的修正控制。其次对轧件同一道次的模型进行修正,这就是板坯间的修正控制。

粗轧结束后,输入实测数据,进行精轧设定计算。为进行精轧温度控制,可取待轧状态,此时其他轧件可先进行轧制。因此,跟踪是非常重要的,板坯与板坯信息的对应使系统变得复杂。精轧后,在热矫直机上进行热矫,轧制便结束了。

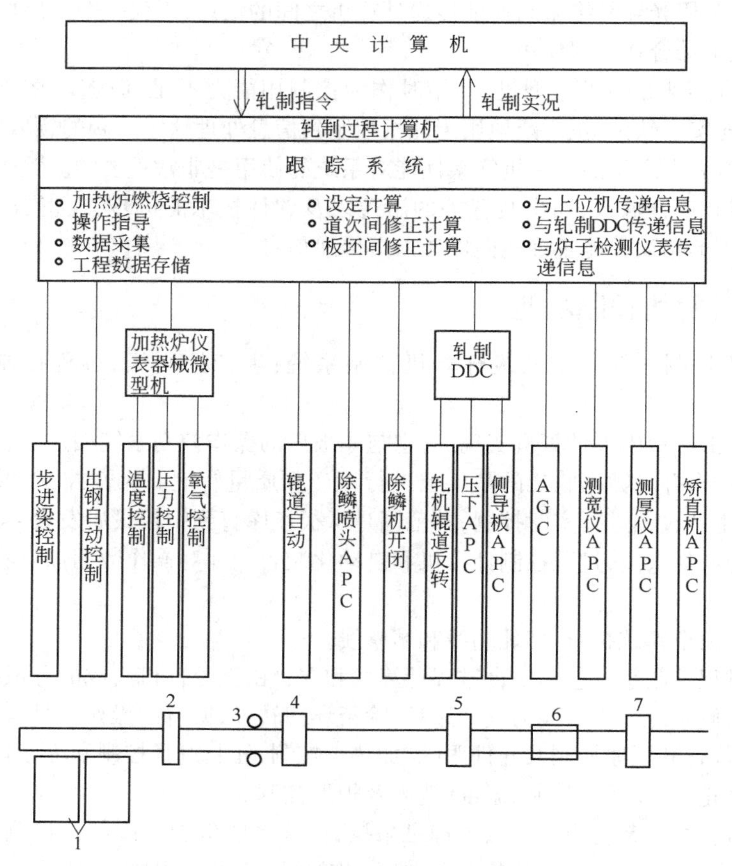

图 9-1　厚板轧制控制系统结构图

1—加热炉;2—除鳞机;3—立辊;4—粗轧机;5—精轧机;6—喷水冷却;7—矫直

9.5　我国中厚板计算机控制系统

我国的中厚板生产企业,装备都比较落后,计算机控制和管理水平较低,只有 5 套实现了区域计算机控制,具备了基础自动化系统(下位机),个别的还设置了过程控制计算机系统(上位机)。

9.5.1　基础自动化控制功能

基础自动化面向机组,面向设备及设备的机构。随着电气传动的数字化以及液压传动的广泛应用,数字传动已逐步与基础自动化成为一个整体。

基础自动化控制功能按性质可分为轧件跟踪及运送控制;顺序控制和逻辑控制;设备控制及质量控制。

9.5.1.1　轧件跟踪及运送控制

轧件的运送是生产工艺所要求的基本功能之一,其基本任务是控制各区段辊道速度及其转停,以保证按要求进行加工处理,但在保证最快速度运送的同时还要保证前后轧件不相碰撞,维持一定的节奏。

为了能根据工艺要求对生产线上多根轧件进行运送及顺序控制，基础自动化控制器需要知道每一个轧件在轧线上的位置及其位置的变化，因此轧件跟踪实质上是协调各程序并获取“事件”的重要程序。轧件跟踪将在基础自动化、过程自动化中分别进行，但各级的要求不同并都以基础自动化的位置跟踪结果为依据。基础自动化的跟踪实质上是对生产线各轧件的位置及其变化进行跟踪，并为顺序控制提供“事件发生”信号（某热金属检测器由 OFF 变为 ON 或由 ON 变为 OFF 都称作为一个事件）。基础自动化的位置跟踪结果将上送过程自动化。

过程自动化的跟踪实质上是对各轧件的数据进行跟踪以使数据和轧件能对上号，能正确地设定计算和自学习，同时亦利用一些“事件”来启动某些程序的投入。

9.5.1.2 顺序控制和逻辑控制

逻辑控制是生产过程自动化的基本内容之一。实际上基础自动化所有控制功能都含有一定的逻辑功能，包括功能的联锁，功能执行或停止的逻辑条件等，因此每一个功能都将存在逻辑部分和控制部分两个部分，除此之外，根据工艺需要将设置一些只包括逻辑部分的顺序控制功能，主要是轧制区辊道的运转（自动加速、稳速、减速以及反转）的顺序控制。

9.5.1.3 设备控制

设备控制包括设备的位置控制和速度控制，包括轧机辊缝定位、推床定位、窜辊位置控制、主传动速度控制等，还包括弯辊装置的弯辊力控制。

设备控制接受过程自动化级数学模型计算所得的各项设定值（辊缝、速度、弯辊力等），对各执行机构进行位置和速度整定，在半自动状态下则接受操作人员通过人 - 机界面（MMI）输入的设定值并进行位置和速度整定。

随着电气及液压传动的数字化，设备控制将逐步由数字传动控制承担。

9.5.1.4 质量控制

对中厚板来说质量控制包括：厚度控制，轧制温度控制，冷却速度控制，宽度控制，板形控制，表面质量控制。

过程自动化设定模型的主要任务是对各执行机构的位置、速度进行设定以保证带钢头部的厚度、板形质量，而质量控制功能则用于保证带钢全长的厚度、板形等精度。

9.5.2 过程自动化控制功能

过程自动化的中心任务是对生产线上各个设备进行设定计算，为此其核心功能为对粗轧、精轧道次负荷进行分配（包括最优化计算）及数学模型的预（报）估，为了实现此核心功能，过程控制计算机必须设有板坯（数据）跟踪、初始数据输入、在线数据采集以及模型自学习等为设定模型服务及配套的功能。设定值计算后下送基础自动化，由设备控制功能执行。

9.6 轧制 MMI 画面操作功能简述

MMI 的操作人员分为两类，一类是通常的操作工，另一类是授权工程师。这两类操作人员都能够进入全部的 MMI 画面。但是，只有授权工程师才有权进入开发画面进行修改与编译操作。两类操作人员通过不同的用户名称与口令进入系统。

MMI 画面包括索引画面、主控画面、趋势图、轧机标定画面、APC 测试画面、设定画面、液压控制画面、允许控制条件画面、诊断画面等。

9.6.1　索引画面

用户可通过此画面转到 MMI 的任意一幅。

9.6.2　主控画面

该画面为轧制区主要的跟踪显示画面和操作控制画面。

该画面上部分为轧线跟踪显示,其中热检用上三角表示,当检得变为红色,同时与之相关的设备变红,以此实现轧件位置的跟踪。另外还包括了除鳞水的开闭、导板、推床的开闭、当前道次、测温仪信号显示、设定值、速度、电流、压力的显示,轧制区设备送电显示等。

主控画面提供人机操作模式选择与人工干预功能

- 紧急停车复位——点击这个图标,在紧急停车按钮抬起的状态下系统复位
- HAGC 方式——点击时系统在 HAGC 方式与电动工作方式之间切换
- HAGC 手动/自动——点击这个图标,系统在自动方式与手动方式之间进行切换
- 辊缝开/关,快/慢——当系统工作于 HAGC 手动方式时,分别使得辊缝快速打开/关闭,慢速打开/关闭
- 动态自动设定或手动设定——点击这个图标在这两种操作模式之间进行转换
- 平面形状控制开关——点击时使得平面形状控制功能激活或禁止
- 轧辊热膨胀与磨损补偿——点击这个按钮使得该补偿功能打开或关闭
- 测厚修正——点击这个按钮使得测厚修正投入或退出
- 厚度计开关——点击这个按钮,系统工作于 AGC 方式
- 厚度计方式——点击这个图标,系统在绝对 AGC 与相对 AGC 之间进行切换
- 偏心补偿开关——点击这个按钮使得偏心补偿功能工作或禁止
- 冲击补偿开关——点击这个按钮使得冲击补偿打开或关闭
- 油膜厚度补偿开关——点击这个按钮打开或关闭该功能
- 道次选择按钮——点击这个按钮使得道次减少或增加

9.6.3　趋势图

要查看历史趋势,弹出历史趋势设置窗口,在“图表开始”下面输入要查询的时间,选择要显示的模式,单击确定,即可显示该时间段内的趋势图。

9.6.4　轧机标定画面

- 有轧机自动零位标定
- 轧机弹跳曲线标定
- 轧辊偏心标定
- 中断正在进行的标定过程
- 接受/拒绝新的轧辊偏心标定数据
- 显示标定状态与相应的标定数据

9.6.5　APC 测试画面

- 标定完成后,就可以对 APC 回路进行测试
- 如遇非正常情况,可点“APC 停止”中止测试

- 可同时对多个回路进行测试

9.6.6 设定画面

- 显示当前运行的人工设定、存储设定或上位机(过程自动化级)设定
- 显示当前设定模式
- 在人工设定方式下,操作工能够进行如下主要操作
  - 打开存储在 MMI 计算机上的存储规程
  - 编辑显示的设定规程
  - 存储所显示的设定规程
  - 删除所显示的规程
  - 加载所显示规程到动态设定缓冲区
  - 选取当前工作道次

9.6.7 液压控制画面

- 对液压系统进行监控
  - 主泵运行/停止
  - 过滤器清洁/污染(通过压差计进行检测)
  - 吸油阀开/关(通过油行程开关测量)
  - 控制阀开/关(由控制逻辑控制得电或失电)
  - 液位/冷却水位有流量/无流量(由 MMI 逻辑与其他设备的状态决定)
  - 油箱液位低/高(油液位传感器测量)
  - 油箱温度显示(主油箱与预过滤油箱)
  - 液压系统压力显示(系统压力,操作侧压力,传动侧压力以及有杆腔压力)
- 启动/停止液压泵
- 液压泵运转安全开关

9.6.8 允许控制条件画面

- 允许启动
  - 全部控制软件启动并运行
  - 急停已经复位
- 允许液压缸控制
  - 允许启动 OK
  - 液压系统准备好
  - 动力源 OK
  - 伺服阀电源 OK
  - 位移传感器作 OK
  - 位移传感器标定 OK
- HAGC 允许
  - 轧机零位标定 OK
  - 轧机弹跳标定 OK
  - 规程设定 OK

- •• 轧机电动压下工作于自动状态

9.6.9　诊断画面

- 轧制力测量值
- 油缸的行程
- 位置平均设定值

思 考 题

9－1　在轧制线上采用计算机控制有什么好处?

9－2　中厚板计算机控制功能有哪些?

9－3　简述轧制 MMI 画面操作功能。

参考文献

1 孙本荣,王有铭,陈瑛. 中厚钢板生产. 北京:冶金工业出版社,1993
2 李体彬译. 厚板概论. 北京:冶金工业出版社,1985
3 徐德兴,刘素芳译. 厚板轧制. 北京:冶金工业出版社,1985
4 邵壮译. 厚板精整. 北京:冶金工业出版社,1985
5 陈淑新. 中厚板轧钢设备. 北京:冶金工业出版社,1985
6 张银生. 中厚板生产概论. 北京:冶金工业出版社,1985
7 孙卫华,孙浩,孙玮. 我国中厚板生产现状与发展. 2000 年中厚板技术信息暨轧辊技术交流会论文集,济南,2000
8 黄庆学,梁爱生. 高精度轧制技术. 北京:冶金工业出版社,2002
9 蔺文友. 冶金机械安装基础知识问答. 北京:冶金工业出版社,1997
10 丁修坤. 轧制过程自动化. 北京:冶金工业出版社,1986
11 孙一康. 带钢热连轧的模型与控制. 北京:冶金工业出版社,2002
12 王廷溥. 轧钢工艺学. 北京:冶金工业出版社,1981
13 王廷溥. 板带材生产原理与工艺. 北京:冶金工业出版社,1995
14 曲克. 轧钢工艺学. 北京:冶金工业出版社,1991
15 中国金属学会热轧板带学术委员会编著. 中国热轧宽带钢轧机及生产技术. 北京:冶金工业出版社,2002
16 邹家祥. 轧钢机械. 北京:冶金工业出版社,1980
17 冶金工业部有色金属加工设计研究院主编. 板带车间机械设备设计(上、下). 北京:冶金工业出版社,1983
18 赵刚,杨永立. 轧制过程的计算机控制系统. 北京:冶金工业出版社,2002
19 喻廷信. 轧钢测试技术. 北京:冶金工业出版社,1986
20 黎景全. 轧制测试技术. 北京:冶金工业出版社,1984
21 刘天佑. 钢材质量检验. 北京:冶金工业出版社,1999
22 张筱琪. 机电设备控制基础. 北京:中国人民大学出版社,2000
23 滕长岭. 钢铁产品标准化工作手册. 北京:中国标准出版社,1999
24 冶金工业部信息标准研究院标准研究部. 钢板及钢带标准汇编,1998
25 赵志业. 金属塑性变形与轧制理论. 北京:冶金工业出版社,1980
26 杨固川. 中厚板生产设备概述. 轧钢,2004(1)
27 贺达伦,袁建光,杨敏. 建设中的宝钢 5m 宽厚板轧机,轧钢,2003(6)
28 王有铭,李曼云,韦光. 钢材的控制轧制和控制冷却. 北京:冶金工业出版社,1995

冶金工业出版社部分图书推荐

书　名	作　者	定价(元)
楔横轧零件成型技术与模拟仿真	胡正寰　等著	48.00
轧制工程学(本科教材)	康永林　主编	32.00
材料成形工艺学(本科教材)	齐克敏　等编	69.00
加热炉(第3版)(本科教材)	蔡乔方　主编	32.00
金属塑性成形力学(本科教材)	王　平　等编	26.00
金属压力加工概论(第2版)(本科教材)	李生智　主编	29.00
材料成形实验技术(本科教材)	胡灶福　等编	16.00
冶金热工基础(本科教材)	朱光俊　主编	30.00
轧制测试技术(本科教材)	宋美娟　主编	28.00
塑性加工金属学(本科教材)	王占学　主编	25.00
轧钢机械(第3版)(本科教材)	邹家祥　主编	49.00
冶金技术概论(高职高专教材)	王庆义　主编	26.00
金属学与热处理(高职高专教材)	孟延军　等编	25.00
现代轨梁生产技术(高职高专教材)	李登超　编著	28.00
机械安装与维护(职业技术学院教材)	张树海　主编	22.00
金属压力加工理论基础(职业技术学院教材)	段小勇　主编	37.00
参数检测与自动控制(职业技术学院教材)	李登超　主编	39.00
有色金属压力加工(职业技术学院教材)	白星良　主编	33.00
黑色金属压力加工实训(职业技术学院教材)	袁建路　主编	22.00
轧钢车间机械设备(职业技术学院教材)	潘慧勤　主编	32.00
铝合金无缝管生产原理与工艺	邓小民　著	60.00
轧制工艺润滑原理技术与应用	孙建林　著	29.00
轧钢生产实用技术	黄庆学　等编	26.00
板带铸轧理论与技术	孙斌煜　等著	28.00
高精度轧制技术	黄庆学　等著	40.00
金属挤压理论与技术	谢建新　等著	25.00
特殊钢压力加工	薛懿德　等编	32.00
小型型钢连轧生产工艺与设备	李曼云　主编	75.00
矫直原理与矫直机械(第2版)	崔　甫　著	42.00